彩图 1　糖水黄桃罐头（玻璃罐）

彩图 2　糖水黄桃罐头（铁罐）

彩图 3　糖水橘子罐头（玻璃罐）

彩图 4　糖水橘子罐头（铁罐）

彩图 5　糖水山楂罐头（玻璃罐）

彩图 6　糖水山楂罐头（铁罐）

彩图 7　糖水梨罐头

彩图 8　糖水梨球罐头

彩图 9　糖水葡萄罐头　　　　　　　　　彩图 10　糖水椰果罐头

彩图 11　蜂蜜柚子酱罐头　　　彩图 12　蜂蜜石榴酱罐头　　　彩图 13　草莓酱罐头

彩图 14　甜玉米罐头　　　彩图 15　清水马蹄罐头　　　彩图 16　番茄酱罐头

彩图 17　辣椒罐头

彩图 18　盐水黄瓜罐头

彩图 19　香菇辣椒罐头

彩图 20　木瓜金丝酱菜罐头

彩图 21　软包装即食莲藕罐头

彩图 22　软包装即食泡椒笋罐头

彩图 23　软包装即食土豆罐头

彩图 24　软包装即食油焖笋罐头

彩图 25　软包装盐渍辣椒罐头

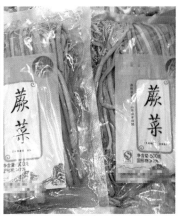

彩图 26　软包装豇豆罐头　　　　　　　彩图 27　软包装蕨菜罐头

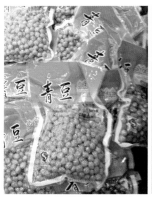

彩图 28　软包装莲藕罐头　　　彩图 29　软包装青豆罐头　　　彩图 30　软包装玉米罐头

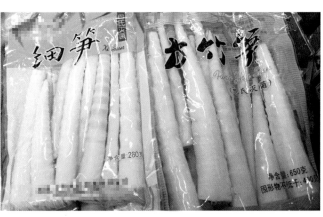

彩图 31　软包装杏仁罐头　　　　　　　彩图 32　软包装笋罐头

现代果蔬花卉深加工与应用丛书

果蔬罐藏
技术与应用

石军　编著

化学工业出版社

·北京·

本书介绍了果蔬罐藏的保藏原理、果蔬罐头的分类、果蔬罐头的卫生标准、中国罐头产业发展状况，重点阐述了罐藏容器、罐藏原料、果蔬原料预处理、果蔬罐藏生产技术、果蔬罐藏加工质量问题分析与控制、加工过程中及成品的检验操作等内容，并给出了水果罐头、蔬菜罐头、果酱类罐头的大量生产实例，实用性强。

本书可供从事果蔬罐头深加工的企业、高等及大专院校和科研院所的相关人员阅读和参考。

图书在版编目（CIP）数据

果蔬罐藏技术与应用/石军编著. —北京：化学工业出版社，2019.6（2024.2重印）
（现代果蔬花卉深加工与应用丛书）
ISBN 978-7-122-34068-9

Ⅰ.①果…　Ⅱ.①石…　Ⅲ.①水果罐头-食品加工
②蔬菜罐头-食品加工　Ⅳ.①TS295

中国版本图书馆 CIP 数据核字（2019）第 049060 号

责任编辑：张　艳　刘　军　　　　　　　　装帧设计：王晓宇
责任校对：宋　玮

出版发行：化学工业出版社（北京市东城区青年湖南街 13 号　邮政编码 100011）
印　　装：涿州市般润文化传播有限公司
710mm×1000mm　1/16　印张 13½　彩插 2　字数 266 千字
2024 年 2 月北京第 1 版第 2 次印刷

购书咨询：010-64518888　　售后服务：010-64518899
网　　址：http://www.cip.com.cn
凡购买本书，如有缺损质量问题，本社销售中心负责调换。

定　　价：48.00 元　　　　　　　　　　　　版权所有　违者必究

"现代果蔬花卉深加工与应用丛书"
编委会

前 言 FOREWORD

果蔬罐头食品历经百年而不衰，便于携带、食用方便，能够很好地调节市场淡旺季，备受世界各国消费者青睐。罐头产业是我国具有传统特色的产业，随着人们生活水平的逐年提高，方便、健康、营养、安全的罐头食品正越来越受到消费者的认可，因此，大力发展果蔬罐头加工是促进我国果蔬产业良性、可持续发展的重要途径之一。果蔬产业是我国农业产业化发展最具前景的产业之一，具有明显的产业比较优势和市场竞争优势，随着我国农业产业结构的战略性调整，果蔬产业必将进入新的迅速发展阶段。

目前，我国果蔬罐头的加工已具备一定的技术水平和较大的生产规模。我国是世界最大的果蔬生产国及果蔬产品加工基地，外向型果蔬罐头加工产业布局基本形成，果蔬罐头加工业在我国农产品出口贸易中占有重要地位，果蔬罐头产品已在国际市场上占据绝对优势和市场份额。水果罐头年产量可达 130 多万吨，有近 60 万吨出口，出口量约占全球市场的六分之一；蔬菜罐头出口量超过 140 万吨，其中蘑菇罐头占世界贸易量的 65%，芦笋罐头占世界贸易量的 70%。

本书较全面地介绍了果蔬罐藏加工技术，包括罐藏容器和原料、原料预处理、罐藏生产工艺、加工过程及成品的检验操作、生产实例等内容，技术内容翔实、语言通俗易懂、实用性强，在实例选用上尽量做到多样化，以期为果蔬罐藏的生产和应用提供参考。本书不仅可以为果蔬罐藏加工企业、大专院校和科研院所的专业技术人员阅读和参考，也可为广大家庭自制罐头食品提供技术参考。

由于编者水平有限，加之时间仓促，不妥和疏漏之处在所难免，恳请各位同行、读者提出宝贵的批评和建议。

编著者于天津农学院
2019 年 5 月

目 录 CONTENTS

第一章　概述

果蔬是水果和蔬菜的简称，属植物性食品，是维生素、矿物质和膳食纤维等人们日常所需营养素的重要来源。果蔬具有较强的地域性和季节性，收获集中，上市期短，如得不到及时销售、贮藏和加工，则因其高水分含量而容易导致腐烂变质。据相关数据显示，我国新鲜水果的平均损耗率为 20％～30％，蔬菜损耗率为 30％～40％，资源浪费和经济损失较重。如何保藏水果和蔬菜是我们日常生活中经常遇到的问题，果蔬罐藏就是加工保藏的一种方法。

第一节　果蔬罐藏的定义

果蔬罐藏属于食品罐藏的一部分。食品罐藏就是将原料经过预处理后装入能密封的容器，添加或不添加罐液，经排气（或抽气）、密封、杀菌和冷却等工序，使内容物达到"商业无菌"状态，防止食品腐败变质，借以获得在室温下较长时

图 1-1　果蔬罐头

间的贮藏的方法，罐藏食品习惯上称之为罐头（图 1-1）。

罐藏作为一种保存食品的方法，具有很多优点：①罐头食品经久耐贮，可以在常温下保存 1~2 年不变质；②罐头食品食用方便，食用前不需要另外加工处理；③罐头食品经过了密封和杀菌处理，已无致病菌和腐败菌，而且微生物也不会有再次污染的机会，所以食用安全卫生；④对于新鲜易腐产品，加工成罐头还可以起到调节市场供应、保证制品品质的作用。由于罐藏保存优点诸多，所以被广泛应用，罐藏食品不仅可以丰富和满足人民日常生活的需要，而且在航海、探险、地质勘察、长途旅行、科学考察等特殊环境下更是一种方便营养的绝佳食品。

第二节　果蔬罐藏的保藏原理

罐头食品之所以能够长期保藏，主要是借助罐藏条件（排气、密封、杀菌）杀灭罐内能引起败坏、产毒、致病的微生物，同时破坏原料组织中自身酶的活性，并保持密封状态使罐头不再受外界微生物污染来实现的。

许多微生物能够导致罐头食品的败坏。引起罐藏制品发生败坏的微生物有霉菌、酵母菌和细菌，其中最重要的是细菌。罐头食品杀菌的目的，一是杀死一切对罐内食品起败坏作用和产毒致病的微生物，二是钝化原料中易引起品质变化、色泽改变的酶类，三是起到调煮作用，以改进食品质地和风味，使其更符合食用要求。罐头食品的杀菌不同于细菌学上的杀菌，后者是杀灭所有的微生物，而前者是在罐藏条件下杀死造成食品败坏的微生物，即达到"商业无菌"状态。

各种罐头食品，由于原料的种类、来源、加工方法和加工卫生条件等不同，使罐头食品在杀菌前存在着不同种类和数量的微生物，生产上不可能也没有必要对所有的不同种类的细菌进行耐热性试验。生产上总是选择最常见的、耐热性最强、并有代表性的腐败菌或引起食品中毒的细菌作为主要的杀菌对象。一般认为，如果热力杀菌足以消灭耐热性最强的腐败菌时，则耐热性较低的腐败菌是很难残留下来的。所以只有了解微生物的耐热性、热在杀菌时的传递情况以及影响杀菌的因素，然后制订出合理的杀菌条件，才能达到杀菌的目的。

影响罐头杀菌效果的因素很多，主要有微生物的种类和数量、食品的性质和化学成分、传热的方式和传热速度等几个方面。

1. 微生物的种类和数量

不同的微生物耐热性差异很大，罐头制品加工过程中，从原料处理至灌装杀菌各个环节，食品均会受到不同程度的微生物污染，污染率越高，在同样温度下，杀菌所需的时间就越长。不同种类的微生物具有不同程度的耐热性，酵母菌 40~70℃，嗜热性细菌 75~80℃，肉毒杆菌 A 型、B 型芽孢要在 100℃下经过

6h 或在 120℃下经过 4min 加热才能被杀死。微生物芽孢越多，在同样致死温度下杀菌所需的时间也越长。

2. 食品的性质和化学成分

微生物的耐热性，很大程度上与加热时的环境条件有关，而食品的化学成分及性质是微生物得以生存的重要条件。罐头食品中含有的糖、酸、盐、蛋白质、脂肪等能影响微生物的耐热性；而含有植物杀菌素的食品如辣椒、洋葱、生姜、蒜等则具有抑制或杀灭微生物的作用。

食品中的酸度对微生物的耐热性影响很大，未解离的有机酸分子很容易渗入细菌的活细胞中而离解为离子，从而转化细胞内部反应，引起细胞死亡。所以酸度高的食品一般杀菌温度可低些，时间可短些。

3. 热的传递

罐头加热杀菌时，热的传递主要是以热水或蒸汽为介质的，所以杀菌时必须使每个罐头都能直接与介质接触。另外热量由罐头外部传至罐头中心的速率，对杀菌来说也是至关重要的。罐头杀菌传热方式主要有传导和对流两种。影响罐头食品传热速率的因素如下。

（1）罐头容器的种类和罐型　在罐头所用的几种包装材料中，传热最快的是蒸煮袋，其次是镀锡薄钢板罐，玻璃罐传热最慢。从罐型来说，小罐比大罐传热快。

（2）食品的种类和装罐状态　流质食品如清汤和果汁类传热较快，但含有糖液、盐水或调味液的，传热速率随其浓度增加而降低。固体食品传热慢。块状食品加汤汁比不加汤汁传热快，块状大的较块状小的传热慢。装罐紧的较装罐松的传热慢。总之，各种食品的含水量多少、块状大小、装罐松紧、汁液浓度等都会影响罐头食品杀菌时的传热速率。

（3）杀菌锅形式和罐头在杀菌锅中的位置　回转式杀菌比静置式杀菌效果要好，所需的时间短。回转式杀菌因为能使罐头在杀菌釜内进行转动，罐内食品形成机械对流，从而可提高传热速率，加快罐内中心温度的升高，所以可有效地缩短杀菌时间。需要注意的是锅内空气的排除量、冷凝水的积聚、杀菌锅的结构等均会影响杀菌效果。

（4）罐头初温　罐头在杀菌前中心温度（即冷点温度）的高低，也会影响杀菌效果。一般情况下，罐头食品的初温越高，初温与杀菌温度之间的温差越小，达到罐中心的杀菌温度所需的时间也就越短。因此，杀菌前应提高罐内食品的初温（如装罐时提高食品和汤汁的温度、排气密封后要及时杀菌），这对于不易形成对流和传热较慢的罐头尤为重要。

第三节　果蔬罐头的分类

2006 年，我国颁布了新的罐头食品分类标准（GB/T 10784—2006），标准中，水果和蔬菜类罐头按照加工或调味的不同分成若干类。

一、水果类

1. 糖水类水果罐头

把经分级去皮（或核）、修整（切片或分瓣）、分选等处理后的水果原料装罐，加入不同浓度的糖水而制成的罐头产品。如糖水橘子、糖水菠萝、糖水荔枝等罐头。

2. 糖浆类水果罐头

处理好的原料经糖浆熬煮至可溶性固形物达 45％～55％后装罐，加入高浓度糖浆等工序制成的罐头产品。又称为液态蜜饯罐头，如糖浆金橘等罐头。

3. 果酱类水果罐头

按配料及产品要求的不同，分成下列种类：

（1）果冻罐头　将处理过的水果加水或不加水煮沸，经压榨、取汁、过滤、澄清后加入白砂糖、柠檬酸（或苹果酸）、果胶等配料，浓缩至可溶性固形物 65％～70％装罐等工序制成的罐头产品。

① 果汁果冻罐头。以一种或数种果汁混合，加白砂糖、柠檬酸、增稠剂（或不加）等按比例配料后加热浓缩制成。

② 含果块（或果皮）的果冻。以果汁、果块（或先用糖渍成透明的果皮）、白砂糖，柠檬酸、增稠剂等调配而成，如马茉兰。

（2）果酱罐头　将一种或几种符合要求的新鲜水果去皮（或不去皮）、核（芯），软化磨碎或切块（草莓不切），加入砂糖，熬制（含酸及果胶量低的水果须加适量酸和果胶）成可溶性固形物 65％～70％和 45％～60％两种固形物浓度，装罐而制成的罐头产品。分成块状或泥状两种。如草莓酱、桃子酱等罐头。

4. 果汁类罐头

将符合要求的果实经破碎、榨汁、筛滤或浸取提汁等处理后制成的罐头产品。按产品品种要求不同可分为：

（1）浓缩果汁罐头　将原果汁浓缩成两倍以上（质量计）的果汁。

（2）果汁罐头　由鲜果直接榨出（或浸提）的果汁或由浓缩果汁对水复原的果汁，分为清汁和浊汁。

（3）果汁饮料罐头　在果汁中加入水、糖液、柠檬酸等调制而成，其果汁含量不低于 10％。

二、蔬菜类

按加工方法和要求不同，分成下列种类。

1. 清渍类蔬菜罐头

蔬菜罐头中的一大类，是选用新鲜或冷藏良好的原料，经加工处理、预煮

（或不预煮）、漂洗、分选、装罐后，加入稀盐水、糖盐混合液、沸水或蔬菜汁，再经排气密封、杀菌后制成。其特点是能基本保持各种新鲜蔬菜原料应有的色、形、味，如清水笋、青刀豆、蘑菇等蔬菜罐头。

2. 醋渍类蔬菜罐头

选用鲜嫩或盐渍的蔬菜原料，经加工整理或切块（胡萝卜、大白菜、甘蓝等需预煮处理），装罐，并根据要求装入适量鲜茴香、桂皮、辣椒、胡椒及大蒜等香辛料，再加入乙酸及食盐混合液，密封、杀菌制成。根据产品要求，有的装罐时不加茴香、辣椒等香辛小配料，而是在醋盐混合液中加入砂糖、丁香、胡椒及桂皮等制成的香料水。醋渍罐头一般要求产品含乙酸量 0.4%～0.9%、含盐 2%～3%。一般采用玻璃罐作容器，也有使用抗酸涂料铁作容器的。因产品含酸量高，故装罐密封后一般用沸水杀菌。适合生产此类罐头的原料有甜辣椒、小黄瓜、莴苣笋及甘蓝等。

3. 盐渍（酱渍）蔬菜罐头

一般选用鲜嫩的蔬菜原料，经盐渍、切块、漂水等加工工序，装罐，加入砂糖、食盐、味精等汤汁（或酱）等调味液，再经排气、密封、杀菌制成。因产品含盐量较高，故一般采用沸水杀菌，如香菜心等罐头。

4. 调味类蔬菜罐头

选用新鲜蔬菜及其他小配料，经切片（块）、加工烹调（油炸或不油炸）后，再经调味、装罐、排气、密封、杀菌制得的罐头产品。如油焖笋、八宝斋等罐头。

5. 蔬菜汁（酱）罐头

将一种或几种符合要求的新鲜蔬菜榨成汁（或制酱），并经调配、装罐等工序制成的罐头产品。如番茄汁、番茄酱、胡萝卜汁等罐头。

第四节 果蔬罐头的卫生标准

一、感官要求

① 容器密封完好，无泄漏、"胖听"现象存在。

② 容器外表无锈蚀，内壁涂料无脱落。

③ 内容物具有该品种罐头食品的正常色泽、气味和滋味，汤汁清晰或稍有浑浊。

④ 番茄酱罐头内容物酱体细腻。

二、理化指标

理化指标应符合表 1-1 的规定。

表 1-1　理化指标

项　　目		指标
锡（Sn）/（mg/kg）	≤	250
总砷（以 As 计）/（mg/kg）	≤	0.5
铅（Pb）/（mg/kg）	≤	1.0

三、微生物指标

应达到的卫生标准请参见 GB 7098—2015《食品安全国家标准　罐头食品》。

第五节　中国罐头产业发展状况

新中国成立前，我国的罐头食品工业仅在沿海少数几个城市建立了有限的私营罐头企业，这些企业规模小、产量不高、基础薄弱、品种有限，仅以出口东南亚为主，但还是出现了一些名牌产品，如广茂香的豆豉鲮鱼罐头、梅林的五香凤尾鱼罐头等都有相当的知名度，"梅林"已成为一个国际名牌商标。新中国成立后，党和政府对发展罐头食品工业给予高度重视，采取了一系列措施来恢复和发展罐头工业，使我国的罐头加工业特别是果蔬罐头加工业得到了飞速的发展，果蔬罐头加工业已具备了一定的技术水平和较大的生产规模，外向型果蔬罐头加工产业布局已基本形成。目前，我国是世界最大的果蔬生产国及果蔬产品加工基地，果蔬罐头食品历经百年而不衰，便于携带，食用方便，能够很好地调节市场淡旺季，备受世界各国消费者青睐。我国果蔬罐头加工业具有明显的产业比较优势和市场竞争优势，随着我国农业产业结构的调整，果蔬产业必将进入新的迅速发展阶段。

我国的果蔬罐头产品已在国际市场上占据绝对优势和市场份额。水果罐头年产量可达 130 多万吨，有近 60 万吨出口，出口量约占全球市场的六分之一，出口额达 4 亿多美元。在出口的诸多产品中，橘子罐头的产量最大，约 30 万吨，占出口量的近 50%，占世界产量的 75%，占国际贸易量的 80% 以上；其次是桃子罐头，每年的出口量在 7 万吨左右，其未来发展空间很大；再次是菠萝、梨、荔枝等产品。同时，全行业市场集中度较高，其中，位居行业前 10 位的企业，占据了 30% 的市场份额。蔬菜罐头出口量超过 140 万吨，其中蘑菇罐头占世界贸易量的 65%，芦笋罐头占世界贸易量的 70%。

我国果蔬罐头加工业区域化格局明显，优势产业带已初步形成。我国果蔬种植业形成优势产业带：苹果、柑橘、梨、桃、杏、樱桃主要集中在山东、陕西、辽宁、河北、浙江、湖南、四川、重庆等省市；亚热带水果如菠萝、荔枝、龙眼主要分布于两广、福建、海南等地区；蔬菜如番茄、蘑菇、芦笋的主产地是新疆、福建、山东、河北等地区。各地根据自身的资源特点和优势以及原料的加工特性，同时根据国际市场对产品的要求，发展了具有地方资源特色的果蔬罐头加工业：水果罐头加工主要分布在东南沿海地区；蔬菜罐头加工主要形成了西北地区的番茄加工基地以及中南部地区的蘑菇、芦笋产业带。目前，我国果蔬产品的出口基地大都集中在东部沿海地区，近年来产业正向中西部扩展，"产业西移"态势十分明显。

随着市场的需求和企业研发能力的增强，高新技术在果蔬罐头加工业中得到了较为广泛的应用。特别是随着国外先进设备的引进和消化，以及果蔬罐头加工产品出口的增长，对产品的质量和加工技术水平要求逐步提高，推动了高新技术的应用研究、推广和引进。如：低温连续杀菌技术和连续化去囊衣技术在酸性罐头中得到了广泛应用；引进了电脑控制的新型杀菌技术；EVOH（乙烯-乙烯醇共聚物）包装材料已经应用于罐头生产；纯乳酸菌的接种使泡菜的传统生产工艺发生了变革，推动了泡菜工业的发展。

第二章　罐藏容器 02 Chapter

第一节　罐藏容器概述

一、罐藏容器的发展概况

　　罐头食品发展历史源远流长，18世纪末，法国陆军因战争给养出现问题，拿破仑悬赏鼓励发明保藏食品的方法，法国人尼古拉·阿佩尔经过十年多的努力在1804年成功研究出可以长期贮存的玻璃瓶装食品。阿佩尔给它取名为"Conserve"，传入中国时，根据它的发音和外形谐音译为"罐头"。英国商人彼得·杜兰德（Peter Durand）为克服玻璃容器易破损的缺点，1814年，他首先按照阿佩尔发明的罐藏方法使用镀锡板制造食品容器，即所谓马口铁罐来盛装食品，并在英国获得了发明专利权，拉开了镀锡板罐头时代的帷幕。

　　1811年，彼得·杜兰德将发明专利卖给英国工程师布朗·登金与约翰·霍尔，两人在1812年使用杜兰德的专利，成立了世界第一家马口铁罐头工厂。19世纪初期，罐藏技术传入美国，波士顿、纽约等地，并先后建立了罐头工厂。1818年，英国人威廉·安德伍德（William Underwood）移民到美国，开始在波士顿建罐头厂进行罐头食品生产。1822年，他在波士顿成立了William Underwood公司，揭开了美国"罐头王国"的序幕。

　　1847年，美国使用了冲制罐底盖坯料的冲床，1849年正式制成冲盖机，奠定了三片罐制造的基础。1859年，欧洲开始采用将罐底盖直接盖在罐身上自动卷封的封罐机。由此，马口铁罐的封口方法由内嵌（或外嵌）加以锡焊改为卷边，用胶圈代替了封焊。1896年，美国首先使用液体橡胶代替厚的橡胶圈，并于1897年制成液胶涂布机，同时改进封口卷边，采用二重卷边。由于不断改进，自动制罐机得到顺利发展。

1975 年，瑞士制成罐身接缝宽为 0.8mm 的电焊接制罐机，1978 年，又制成罐身接缝宽度为 0.4mm 的电阻焊制罐机。从而使三片罐罐身接缝状况得到改善，三片罐生产无论在质量还是产量上都有了大幅度的提高，并从工艺上根除了接缝焊锡罐的铅污染问题。

1847 年还形成了制造两片罐的冲拔工艺，后来由浅冲罐发展到利用多级拉深方法制得深冲罐。至于深冲技术，1964 年美国首先推出冲击挤压法，1968 年又推出拉深和罐壁压薄法。20 世纪 60 年代，美国大陆制罐公司（Continental Can Co.）首先使用铝材制造罐头盖，正式拉开了铝材制罐的帷幕。20 世纪 60 年代早期，铝制薄壁拉伸罐平均每 1000 罐的质量为 25kg，到 21 世纪 70 年代中期缩减到 20.3kg，现今已减轻到 15.0kg，每 1000 罐的平均质量减少了约 40%。另外，铝制薄壁拉伸罐罐身和罐盖的生产力也大大提高。20 世纪 70 年代制罐速度为每分钟 650～1000 个，80 年代提高到每分钟 1000～1750 个，21 世纪已经超过了每分钟 2000 个。

制罐材料继热浸镀锡板（HTP）之后，出现了电镀锡板（ETP）。1934 年德国建成电镀锡板生产线，1937 年美国首次生产出镀锡量为 $5.59g/m^2$ 的电镀锡板。基于电镀锡板的优越性，至今已全部取代了热浸镀锡板。1930 年挪威开始使用铝合金板制造包装容器。20 世纪 60 年代初，为减少用锡量而使用无锡薄钢板——镀铬板（TES）制造包装容器。之后各种马口铁罐、低锡罐、无锡罐、电解罐、易拉罐等金属罐及各种罐涂料，都先后诞生。

20 世纪初期，玻璃瓶和金属罐装的罐头食品，已经普及到世界各国。由于玻璃瓶和金属罐罐头存在的缺点，1940 年开始了其他材料罐的研究。美国首先进行了软罐头包装的研究开发工作，20 世纪 60 年代后期，日本和欧洲也开始利用软罐头技术生产食品。1958 年，美国进行大量的开发试制和性能试验，对供军队使用的软罐头食品加以研究，1960 年软罐头开始供军队使用。由于其质量可靠、食用方便，成功地应用于阿波罗宇航计划。1974 年美国农业部认可用软罐头包装肉制品，1975 年美国政府食品与药品管理总署（FDA）考虑到软罐头黏合剂中的聚酯和环氧组分可能迁移到食品中，要求美国农业部撤回认可，1977 年美国 FDA 签发可用于制造软罐头的高温层材料的规范。20 世纪 80 年代初期，发明了第一个高阻隔性的塑料容器，这一容器由乙烯-乙烯醇共聚物（EVOH）或聚偏二氯乙烯（PVDC）等在受热条件下不会变形和改变阻隔性的材料构成。目前的软罐头由不同的塑料层或者再结合铝箔层制成，理想的特性必须是：化学惰性，至少能耐受 125℃高温，能热封，具有低氧气和水蒸气的透过率，能抵抗充填、加工、仓贮、流通过程中的外力，材料不会因为老化而变脆。

中国制罐工业在 20 世纪 50 年代，以手工制作咬接罐为主，质量差、效率低。20 世纪 60 年代前后我国开始使用制罐机械生产三片焊锡罐，当时的轻工业部为统一罐头标准颁发了空罐罐型标准，随着生产技术的发展，轻工业部于 1965 年又颁发了《空罐生产工艺操作要点》，1976 年颁发了《马口铁罐型规格系列》（QB 221—1976），为与国际标准接轨，1982 年颁发了《罐头工业空罐工艺技术要点（试行）》，这些标准的颁发对我国罐头工业的发展起到了一定的推动和促进作用。之后为了统一和发展技术标准，还组织制定了《500 毫升罐头瓶》（ZB Y 22008—1987）、《70 型旋开式瓶盖》（ZB Y 73018—1987）等国家标准。

由于传统的铅锡焊接罐工艺落后，底盖卷封时在罐身接缝处容易出现质量问题，致使空罐废品率较高，而且生产焊锡罐劳动强度大、产量低、劳动力消耗高，使用的铅锡焊料锡资源缺乏、价格昂贵，铅锡容易给罐头食品带来铅毒污染，20 世纪 70 年代起电阻焊应用于制罐工业，1980 年最早由漳州罐头厂开始引进 2 条电阻焊接制罐生产线。1985 年第一个全铝两片罐企业即首条两片罐生产线在中国投产。1979 年我国开始研究软罐头，并于 1981 年开始试生产。

二、罐头食品对罐藏容器的要求

为了使罐藏食品能够在容器里保存较长的时间，并且保持一定的色、香、味和原有的营养价值，同时又适应工业化生产，为此，罐藏容器需满足以下要求。

1. 卫生安全，无毒无害

罐藏容器的首要条件是卫生安全、无毒无害。罐藏容器与食物直接接触，只有无毒无害的容器，才能避免食品受到污染，保证食品安全可靠，符合卫生规范，避免危害人体健康。

2. 具有良好的密封性能

食品的腐败变质往往是因为自然界中微生物活动与繁殖，从而促使食物分解所致的。罐藏食品是将食品原料经过加工、密封、杀菌制成的一种能长期保存的食品，如果容器密封性能不良，就会使杀菌后的食品再次被微生物污染造成腐败变质。因此容器必须具有非常良好的密封性能，使内容物与外界隔绝，防止外界微生物的污染，不致变质，这样才能确保食品得以长期贮存。

3. 良好的耐腐蚀性

由于罐藏食品含有糖、蛋白质、脂肪、有机酸、盐等成分，这些物质在罐头生产过程及贮藏过程中会发生某些化学变化，造成罐藏容器某种程度腐蚀。一些富含蛋白质的食品会在高温杀菌过程中分解出含硫物质，促成或加剧金属容器的腐蚀。番茄制品和水果等食品在罐藏过程中会缓慢地腐蚀金属容器，严重时会导致罐壁穿孔。所以食品的罐藏容器必须具有良好的耐腐蚀性能，无论是容器内壁还是其覆盖层，都应有良好的耐腐蚀性能，否则会影响食品的原有风味和营养价值，以致罐内食品败坏。

4. 取食方便，携带方便

罐藏容器应具有良好的商品价值，要求造型美观、开启方便，制罐材料既要轻便，又要具有一定的强度；既要便于消费者取食和携带，又要适应运输和销售的要求。

5. 适合工业化生产

随着罐头工业的不断发展，罐藏容器的需要量与日俱增，因此要求罐藏容器能适应工厂机械化和自动化生产，还要求质量稳定，在生产过程中能够承受各种机械加工。

6. 热稳定性好，材料丰富，价廉

罐藏容器应具有良好的热稳定性，具有良好的导热性和承受剧烈温差的能力。罐藏容器的制罐材料要求来源丰富，价格适宜，以便控制罐藏容器的成本。

三、罐藏容器的种类及性能

罐藏容器按其材料分为金属罐（包括镀锡板罐、涂料铁罐、镀铬板罐和铝合金罐等）、非金属罐（主要包括玻璃罐、陶瓷罐、塑料罐等）、金属与非金属的组合罐（塑料薄膜与铝箔复合的软罐等）。

1. 金属罐

金属罐以容器形状分为圆形罐和异形罐（包括方罐、椭圆罐、梯形罐、马蹄形罐等）。按其不同的制罐生产方式可以分为三片罐和两片罐。三片罐是指由罐盖、罐底和罐身三部分组成的容器，罐身有接缝，亦称接缝罐。接缝罐根据不同的接缝方式，又分焊锡接缝罐（焊锡罐）、电阻焊接缝罐（电焊罐）和粘接接缝罐（粘接罐）、激光接缝罐等。两片罐是指由罐盖和一体成型的罐筒两个部分组成的容器，又称冲压罐，有冲拔罐和薄壁拉伸罐之分，冲拔罐包括浅冲罐和深冲罐。

2. 镀锡板罐

镀锡板罐是罐头生产中最常用的一种容器。镀锡板表面镀有纯锡，用锡焊合罐身接缝部位，焊接后能保持容器良好的密封性能，纯锡与食品直接接触没有毒性，具有良好的耐腐蚀性能，用镀锡板制成的容器质量轻，能承受一定的压力，具有一定的机械强度，便于加工运输。此外，镀锡板表面光滑，适于涂覆涂料、印刷，既可防止腐蚀和生锈，又可美化外观，增强商业性。镀锡板的加工性良好，可制成大小不一、形状各异的罐藏容器，耐压、耐拉伸，适合于连续化、自动化的工业生产要求，且传热系数大，加热杀菌时传热速度快。但是镀锡板不经涂覆涂料、印刷，容易腐蚀和生锈，且容器不透明，不能直观容器内食品，也不能重复使用。此外，由于表面需镀锡，镀锡层外面还往往再涂覆涂料，生产成本较高，这是镀锡板罐的主要不足之处。

3. 铝罐

铝罐目前在啤酒、饮料和鱼罐头生产方面已大量使用。铝合金薄板质轻，铝罐的质量仅为同样大小铁罐的1/3。罐壁虽然很薄，但强度较大。铝罐的导热性高，有利于提高罐头食品的杀菌、冷却效果。铝罐不会产生硫化污染，也不会给食品带有金属味。它有一定的耐腐蚀性能，但它对酸性盐类等物质的耐蚀性较差，内壁一般需涂覆涂料后使用。铝罐的内外壁比较容易涂覆涂料、印刷，其外观易于美化。另外开启后的铝罐可以回收利用，因为废铝回炉制成新的铝材只需大约5％的能源，所以对防止废罐公害、节资节能都有很好的效果。但是由于铝罐壁很薄，在重力作用下易变形，所以在加工、贮藏、运输过程中需要加以防范。

4. 镀铬板罐

镀铬板罐目前主要用于啤酒罐和饮料罐。镀铬板表面不镀锡，但有金属铬层和水合氧化铬层。镀铬板耐蚀性比镀锡板差，经涂覆涂料后，对内容物具有较好的耐腐蚀性能。由于表面无锡层，涂膜的牢固度显著优于镀锡板，而且其固化温度不受锡的熔点温度（232℃）的限制，有利于提高生产效率。使用镀铬板罐，主要在于节省锡，它的机械加工性能与镀锡板几乎相同，强度也相同。但表面镀铬层薄，容易擦伤，一经擦伤极易生锈。三片罐镀铬板罐生产时，不能用锡焊接罐身，而要采用黏合剂黏结或电阻焊接工艺。

5. 玻璃罐

玻璃罐在罐头生产中占的比例很大，仅次于镀锡板罐，国内外都有大量使用。玻璃罐安全卫生，化学稳定性好，不会与食品发生作用，能较好地保持食品原有风味。玻璃罐造型美观、透明可见，便于检查和商品挑选。此外，玻璃原料充足，容器可回收重复使用，因而成本较低。但玻璃罐较重，重量是同体积的马口铁罐的4～5倍，且质脆易碎，机械强度较差，导热性能差，传热能力相当于铁罐的1/6。在使用时要求温度变化均匀缓和，通常杀菌、冷却需分段进行。另外，由于玻璃罐能透过紫外线，会引起某些罐内食品有效成分分解、破坏，不利于食品的长期贮藏。

6. 蒸煮袋

蒸煮袋作为软罐头食品的包装容器，越来越得到广泛使用。它可用于肉类、禽类、蔬菜和果汁等食品的包装，特别适宜于风味菜肴、海味品、调味汁、咖喱类米饭及某些快餐食品的包装。蒸煮袋由复合薄膜制成，袋壁薄，杀菌时热处理时间短，有利于保持食品的色香味和营养价值。蒸煮袋的化学稳定性优于镀锡板罐，故软罐头食品可在常温下贮存、流通。含铝箔复合的蒸煮袋不透光、不透气、不透水，能作耐高温高压的处理。蒸煮袋开启方便，空袋贮藏体积小，与镀锡板罐等硬质罐藏容器相比，可节省贮藏容积85％，质量也大大减轻。但是蒸煮袋易被划伤划破，装有内容物的软罐头要加套外包装纸盒给以保护，因而成本有所增加。总体而言，软罐头包装食品的保质期较马口铁罐头短。

第二节　金属罐

一、金属罐藏容器的制罐材料

1. 镀锡薄钢板

镀锡薄钢板又称镀锡板，俗称马口铁，它是经过表面镀锡处理轧制而成的低碳薄钢板，分为以热浸工艺镀锡的热浸镀锡板和以电镀工艺镀锡的电镀锡板。施涂料的电镀锡板即涂料镀锡板（涂料铁），未涂涂料的电镀锡板即电素铁。镀锡薄钢板具有金属的延展性、刚性，耐腐蚀，无毒害，表面光亮。现用于制罐的镀锡板多是电镀锡板，与热浸工艺镀锡薄板相比，具有镀锡均匀、耗锡量低、质量稳定、生产率高等优点。

镀锡板锡层要完整，不能有气泡、露铁点、孔洞、压痕。表面质量要求不得有针孔、伤痕、凹坑、皱褶、锈蚀等对使用有影响的缺陷，但轻微的夹杂、刮伤、压痕、油迹等不影响使用的缺陷允许存在。总体质量要求做到：尺寸要整齐，厚度要均匀，锡层要完整，韧度要适当，四边要符合尺寸，四角要垂直，不得有大小头、镰刀弯。一般制作罐身采用厚度较薄、硬度较低的镀锡板，保证翻边封口的质量，制作罐底和罐盖采用较厚的镀锡板，以经受杀菌的压力。

2. 镀铬薄钢板

镀铬薄钢板（简称镀铬板）是为减少用锡量而发展的一种镀锡板代用材料，商品名为铬型无锡薄钢板（TFS-CT），是表面镀有铬和铬的氧化物的低碳薄钢板。铬是一种坚硬、带银白色光泽的金属，硬度、耐磨性都很好，耐热性也较高。早在20世纪20年代，镀铬工艺已有工业生产。美国从1940年开始研究镀铬板，先后采用铬酸化学浸渍处理和电解铬酸处理，并开始大量生产。日本1955年以来研究铬酸钝化方法，取得许多成果。欧洲各国也都在20世纪70年代相继生产镀铬板。

镀铬板采用的原板和镀锡板相同，都是低碳结构薄钢板，但镀铬层很薄（<1.3nm），其工艺和镀锡板相同。因此一般原有镀锡生产线只需略加改造，加装镀铬槽就可实现镀锡或镀铬两用。

镀铬板原板采用冷轧薄板加工成型，经电解铬酸处理后，在薄板表面形成厚度为$0.05\sim0.10\mu m$的氧化铬，呈现淡青色的光泽，包装后贮存在室内，长期使用不会生锈，与涂料、油墨黏附融合优良，涂膜附着力强，不会发生涂膜剥离现象，宜加工制造底盖和冲拔罐。由于铬的电阻大、铬层无润滑性，焊接性能差，不适于制电阻焊接罐。此外，耐碱，涂装后不受溶剂、油膜影响；耐热，400℃短期加热不受损。

镀铬板耐腐蚀性比镀锡板差，在食品包装应用中有一定的局限性，适合用于弱酸性食品的包装，但此问题可经内、外涂料后使用予以解决。此外，镀铬板用作罐身时采用通常的焊锡法焊接困难，一般均采用熔接法和黏合法接合，镀铬板的铬层较薄，封口时卷边缝容易生锈，特别是卷边下部，为此封口时需采取相应措施。

3. 覆膜铁

通过熔融法或黏合法，将塑料薄膜覆合在冷轧薄钢板上的复合材料称为覆膜铁，相对于涂料铁，也可称为涂塑铁。

与内涂外印的镀铬铁相比，覆膜铁具有以下特点：

① 具有良好的防锈、装饰、隔热、减震等功能，尤其耐压冲、耐腐蚀性是涂料铁不能比拟的。由于覆膜铁所覆盖（黏合）上去的覆膜为多层的聚酯复合薄膜，它阻隔腐蚀介质渗透的能力接近于"完全阻隔"。对于番茄酱罐等包装来说，覆膜铁是理想的材料。

② 表面针孔少、致密，且可在覆膜上做多种处理，如标识、镭射处理等（与涂层相比较）。二次冷轧覆膜铁，具有优良的力学性能，抗拉强度高。

③ 生产效率高，能源消耗和材料成本低。覆膜铁表面为热塑性树脂薄膜，以聚酯和聚丙烯为好，成膜温度只有 70℃ 左右，且无需内涂外印，生产效率和能源消耗均较为理想。

④ 有利于环保。涂料铁的内涂料多以环氧树脂为主，外绘料有底涂料、白涂料、上光涂料之分，以丙烯酸和聚酯树脂为主。印铁油墨有热固化和紫外线固化之分，但印铁油墨必须与涂料配套才能保证油墨的色彩和附着力等性能。由于目前使用的涂料在有机高分子中加入固化剂、增塑剂、色调剂等配料，溶解在溶剂和稀释剂中，所以印铁厂仍然存在环保问题待解决。但表面为热塑性树脂薄膜的覆膜铁在生产过程中无大量溶剂、废气排出，有利于环保。

4. 铝合金薄板

制罐及包装用铝材分纯铝系列和耐蚀的铝合金板材或箔材等。纯铝的强度和硬度较低，使用受到限制。纯的熔融的铝在严格控制的条件下，加入硅、铜、镁、锰等配制成合金，强度和硬度显著提高。两种最常用的元素镁及锰加入以后，特别是镁加入后，虽然增加了材料的强度，但一般都要降低对酸碱性腐蚀的抵抗，因此品种单一的铝合金和只有单一强度的材料很难满足各种要求，必须根据不同用途及材料成本，选用相适合的强度、加工性、耐腐蚀性的铝合金。为提高铝材的耐蚀性，一般均经涂覆涂料后使用，涂覆涂料前铝合金薄板须经重铬酸盐处理和硫酸处理两种方法进行钝化处理。铝镁、铝锰等合金经铸造、热轧、冷轧、退火、热处理和矫平等工序制成的薄板，相当于低合金钢的强度，可用于生产冲拔罐和薄壁拉伸罐等两片罐及易开盖及饮料瓶盖等。图 2-1 为不同尺寸的马口铁空罐。

二、罐材涂料

1. 罐材内壁涂料

镀锡板、镀铬板和铝合金薄板等材料制成罐头后易受腐蚀，且易引起内容物变质。为防止上述情况的发生，多数食品罐头均要求罐内涂覆涂料，罐头品种不同，涂料要求亦不同。

（1）罐头内壁涂料的目的

① 含蛋白质丰富的水产、家禽和畜肉类罐头采用抗硫涂料，以防止蛋白质在高温杀菌过程中降解，释放出游离的硫，造成硫化腐蚀，必要时在基料中加一些可以吸硫的物质（如氧化锌等），以防止硫化铁的生成。

图 2-1 不同尺寸的马口铁空罐

② 酸性较强的番茄酱和酸黄瓜等采用抗酸涂料,以防止罐壁的酸腐蚀,造成罐头的穿孔变质,以保证罐头具有一定的保存期。

③ 某些含花青素的水果,如草莓、樱桃和杨梅等,由于锡的还原作用,不但会使色素褪色,还会造成罐壁的花青素腐蚀,形成氢胀胖听,因此需要在一般涂料基础上,增加涂料厚度或进行二次补涂,以提高其抗腐蚀性能。

④ 清蒸鱼类和午餐肉等容易粘罐,食用时不易倒出。采用含有防粘剂的涂料,以保持形态完整美观。

⑤ 罐装啤酒等饮料罐,对铁离子含量极为敏感。需要采用细腻致密的涂料,制罐后需喷涂,保证成膜后没有孔隙点,以防止铁离子渗入罐内,而影响啤酒的风味和透明度。

从以上几个方面可见,罐内涂料主要起双重保护作用,一是保护镀锡板等包装材料不受内容物的影响而发生腐蚀及脱锡变色等现象,二是保护食品不受镀锡板等包装材料的作用而影响其品质或营养价值。

(2)罐头内壁涂料的基本要求 罐头内壁涂料的基本要求可用以下术语描述:"无毒无味涂膜好,附着铁皮脱不了,能耐腐蚀防变质,涂印方便价不变。"

具体要求如下:

① 涂料成膜后应无毒害,不污染内容物,不影响其风味和色泽,低公害性。

② 涂料成膜后能有效地防止内容物对罐壁的腐蚀。

③ 涂料成膜后附着力良好,具有要求的硬度、耐冲击性,耐焊接高温,适应制罐工艺要求。

④ 制成罐头经杀菌后,涂膜不应变色、软化、脱落和溶解。

⑤ 施工方便,操作方便,烘干后能形成良好的涂膜。

⑥ 涂料及所用溶剂价格便宜。

⑦ 涂料贮藏稳定性好。

（3）罐头内壁涂料的组成及类型　罐头内壁涂料的品种较多，构成各异，但主要成分均为树脂、溶剂、颜料和其他辅助材料。

树脂是高分子的有机物，是内壁涂料的主要成分、主要成膜物质。大部分树脂能溶在有机溶剂中成为液体，称为涂料。把涂料涂布于金属物的表面，溶剂挥发后，树脂等物质附在金属的表面干结成膜，称为涂膜。树脂分天然树脂和合成树脂两类。

溶剂是指能分散树脂等固态或半固态物质的液体。选择的溶剂要求有良好的溶解性能，溶解后不浑浊、无沉淀，在涂料干燥过程中，溶剂要能全部挥发。溶剂种类主要有脂类溶剂、酮类溶剂、醇类溶剂、醚类溶剂、芳烃类溶剂。

颜料是构成涂膜的组成成分，是次要成膜物质。主要作用有着色、增强涂料耐磨性、降低涂膜对光与热的敏感性、增强涂膜的防锈性能等。

用于罐头内壁涂料的不同辅助材料起不同的辅助作用。例如，填充剂起填充作用，增加涂膜的耐磨性；稀释剂用于稀释涂料；增塑剂（软化剂）使涂膜有弹性、柔韧性，提高附着力，减少机械损伤；流平剂改善涂料性能，在涂布过程中破坏两相表面张力，使涂料易流散；润滑剂使涂料有润滑、防粘作用；干燥剂对涂料起干燥作用。

我国常用罐头内壁涂料，根据所用基料不同，大体可分为环氧酚醛涂料、酚醛涂料、油树脂涂料、环氧氨基涂料、乙烯基涂料等类型。

（4）罐头内壁涂料的涂装及质量要求　罐头内壁涂料的涂装过程主要包括涂印和固化两个部分。涂印将罐头内壁涂料涂布在基板上或空罐的内壁上，使之成为均匀的表面覆盖层——湿膜或粉末涂层。喷涂方法包括滚涂法、喷涂法、印涂法等。静电喷涂是固体粉末涂料的一种涂装方法，电泳涂布是水溶性涂料的一种涂装方法。固化利用热能或辐射能的作用，使涂印后湿膜中的溶剂蒸发，树脂进一步交联，或使固体粉末熔融，最后形成干固而坚韧的涂膜。常用箱式烘房，利用电或煤气加热空气进行干燥，也有利用紫外线、电感应、电子束等的固化方法。

经涂装后罐头内壁涂料要求达到如下质量要求：外观涂膜光滑、完整，色泽均匀一致；涂膜无明显露底、划伤及气泡；涂膜表面无杂质颗粒、油污及涂料堆积；涂膜不焦糊，锡层不熔融；涂料铁反面不带料。其具备如下理化性质：涂膜无毒害且不影响食品风味；涂膜厚度符合标准规定；耐冲击性能试验，冲盖后经 5% 硫酸铜溶液浸泡，盖面上不应有明显腐蚀点；抗酸性能试验，试样放入 5% 乙酸溶液中经 121℃加热 30 min，涂膜不应变色和脱落；抗硫性能试验，试样放入 1% 硫化钠溶液中，经 121℃加热 30min，不应有明显的硫化斑，涂膜不应脱落、变色；实罐试验，涂料铁装制实罐后，经 37℃或 60℃保温后，开罐观察，对于抗酸涂料铁应无明显腐蚀和涂膜脱落，抗硫涂料铁应无明显硫化铁及硫化斑，不能污染内容物。

2. 罐材外壁涂料（彩印涂料）

（1）食品罐头外壁涂料的目的　以印铁商标代替纸商标，光亮美观，省去贴标工序，避免纸商标易破损、脱落、褪色和油污等缺点；防止罐外生锈；适应罐头在冰箱中贮存；可使用罐外镀锡量较低的镀锡板。

（2）食品罐头外壁涂料及油墨要求　印铁商标经沸水和加压蒸汽加热处理后，涂膜不应变色、软化、脱落和起泡，应保持原有光泽和色彩；涂料和油墨烘干后，白涂料不泛黄，彩色油墨不变色，光泽良好；涂料和油墨干燥性能良好，不回黏；涂膜成膜后附着力良好，适应制罐工艺要求；采用高速印铁机，油墨印刷性能良好；涂料及其所用溶剂价格便宜，施工方便；涂料和油墨贮藏稳定性良好。

三、接缝补涂料

镀锡薄板罐头容器生产时，无论采取锡焊或电阻焊将罐身板卷曲成圆筒状后进行焊接时，其身缝部位及其两侧因受高温熔融或机械损伤都必须对其进行补涂以作保护，外补涂用以防锈，内补涂用以防止食品与罐壁损伤部位直接接触而发生腐蚀现象。罐用接缝补涂料的要求有：涂料成膜后应无毒害；与盛装内容物不相溶，有良好的抗化学性；无环境污染，符合卫生要求；涂膜厚度适当，附着良好，能起到阻隔作用；具备快速烘干固化性能，适于设备操作。

接缝补涂料的种类，根据操作方法与设备而异。有用于锡焊和半自动电阻焊机的手工补涂料；有专用于高速自动电阻焊接机补涂烘干设备的快速烘干、固化的接缝补涂料。按设备要求分液体滚涂、液体喷涂和粉末喷涂 3 种，滚涂与喷涂使用接缝补涂料的黏度与固体含量有所区别。

四、罐材密封胶

为保证食品罐头的密封，罐盖钩边须充填密封材料，当经过卷边封口作业后，由于胶膜和二重卷边的压紧作用将罐底盖和罐身紧密结合起来，可以保证罐藏容器的密封性能，使罐藏食品得以长期贮存且不变质。

1. 密封胶的质量要求

胶膜中不得含有对人体有害的毒素，必须符合食品卫生要求；胶膜应具有良好的可塑性，便于填满罐身与罐盖卷封后存在的空隙，确保罐头的密封性能；胶膜应具有良好的热稳定性，以防在高温、高压杀菌时胶膜融化，造成罐内流胶现象；胶膜应有良好的附着力及耐磨性能，以避免卷封作业时胶膜断裂，影响封口部分的密封质量；胶膜应有良好的抗热、抗水、抗氧化、抗油等特点，以确保罐头在沸水杀菌消毒、钝化处理、油类产品加盖排气时胶膜不融化、不脱离。

2. 密封胶的种类及特点

罐藏容器的密封胶除了某些玻璃罐的金属盖上使用塑料溶胶制品外，基本上均使用橡胶制品。金属罐藏容器的密封胶均为液体橡胶，浇注在盖钩上固化成膜。液体橡胶按稀释条件分为水基胶和胶乳。水基胶类的氨水胶使用较多，我国以硫化胶乳使用广泛。氨水胶的主要组成部分是天然胶乳。它是由橡胶粒子在水介质中的悬浮胶体组成的一种胶体。胶乳的化学结构为异戊二烯，天然胶乳一般用氨水作保存剂，因为氨既能抑制胶乳中的细菌繁殖，又能使橡胶粒子分散，阻止橡胶粒子凝固成块。但氨挥发，对人体有刺激作用，同时会使胶乳的黏度下降，因此胶乳中氨含量应控制在一定范围之内。胶乳中橡胶粒子带负电荷，包含一层亲水胶体，形成稳定的胶体体系。当粒子上的电荷被中和，或者由于某种化学作用、污染等破坏了它的保护膜时，就会造成胶乳的凝固。被金属离子吸附，特别是二价或三价的金属离子吸附，可以引起胶乳的完全凝固。铅及其他金属盐类和酸类也会促进胶乳的凝固。铜和锰对胶乳也起破坏作用。胶乳一经凝固则会发生连续的高分子聚合，不再分散在水中。因此，使用过程中，要避免因为外界条件的变化而引起胶乳的絮凝。硫化胶乳系氨水胶，采用天然胶乳、硫黄、硫化促进剂及其他辅助材料等物料配制而成。这些配合剂能使液胶的性能得到改善，更符合制罐工艺和罐藏食品的要求。同时，由于大量填料的加入，降低了胶乳的表面张力，便于液胶在浇注时按规定要求均匀涂布在盖钩内。

五、易拉盖

易拉盖是一种由金属（铝、镀锡或镀铬薄钢板）制成，在开启部位有刻痕，装有提拉附件，以方便开启的罐盖，易拉盖的主要形式有孔开式易拉盖和全开式易拉盖（见图 2-2），其中孔开式易拉盖又可分为撕脱型易拉盖和掀压型易拉盖——环保盖。

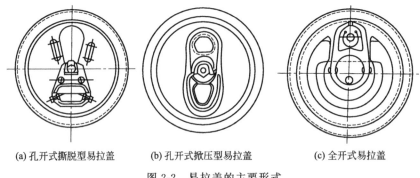

　　(a) 孔开式撕脱型易拉盖　　(b) 孔开式掀压型易拉盖　　(c) 全开式易拉盖

图 2-2　易拉盖的主要形式

孔开式撕脱型易拉盖，开启时用拉环将盖面孔状刻痕部分撕脱即可；孔开式掀压型易拉盖，开启时借助拉环提拉的杠杆作用，产生反向压力，将盖面孔状刻痕部分向下掀压，由于小片不脱落，不会造成公害，又称环保盖，其用途与撕脱型相同；全开式易拉盖，拉环铆合在近盖边部位，开启时用拉环将沿盖面圆周的刻痕整体撕脱，主要用于盛装粥类和糖水水果等罐头。

易拉盖制造工艺流程如下：

　　　　　铝卷材→涂料→冲基本盖→圈边→注胶→烘干→完成基本盖→
　　　　多工位冲创成型→拉环定位与装配→成品包装
　　　　拉环铝材→ 多工位冲翻拉环↑

　　易拉罐盖的制造与接缝圆罐的罐盖制造有一定的差异，易拉盖的制造材料要求选用高硬度的冷轧铝材，其镁含量较高。易拉罐盖上有易被拉开的压线，划线的深度约占铝板厚度的 70%。罐盖有能安装拉环的空心铆钉，这种罐盖铆钉的冲制是整个易拉罐盖生产的关键，目前采用两次成型，第一次是立起凸泡，第二次是冲制所需的铆钉纽扣，以便安装拉环。拉环的生产可按穿大孔（定位）、穿孔、切缝、顶压型、整形、冲铆合孔、卷边、断料等方式进行。

第三节　玻　璃　罐

　　玻璃罐所用玻璃是由石英砂、纯碱及石灰石等原料按一定比例配合后在 1000℃以上的高温下熔融，缓慢冷却成型铸成的，一般石英砂占 55%～70%，纯碱占 5%～25%，石灰石占 15%～70%。玻璃中除了 SiO_2、Na_2O 及 CaO 这些主要的氧化物外，还含有 4%～8% 的氧化铝（Al_2O_3）、氧化铁（Fe_2O_3）、氧化镁（MgO）及其他氧化物。

　　玻璃在熔融状态时为液态，当它逐渐冷却凝固后将保持所赋予它的形状，并有一定硬度和透明度，冷却成型时，可根据不同模具制成各种不同容积不同形状的玻璃罐。但为了提高它的热稳定性，满足罐头生产需要，一般需要经过一次加热退火。

　　玻璃罐制备流程如下：

　　原料磨细→过筛→配料→混合→加热熔融→成型冷却→退火→检查→玻璃罐成品

　　玻璃罐的类型很多，各种类型都与它的封口结构有着密切的关系。根据玻璃罐的封口密封形式及其相应的罐盖结构，主要有卷封式玻璃罐、旋开式玻璃罐、撬开式玻璃罐、套压旋开式玻璃罐及按压重封式玻璃罐等（见图 2-3）。

　　卷封式玻璃罐罐盖用镀锡薄板或涂料铁制成，橡胶圈嵌在罐盖盖边内，通过玻璃罐封罐机辊轮的推压作用，逐步将盖边及其胶圈紧紧滚压在瓶口边缘，形成卷封结构。这种卷封式玻璃罐的特点是密封性能良好，能承受加压杀菌，但罐盖开启比较困难。

　　旋开式玻璃罐的瓶颈上有螺纹线，罐盖底边内侧有盖爪，旋盖后，罐盖上的盖爪和螺纹恰好相互吻合，安置在罐盖内的胶圈正好压紧在瓶口上，此时配合罐内真空，玻璃罐获得密封。这种旋开式玻璃罐的罐盖可用镀锡板冲制，在罐头生产中使用旋盖机加以封盖，盖内胶圈采用热塑性溶胶。

　　撬开式玻璃罐的撬开盖是一种金属真空盖，它用于玻璃罐、大口瓶或平底罐罐口线，金属盖圆边内侧紧扣橡胶垫圈，封压时卡住橡胶垫圈而密封。撬开盖由

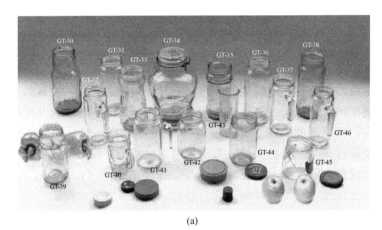

(a)

(b)

(c)

图 2-3　不同规格、尺寸的玻璃罐

金属盖和扣紧在卷边下部位置上的切割橡胶垫圈组成，垫圈的大小、厚薄、类型和间隙随容器罐口、产品和其他因素而异。

　　套压旋开盖也是一种金属真空盖，适用于快速经高压杀菌的产品，现广泛使用于婴儿食品，对肉类、蔬菜、豆类、汤类食品亦适用。套压旋开盖无盖爪（或突缘），垫圈为模压的塑料溶胶，覆盖在盖面的外周边直到卷边的密封面上，形成顶部和侧边的密封。

　　按压重封盖的成型过程和旋开盖相似，但此盖的 6 个爪子不像旋开盖是水平的，而是在盖边内向上的，并与垂直线有一定的角度。深按压重封盖在使用时，塑胶垫与罐口密封面吻合，盖子一旦到位，金属爪的张力即将罐盖握住，开启时在罐盖周边扳动两三处即可，或使用专用钩形开盖器在盖周两点或多点往上提即可。

第四节　软罐头包装

　　软罐头包装是指全部用软质材料制成的包装和其中至少有一部分器壁是使用软包装材料制成的半硬容器，与玻璃瓶和金属罐相比，软罐头食品的历史不长，但目前软罐头包装技术已广泛用于液体食品、膏状食品和熟食制品等的包装，国内外软罐头包装技术仍在不断发展。

软罐头包装食品能部分地取代传统的金属和玻璃罐硬包装食品而得以迅速发展，是软罐头本身具有的优点所决定的。软罐头包装的优点是：包装材料的厚度小而传热快，能缩短杀菌时间，因此包装制品的色、香、味好，营养成分损失少；包装容器质量轻、体积小，可节省仓贮空间，运输成本低、方便；常温下有较长时间（6～12月）保质期，且封口启封方便；适装品种多，如肉禽类、水产类、果蔬类、各种米饭、汤类均适宜。但软罐头的包装材料强度比硬罐头低，尤其是抗穿透强度低，保质期不及硬罐头长，且生产能力也较低。

软罐头包装形式有蒸煮袋、蒸煮盒、结扎灌肠3种，我国目前主要开发蒸煮袋和结扎灌肠两种形式，并已开发铝箔片材与高温蒸煮聚丙烯膜的复合及复合材料拉伸成型的蒸煮盒。

蒸煮袋（见图2-4）是由多层复合薄膜以黏合剂通过干法复合或共挤复合后经分切和三边封口预制成一定尺寸的袋，可热熔封口，并能经受高温湿热杀菌。袋材要求有良好的热封性、耐热性、耐水性和高阻隔性。在耐热性方面要求：一是复合材料及封口部分不能因热处理而发生剥离及强度降低；二是袋内层密封面之间不得发生粘连；三是包装尺寸要稳定。蒸煮袋的包装材料，经常使用的有聚酯（PET）、聚丙烯（PP）、聚乙烯（PE）、尼龙（PA）、铝箔（Al）及黏合剂等。

(a)　　　　　　　　　　　(b)　　　　　　　　　　　(c)

图2-4 蒸煮袋

蒸煮袋按其是否有阻光性分为带铝箔层的不透明蒸煮袋和不带铝箔层的透明蒸煮袋；按其耐高温程度分为可耐100～121℃杀菌温度的普通蒸煮袋、可耐121～135℃杀菌温度的高温杀菌蒸煮袋以及可耐135～150℃杀菌温度的超高温杀菌蒸煮袋；按包装袋规格有大型及小型两种蒸煮袋；按外表形状分，可分为四方封口的平袋和可以竖放的立袋。

蒸煮盒（盘）既要有良好的阻隔性能，又要能适应高温杀菌时盒内外压力差的变化。蒸煮盒（盘）一般具有一个刚性或半刚性结构的底盘和一个可密封的软盖，因为盘式包装是薄型容器，它具有蒸煮袋的优点。热成型、冷冲压成型和共挤技术的进步，将这类包装技术发展推向更高的水平。热成型是一种成本低的技术，它将一张热塑性片加热到适当温度，然后压入成型模具，使其变成所需形状，最后冷却至固化温度。完全用非金属材料制成的这类包装可在微波炉中加工或加热，其经济优势得以体现。

蒸煮盒可分为单层塑料盒、复合塑料盒和塑铝复合盘等类型。单层塑料盒一般用 $350\sim450\mu m$ 的聚丙烯单层薄片制作；复合塑料盒用高阻隔性聚偏二氯乙烯薄膜作为隔绝层，由 CPP/PVDC/CPP 构成，厚约 $430\mu m$。单层聚丙烯塑料盒透氧度较大，而以聚偏二氯乙烯作为阻隔层的复合塑料盒透氧度较小。

结扎灌肠采用对氧和水蒸气具有高阻隔性能的 PVDC 膜作肠衣，有一定的收缩性，可耐 $130\sim140℃$ 高温，在高温杀菌后薄膜收缩，产品外观坚挺紧密。由于 PVDC 薄膜在热水中加热后阻隔性不会降低，所以既可以作蒸煮袋（盒）的复合材料阻隔层，又可直接作结扎灌肠的包装材料，因薄膜有收缩张力，肠筒的折叠缝熔接须采用高频热封。

罐头容器的种类及其结构与特性见表 2-1。不同容器的特性不同。罐头生产时，根据原料特点、罐头容器特性以及加工工艺选择罐头容器。

表 2-1　罐头容器的种类及其结构与特性

项目	容器种类			
	马口铁罐	铝罐	玻璃罐	软包装
材料	镀锡(铬)薄钢板	铝或铝合金	玻璃	复合铝箔
罐形或结构	两片罐、三片罐，罐内壁有涂料	两片罐,罐内壁有涂料	卷封式、旋转式、螺旋式、爪式	外层:聚酯膜;中层:铝箔;内层:聚烯烃膜
特性	质轻、传热快、避光、抗机械损伤	质轻、传热快、避光、易成型、易变形、不适于焊接、抗大气腐蚀。成本高、寿命短	透光、可见内容物,可重复利用,传热慢,易破损,耐腐蚀,成本高	质软而轻,传热快,包装、携带、使用方便,避光,阻气,密封性能好

第三章　罐藏原料

03 Chapter

果蔬原料与其他动物性原料不同，具有以下几个特点：

① 季节性果蔬的生长、采收具有很强的季节性，受到季节气候的影响。反季节果蔬原料价格高且质量也受到影响，既影响价格成本又难保证产品的品质，因此不宜采用反季节果蔬进行加工生产。

② 地域性果蔬的生长还受到自然条件、地域环境等因素的影响。同一种水果或蔬菜，由于种植环境的不同，其生长周期、收获期、收获量及品质等也会不同。

③ 易腐性水果蔬菜的水分含量通常较高，且采摘后的果蔬仍然存在呼吸作用，因此特别容易发生腐烂变质。若在采摘或运输过程中受到机械损伤的果蔬则更易腐烂。

④ 加工复杂的水果和蔬菜的品种和种类很多，其形状、大小、化学组成及加工适应性等均不同，加工过程中往往不能采用一套设备及操作参数解决不同果蔬的加工要求，因此需要根据原料自身的特点确定相应的工艺操作参数及设备选型等。

因此，原料的选择对果蔬罐头的品质非常关键，若用于罐头加工的原料选择不当，将会直接影响产品的质量。不同果蔬原料的品种和成熟度对其加工性能有很大的影响，并且果蔬的产量、加工性及采收期均与品种直接有关。因此选择优良的原料品种，对果蔬罐头的生产具有重要的意义。此外，原料的新鲜度对加工质量影响很大，罐藏用果蔬原料越新鲜，其加工品质越好。

第一节　果蔬的分类

一、果品分类

果品分类方法有很多种，下面介绍两种分类方法。

1. 根据果树形态特性进行分类

① 乔木果树　如苹果、梨、银杏、板栗、橄榄、木菠萝等。

② 灌木果树　如树莓、醋栗、刺梨、番荔枝等。

③ 藤本果树　如葡萄、猕猴桃、罗汉果、西番莲等。

④ 草本果树　如菠萝、香蕉、番木瓜等。

2. 根据果实结构分类

在果品贮藏加工领域，常根据果实结构分类，主要有仁果类、核果类、浆果类、柑橘类、坚果类。

（1）仁果类

① 种类。苹果、梨、山楂、海棠、木瓜等，其中木瓜被称为"百益果王"，这类果品主要食用部位是花托、外果皮和内果皮。

② 贮藏加工特点。果皮表层形成了角质化，有蜡的累积，食用粗硬，但对果实有一定防护作用，耐贮藏。

（2）核果类

① 种类。桃、李、杏、樱桃、杨梅等，这类果品有一个共性，就是中间有一个硬的核，所以这类果品被称为核果类。这个核是内果皮，内果皮包裹的就是种仁，靠近内果皮的是中果皮，和它紧紧连在一起的是外果皮，主要食用外果皮和内果皮两部分。

② 贮藏加工特点。不耐贮藏。

（3）浆果类

① 种类。葡萄、猕猴桃、柿子、草莓、火龙果、阳桃、枇杷等，这类果品柔软多汁，有多数小型种子，因此称为浆果类。由于果实产生与结构不同，食用的部分也不相同。例如，草莓食用的是花托，而葡萄食用的是中果皮和内果皮。

② 贮藏加工特点。这类果品因为柔软多汁，极易受机械损伤，因此，不耐贮藏。

（4）柑橘类

① 种类。橙、橘、柑、柠檬、金橘、柚，这类果品食用的部分是由内果皮形成的囊瓣，又名砂囊；砂囊内生有纺锤状的多汁突起物，称为汁胞。

② 贮藏加工特点。耐贮藏。囊瓣壁由果胶物质、纤维素、半纤维组成，含有少量的种子，加工过程中应被除去。

（5）坚果类

① 种类。常见的有板栗、核桃、榛子、松子、山竹、红毛丹、椰子等，食用部分多系种子或种子的附属物。

② 贮藏加工特点。耐贮藏，因为成熟时干燥不开裂，含水分较少，而且外层坚硬。

二、蔬菜分类

蔬菜分类的方法也有很多，下面介绍两种。

1. 依生活周期长短进行分类

（1）一年生蔬菜　豆类、瓜类、茄果类。

（2）两年生蔬菜　白菜、芥菜、甘蓝（一般第二年才打籽）。

（3）多年生蔬菜　石刁柏、菊芋、百合、韭菜（韭菜除了当年初春的韭菜好吃外，第二年为盛产年）。

2. 根据生产特点进行分类

（1）白菜类　主要有白菜、芥菜、雪里蕻、榨菜等。产地广泛：结球白菜产自北方，不结球白菜是江南最主要的绿叶蔬菜，广东以大芥菜为主，浙江以雪里蕻为主，四川以榨菜为主。

（2）根菜类　主要有萝卜、胡萝卜、根甜菜等。喜低温高湿，否则会产生冻害。

（3）茄果类　主要有番茄、茄子及辣椒等。极不耐寒，须在夏季生长，由于高温季节易腐败变质，所以不耐贮藏，贮藏期仅为 10 天左右。采用减压贮藏，保鲜期可延长至 3 个月以上。

（4）瓜类　主要有黄瓜、西瓜、甜瓜、南瓜、冬瓜、苦瓜、葫芦等。因为外层有一层厚厚的皮，可以保鲜内部组织，所以贮藏期比较长。

（5）豆类　主要有鲜豆、干豆及豆芽等。采后要立即放入预冷库，使豆温降至 10℃左右。多用泡沫箱包装或用聚乙烯薄膜袋小包装进行贮藏。

（6）葱蒜类　主要有洋葱、大葱、韭葱、韭菜、大蒜等。采用干藏法、埋藏法、假植法贮藏。

（7）薯芋类　主要有马铃薯、芋头、山药等。在夏季高温季节收获，可将其放在阴凉通风处堆放预存，立冬后再入窖。

（8）绿叶菜类　主要有芹菜、菠菜等，采用减压贮藏。

（9）水生菜类　主要有茭白、莲藕等。一般均耐贮运，供应时期较长。例如茭白 5～11 月可供应，莲藕可以周年供应。

（10）多年生菜类　主要有百合、竹笋等，可作为干制和腌制品的原料。

（11）野菜类　主要有赤嫩芽、蕨菜，适合腌制和加工罐制品。

（12）食用菌类　主要有香菇、木耳、银耳等。

第二节　果蔬原料的基本特性

果蔬原料有三方面的特性，即生物性、多样性和易腐性。

一、生物学特性

果蔬中含有丰富的化学物质，这些物质中很重要的一类是酶。正是由于酶，采后的果蔬生命活动依然存在，进行呼吸作用，消耗养分，于是采后的果蔬如果不进行适当的控制，很快就会变得不新鲜了。当然，目前，人们已经采取了各种措施延缓其生命活动或者干脆使酶钝化，使其失去生物活性。

采后果蔬的生命活动主要是呼吸作用。呼吸作用的实质是在一系列酶的参与下，经过许多中间反应所进行的一个缓慢的生物氧化还原过程，经过这一过程，细胞组织中复杂的有机物逐步成为简单物质，最后变为二氧化碳和水，同时释放出大量能量。对不同果蔬的呼吸作用要区别对待。

二、果蔬的多样性

无论是水果还是蔬菜都是多种多样的，具体来讲，果蔬原料的多样性在加工过程的体现主要是两方面：组织结构的多样性和化学成分的多样性。

1.组织结构的多样性

果蔬组织是有不同的细胞组成的，细胞的形状、大小随果蔬种类和组织结构而不同，一般细胞的直径约在 $10\sim100\mu m$，细胞由细胞壁、细胞膜、液泡及内部的原生质体组成，它们的性质与结构与果蔬的加工有一定的关系，不同的果蔬所具有的组织结构特性有很大的差别。

以水果为例，介绍如下。

核果类果实如桃、油桃、李、杏等的果实由果皮、薄壁的果肉组织及木质化的核组成，其中可食的果肉部分由大型的薄壁细胞组成，细胞多汁。李、桃等含有壁较薄的细胞组成的厚壁组织，而杏则有由厚壁细胞组成的厚壁组织和纤维，故两者质地稍有不同。核果类果实纤维的含量的多少与粗细是果品质量的重要指标，直接影响食用性和加工品质量。核果类的果皮基本上由几层厚壁细胞组成，与果肉之间有薄壁细胞组织，除李子外，较少含有蜡质，易采用碱液去皮。

仁果类的典型代表为苹果和梨，果实自外而内可分成果皮、果肉、维管束、种子等几部分。果皮由几层厚的角质层组成，外表皮典型地角质化，且有蜡的聚集，故食用粗硬，化学去皮困难。果皮上含有丰富的果胶和单宁类物质。果肉细胞由大型的薄壁细胞组成，含有大量的水分和营养物质。梨的果肉细胞随品种的不同含有一定程度的石细胞，影响品质。仁果类果肉靠近种子部位有一周维管束，它是与外界养分、水分输送的通道，在加工中有一定的影响。仁果类种子深藏于整个种腔中，种腔外为一层厚壁的机械组织，对品质不利，应全部除去。

浆果类是一类多汁浆状且柔嫩的果品的总称，不耐贮藏，适于制作果汁和果酱。

各类蔬菜也都有其特定的组织结构特点，对加工处理影响也较大，如叶菜类、茎及根菜类主要为薄壁组织，间或有维管束、机械组织和纤维。蔬菜种类繁多，难以一一详述。

2.化学成分的多样性

果蔬除 $65\%\sim90\%$ 的水分外，含有各种化学物质，某些成分还是一般食物中所缺少的。果蔬所含的这些化学成分构成了果蔬的固形物，这些物质主要包括：碳水化合物（包括单糖、二糖、淀粉、果胶物质、纤维素和半纤维素）、有机酸、维生素、含氮物质、色素物质、单宁物质、糖苷、矿物质、脂质及挥发性芳香物质和酶等。但是反映果蔬品质的各种化学物质，在果蔬采收、贮藏、运输和加工等过程中仍会发生一系列变化，从而引起耐贮性和抗病性的变化，食用价值和营养价值也发生改变，因此为了更好地指导生产，科学地组织果蔬的运销、贮藏，充分发挥其应有的经济价值，就必须了解这些化学成分的含量、特性及其变化规律，以便控制采后果蔬化学成分的变化，保持其应有的营养价值和商品价值。

（1）水分及无机成分

① 水分　水分是果蔬的主要成分，其含量依果蔬种类和品种而异，大多数的果蔬组成中水分占 80%～90%。西瓜、草莓、番茄、黄瓜可达 90% 以上，含水分较低的如山楂也占 65% 左右。水分的存在是植物完成生命活动过程的必要条件。水分是影响果蔬嫩度、鲜度和味道的重要成分，与果蔬的风味品质有密切关系。但是果蔬含水量高，又是贮存性能差、容易变质和腐烂的重要原因之一。果蔬采收后，水分得不到补充，在贮运过程中容易蒸发失水而引起萎蔫、失重和失鲜。一般新鲜的果蔬水分减少 5%，就会失去鲜嫩特性和食用价值，而且由于水分的减少，果蔬中水解酶的活性增强，水解反应加快，使营养物质分解，果蔬的耐贮性和抗病性减弱，常引起品质变坏，贮藏期缩短。其失水程度与果蔬种类、品种及贮运条件有密切关系，因此在采后的一系列操作中，要密切注意水分的变化，除保持一定的湿度外，还要采取控制微生物繁殖的措施。

② 无机成分（灰分或矿质元素）　果蔬中矿质元素含量不多，一般为 1.2% 左右，但在果蔬的化学变化中，却起着重要作用，对人体也非常重要，是构成人体的成分，并保持人体血液和体液有一定的渗透压和 pH 值，对保持人体血液和体液的酸碱平衡，维持人体健康是十分重要的。所以常吃水果蔬菜，才能维持人体正常的生理机能，保持身体健康。

果蔬中矿物质的 80% 是钾、钠、钙等成分，此外，果蔬中还含多种微量矿质元素，如锰、锌、钼、硼等，对人体也具有重要的生理作用。

果蔬中大部分矿物质是和有机酸结合在一起的，其余的部分与果胶物质结合。与人体关系最密切的而且需要最多的是钙、磷、铁，在蔬菜中含量也较多。菠菜和甜菜中的钙呈草酸盐状态存在，不能被人体吸收，而甘蓝、芥菜中的钙呈游离状态，容易被人体吸收。

（2）维生素　水果蔬菜中含有多种维生素，如维生素 A 原、维生素 B_1、维生素 B_2、维生素 C、维生素 D 及维生素 P 等，果蔬是食品中维生素的重要来源，对维持人体的正常生理机能起着重要作用。虽然人体对维生素需要量甚微，但缺乏时就会引起各种疾病。果蔬中维生素种类很多，一般可分为水溶性维生素和脂溶性维生素两类，其中以 B 族维生素和维生素 C 最为重要，现将主要维生素的功能和特性分述如下。

① 水溶性维生素。此类维生素，易溶于水，所以在果蔬加工过程中应特别

注意保存。

a. 维生素 B_1（VB_1，硫胺素） 豆类中维生素 B_1 含量最多，维生素 B_1 是维持人体神经系统正常活动的重要成分，也是糖代谢的辅酶之一。当人体中缺乏维生素 B_1，常引起脚气病，发生周围神经炎、消化不良和心血管失调等。维生素 B_1 在酸性环境中稳定，在中性和碱性环境中对热敏感，易发生氧化还原反应。罐藏蔬菜或干制品能较好地保存维生素 B_1，在沸水中烫漂会破坏维生素 B_1，有一部分溶于水中。

b. 维生素 B_2（VB_2，核黄素） 甘蓝、番茄中含量较多。维生素 B_2 耐热、耐干燥及氧化，在果蔬加工中不易被破坏；但在碱性溶液中遇热不稳定。它是一种感光物质，存在于视网膜中，是维持眼睛健康的必要成分，在氧化作用中起辅酶作用。干制品中维生素 B_2 能保持活性。维生素 B_2 缺乏易得唇炎、舌炎。

c. 维生素 C（VC，抗坏血酸） 维生素 C 在水果蔬菜中是次要成分，但在人类营养中对防止坏血病起着重要作用。事实上，人类饮食中 90% 的维生素 C 是从水果蔬菜中得到的，人体对 VC 的日需要量为 50mg，许多产品在不到 100g 水解组织中就含有这么多 VC。蔬菜中 VC 含量高的有青椒、花椰菜、雪里蕻、苦瓜，为 80mg 以上，而一般的叶菜类及根茎菜均在 60mg 以下。果实中 VC 含量高，鲜枣 270～600mg，野生酸枣 830～1170mg，刺玫果 1000mg，山楂 80～100mg，柑橘类 40～60mg，苹果、梨、葡萄、杏、桃等含量少，一般在 10mg 以下。

维生素 C 的含量与水果蔬菜的品种、栽培条件等有关，也因水果蔬菜的成熟度和结构部位不同而异。如野生的水果蔬菜维生素 C 含量多于栽培品种；在蔬菜中露地栽培的品种又多于保护地栽培的；成熟的番茄维生素 C 含量高于绿色未熟番茄；苹果表皮中维生素 C 含量高于果肉，果心中维生素 C 含量最少。水果蔬菜中维生素 C 含量，随果实成熟逐渐增加。水果蔬菜含促进维生素 C 氧化的抗坏血酸酶，这种酶含量愈多，活性愈大，水果蔬菜贮藏中维生素 C 保存量愈少，而且温度增高，充分氧的供给会加强酶的活性，所以用减少氧的供给、降低温度等措施，以抑制抗坏血酸酶的活性，减少水果蔬菜贮藏中维生素 C 的损失是十分必要的。

干制时用二氧化硫熏蒸或漂烫，罐藏时密封、排气以减少氧气含量都是用来抑制酶的活性的。

有些水果蔬菜，如结球甘蓝、番茄、辣椒、柑橘等，抗坏血酸酶的含量低，故贮藏中维生素 C 破坏得少，而菠菜、菜豆、青豌豆中的抗坏血酸酶含量多，贮藏中维生素 C 含量极不稳定，在 20℃ 下贮藏 1～2 天，抗坏血酸减少了 60%～70%，贮藏在 0～2℃ 下，则下降速度减缓。

抗坏血酸在碱性溶液中较稳定，维生素 C 对紫外线不稳定，因此，不宜将玻璃瓶罐头放在阳光下。干制品应密封包装以免维生素 C 被氧化。

铜与铁具有催化作用，可加速维生素 C 氧化，故在加工时应避免使用铜铁器具。

② 脂溶性维生素。脂溶性维生素能溶于油脂，不溶于水。

a.维生素 A 原（VA 原，胡萝卜素）　植物体中不含维生素 A，但有维生素 A 原，即胡萝卜素，水果蔬菜中所含胡萝卜素大部分为 β-胡萝卜素。果蔬中的胡萝卜素被人体吸收后，在体内可以转化为维生素 A。它在人体内能维持黏膜的正常生理功能，保护眼睛和皮肤等，能提高对疾病的抵抗性。它在贮藏中损失不显著。含胡萝卜素较多的果蔬有：胡萝卜、菠菜、空心菜、芫荽、韭菜、南瓜、芥菜、杏、黄肉桃、柑橘、芒果等。水果蔬菜可为人体提供日需要维生素 A 的 40％左右，若长期缺乏维生素 A，人的视觉将受到损伤。100g 鲜杏中含胡萝卜素约 2.0g，甜橙为 0.3mg，胡萝卜中含量最高，为 8～11mg，菠菜中含 2.5～5.0mg。胡萝卜素耐高温，但在加热时遇氧易氧化。

罐藏及水果蔬菜汁能很好地保存胡萝卜素，干制时易损失，漂洗和杀菌均无影响，在碱性溶液中较稳定。

b.维生素 B_5　即维生素 PP，在维生素类中最稳定，不受光、热、氧破坏，绿叶蔬菜中含量较高，缺乏维生素 B_5 主要症状是癞皮病。

c.维生素 P　又称抗通透性维生素，在柑橘、芦笋中含量多，维生素 P 能纠正毛细血管的通透性和脆性，临床用于防治血管性紫癜、视网膜出血、高血压等。

d.维生素 E 和维生素 K　这两种维生素存在于植物的绿色部分，性质稳定。葛根、莴苣富含维生素 E；菠菜、甘蓝、花椰菜、青番茄中富含维生素 K。维生素 K 是形成凝血酶原和维持正常肝功能所必需的物质，缺乏时会造成流血不止的危险病症。

（3）糖类　糖类是干物质中的主要成分，其含量仅次于水。果蔬中的糖类可分为单糖、双糖和多糖。糖类是果蔬体内贮存的主要营养物质，是影响制品风味和品质的重要因素，糖的各种特性如甜度、溶解度、水解转化吸湿性和沸点上升等均与加工有关。

① 单糖和双糖。单糖和双糖主要有葡萄糖、果糖和蔗糖，是微生物可以利用的主要营养物质。不同的果蔬所含的糖也不同，一般情况下，仁果类以果糖含量为多，葡萄糖和蔗糖次之；核果类以蔗糖为主，葡萄糖和果糖次之；浆果类主要是葡萄糖和果糖；柑橘类以蔗糖为主；葡萄、樱桃和番茄则不含蔗糖。除果实类外，叶菜类和根菜类等含糖较少。糖分是水果蔬菜贮藏的呼吸底物，所以经过一段时间贮藏后，由于糖分被呼吸消耗，其甜味下降。若贮藏方法得当，可以降低糖分的损耗，保持果蔬品质。但有些种类的果蔬，由于淀粉水解所致，使糖含量测值有升高现象。糖分含量的测定方法有多种，常用的方法是斐林氏氧化还原法。

② 多糖。多糖为大分子物质，果蔬中所含的多糖主要有淀粉、纤维素、半纤维素和果胶类物质。

a.淀粉　淀粉是一种多糖，因为它是由多个单糖分子组成的，未成熟的果实含淀粉较多，随着果实的成熟或后熟而逐渐减少，有些果实如柑橘，充分成熟后则没有淀粉的存在。蔬菜中含淀粉较多的有豆类、马铃薯、甘薯等。

淀粉在采收后贮藏期间会在酶的作用下变成麦芽糖和葡萄糖：

$$淀粉 \xrightleftharpoons[或 H^+]{淀粉酶} 麦芽糖 \xrightleftharpoons[或 H^+]{麦芽糖酶} 葡萄糖$$

提取淀粉的农产品应防止酶解，以提高淀粉产量。淀粉在酶的作用下生成葡萄糖，也可在一定条件下发生可逆反应，由葡萄糖合成淀粉。马铃薯在低温下贮藏变甜，转入较高温度下贮藏一段时间，甜味又消失，就是发生了可逆反应的结果。

并非所有的果蔬都含有淀粉，比如菠萝、柑橘、叶菜类蔬菜基本上不积累淀粉；有些则会随着生长的进行积累，如豌豆、甜玉米、荸荠等，这些果蔬的酶类使单糖、双糖逐步聚合为淀粉，从平常的观察中也可以看到，比较老的甜玉米外观已不再透明，荸荠断面的色泽变白，甜度明显降低，因此对这些果蔬必须在淀粉含量低时及时采收，否则品质下降；有些果蔬则随着生长过程的进行或贮存时间的延长，淀粉逐渐被酶类水解为单糖及双糖，甜度明显增加，香蕉绿色未成熟时含淀粉 $20\% \sim 25\%$，成熟后则降至 $1\% \sim 2\%$，而单糖及双糖含量则由 $1\% \sim 2\%$ 升至 $15\% \sim 20\%$，薯类随着贮存的进行淀粉也逐渐被水解，刚采收的白薯并不甜，但经过一段时间的贮存后，甜度明显增加，这对鲜食有利，但对淀粉加工则不利，所以在加工淀粉时，首先都是先把原料干燥，防止淀粉水解。

b.果胶物质　果蔬中另一类非常重要的多糖是果胶物质。果胶物质主要以原果胶、果胶和果胶酸三种形式存在，这三种形式不同的特性，影响着果蔬的感官和加工特性。

原果胶不溶于水，常与纤维素和半纤维素结合，称为果胶纤维，起着粘接细胞的作用，是水果蔬菜硬度的决定因素。

果胶存在于细胞液中，可溶于水，无粘接作用。

果胶在果胶酶的作用下分解为不具黏性的果胶酸和甲醇，果实变成软烂状态。

原果胶不溶于水，在未成熟的果蔬中含量丰富，使果蔬质地坚硬。随着果蔬的成熟与老化，原果胶水解为水溶性果胶，组织崩溃，在苹果和某些梨中表现为发绵。果胶在果胶酯酶的作用下脱酯而成为果胶酸，它不溶于水，无黏性。这一系列的变化是果实成熟后逐渐变软的原因。

水果蔬菜在贮藏加工期间，其体内的果胶物质不断地变化，可简单表示为：

$$原果胶 \xrightarrow[原果胶酶]{成熟阶段} \begin{cases} 纤维素 \\ 果胶 \xrightarrow[果胶酶]{过熟阶段} \begin{cases} 甲醇 \\ 果胶酸 \xrightarrow[果胶酸酶]{} \begin{cases} 还原糖 \\ 半乳糖醛酸 \end{cases} \end{cases} \end{cases}$$

在制作浑浊果汁时需要保留一定量的果胶。由于果胶酸不溶于水，果蔬加工中常用这种方法来澄清果汁、果酒。低甲氧基果胶和果胶酸能与钙盐等多价离子形成不溶于水的物质，加工中用来增加制品的硬度和保持块形（如，在蔬菜和水果罐头中常用氯化钙作为固形剂就是这个原因）。果冻、果酱及浑浊果汁的制作中使用果胶利用其形成凝胶、增稠的特性。果胶水解后形成的低酯果胶在果酒生产中会形成甲醇，所以对某些果胶含量高的果蔬酿酒时必须首先去除果胶。

　　果实硬度的变化，与果胶物质的变化密切相关。用果实硬度计来测定苹果、梨等的果肉硬度，借以判断成熟度，也可作为果实贮藏效果的指标。

　　c.纤维素和半纤维素　这两种物质都是植物的骨架物质细胞壁的主要构成部分，对组织起着支持作用。

　　纤维素在果蔬皮层中含量较多，它又能与木质素、栓质、角质、果胶等结合成复合纤维素，这对果蔬的品质与贮运有重要意义。果蔬成熟衰老时产生木质素和角质使组织坚硬粗糙，影响品质。如芹菜、菜豆等老化时纤维素增加，品质变劣。纤维素不溶于水，只有在特定的酶的作用下才被分解。许多霉菌含有分解纤维素的酶，受霉菌感染腐烂的果实和蔬菜，往往变为软烂状态，就是纤维素和半纤维素被分解的缘故。

　　香蕉果实初采时含纤维素 2%～3%，成熟时略有减少，蔬菜中纤维素含量为 0.2%～2.8%，根菜类为 0.2%～1.2%，西瓜和甜瓜为 0.2%～0.5%。

　　半纤维素在植物体中有着双重作用，既有类似纤维素的支持功能，又有类似淀粉的贮存功能。果蔬中分布最广的半纤维素为多缩戊糖，其水解产物为己糖和戊糖。半纤维素在香蕉初采时，含 8%～10%（鲜重计），但成熟果内仅存 1%左右，它是香蕉可利用的呼吸贮备基质。

　　人体胃肠中没有分解纤维素的酶，因此纤维素不能被消化，但能刺激肠的蠕动和消化腺分泌，因此有帮助消化的功能。

　　（4）有机酸　果蔬中所含有机酸主要有：柠檬酸、苹果酸、酒石酸、草酸，而且常以一两种为主。柑橘、番茄主要含柠檬酸，苹果、樱桃含苹果酸，桃、杏含苹果酸和柠檬酸，葡萄含有酒石酸，草酸多含于蔬菜中，如菠菜、竹笋等。有机酸除了赋予果蔬酸味外，也影响加工过程，如影响果胶的稳定性和凝胶特性，影响色泽和风味等。

　　各种不同的酸在相同的用量下，给人的感觉不一，其中以酒石酸最强，其次为苹果酸、柠檬酸。在味觉上酸有降低糖味的作用，通常以水果蔬菜中总糖含量与总酸含量的比值，即糖酸比作为果蔬风味的指标。果蔬里的有机酸，还可以作为呼吸基质，它是合成能量 ATP 的主要来源，同时它也是细胞内很多生化过程所需中间代谢物的提供者，在贮藏中会逐渐减少，从而引起果蔬风味的改变，如苹果、番茄等贮藏后变甜了。

　　（5）色素物质　果蔬产品及原料的色泽对人们有着很大的影响，正常的鲜艳的色泽对人们有很强的吸引力，而且在大多数情况下，色泽可作为判定成熟度的一个指标。同时，果蔬的色泽同其风味、组织结构、营养价值和总体评价也有一定的关系。有色水果，如桃、杏、草莓等，其中起主要作用的是三种色素物质：类胡萝卜素、叶绿素和花青素。虽然说果蔬中只有这几种色素，但是由于其含量和比例的不同，就形成了各种色泽的果蔬，这些色素也起着各自不同的作用。例如，对罐装水果如桃、芒果、柑橘、菠萝而言，类胡萝卜素作用巨大，因为这些水果的色泽直接取决于类胡萝卜素的比率和总的含量；而对红色果蔬而言，起主要作用的是花青素，花青素溶于水，随着加工过程的进行，会逐步从果蔬内部跑出来，渗透到汤汁或罐内溶液中，从而影响产品感官，当然，对酿制红葡萄酒而言，色素的提出是花青素水溶性应用的一个典型例子。叶绿素是多数绿色果蔬的主要色素物质，这些色素物质的性质和含量同果蔬的护色工艺有着重要关系。

（6）单宁物质　绝大部分的果品中都含有单宁物质，蔬菜除了茄子、蘑菇等以外，含量较少。单宁物质普遍存在于未成熟的果品内，果皮部的含量多于果肉。常见果品中单宁表现比较明显的主要是柿子和葡萄。单宁具有特有的味觉，其收敛对果蔬制品的风味影响很大，单宁与合适的糖酸共存时，可有非常良好的风味，但单宁过多则会使风味过涩，同时，单宁会强化有机酸的酸味。单宁具有一定的抑菌作用，单宁还易与蛋白质发生作用，产生絮状沉淀。

（7）酶　酶是由生物的活细胞产生的有催化作用的蛋白质。在新鲜水果蔬菜细胞中进行的所有生物化学反应都是在酶的参与下完成的，酶控制着整个生物体代谢作用的强度和方向。

新鲜水果蔬菜的耐贮性和抗病性的强弱，与它们代谢过程中的各种酶有关，在贮藏加工中，酶也是引起水果蔬菜品质变化的重要因素。如番茄在 50 天贮藏期内，由于转化酶的水解活性加强，引起糖量降低，酸度增加，因此糖酸比下降，风味品质恶化。苹果和梨成熟过程中，蔗糖含量显著增加，随后又迅速下降，转化酶起了重要作用。因为首先是淀粉大量水解造成蔗糖积累，然后是蔗糖的水解。

耐藏品种甘蓝维生素 C 损失比不耐藏品种缓慢，这与抗坏血酸氧化酶的活性低有关。番茄、香蕉等在成熟期间变软，是由于果胶酶作用的结果。洋葱的贮藏性与果胶酶含量和抗病性成正相关。所以贮藏水果蔬菜应采用低温等措施以抑制酶的活性，使果蔬保持良好品质。

许多具有后熟作用的水果蔬菜，如青口大白菜，未成熟的番茄、南瓜、南方产的大冬瓜，及香蕉、菠萝、烟台梨、红梨、未成熟的苹果等，在适宜的条件下贮藏一段时间，由于淀粉酶的作用，使淀粉水解成糖，甜味增加，提高了食用品质。

除了上述几种物质外，果蔬中还含有很多其他物质，如：含氮物质、糖苷类、芳香物质等。

三、果蔬的易腐性

果蔬原料的易腐性的表现主要是变质、变味、变色、分解和腐烂。据资料显示，目前，果蔬采后损失约为总产量的 $40\% \sim 50\%$，有些发展中国家更高，达

80%～90%。由于果品蔬菜含有丰富的营养成分，所以极易造成微生物感染，同时，进行的呼吸作用也会造成变质、变味等不良影响。

果蔬的败坏主要是微生物败坏和化学败坏两方面的原因造成的。

1. 微生物原因

微生物种类繁多，而且无处不在，果蔬营养丰富，为微生物的生长繁殖提供了良好的基地，极易滋生微生物。果蔬败坏的原因中微生物的生长发育是主要原因，由微生物引起的败坏通常表现为生霉、酸败、发酵、软化、腐烂、变色等。

2. 化学原因

采后发生的各种化学变化会造成原料色泽、风味的变化。这类变化或者是由于果蔬内部本身化学物质的改变（如水解），或是由于果蔬与氧气接触发生作用，也可能是由于与加工设备、包装容器等接触发生反应，主要表现为色泽和风味的变化。色泽变化包括酶促褐变、非酶褐变，叶绿素和花青素在不良处理条件下变色或褪色，胡萝卜素的氧化等；变味主要是由于果蔬的芳香物质损失或异味产生而引起的。果蔬中果胶物质的水解会引起果蔬软烂而造成品质败坏，而维生素受光或热分解的损失，不仅造成了风味的变化，而且使营养损失。

由以上分析可以看出，果蔬作为食品加工原料，有其不同于其他食品原料的特点，也可以看出，果蔬三方面的特征是相互关联的，而不是独立的。在食品加工过程中，如何把握住这些原料特点，进行适当的处理，使原料损失减至最低，有着巨大的意义。

第三节　水果罐藏原料

一、水果罐藏原料要求

水果原料很多，品种各异，其加工适应性差别很大，如果原料选择不当，除影响产品质量，给加工带来困难，还关系到产品的综合经济效益。罐藏用的水果要求含酸量高，糖酸比例适当，果心、果核小，肉质厚，质地紧密细致，能耐热处理，可食部分比例大及色、香、味良好。一般供罐藏用的果品，成熟度略高于坚熟，稍低于鲜食成熟度。

下面介绍几种常见的罐藏果品原料的具体要求。

1. 苹果

苹果一般要求果实大小适当，果形圆整，果实横径在 60mm 以上。成熟适度（八成熟以上），果肉组织紧密，呈白色或黄白色，肉硬而有弹性，风味浓，香气好，无畸形、霉烂、冻伤、病虫害和机械损伤。罐藏性能较好的品种有红玉和醉露，其他还有国光、翠玉、青香蕉等。作为苹果酱的原料要求：果实新鲜良好，成熟适度，风味正常，无腐烂及病虫害。

2. 梨

梨果实中等大小，新鲜饱满，果形圆整或"梨形"，成熟适度（八成熟），果肉硬度达 7.7～9.6kg（用顶尖直径 8mm 的硬度计），耐贮运。果心小，肉质细致，风味好，香味浓，石细胞与纤维少。肉白色，无霉烂、冻伤、病虫害和机械伤。大型果（莱阳梨、雪花梨）果实横径在 65～90mm，中型果（鸭梨、长把梨）果实横径 60mm 以上，小型果（秋白梨）果实横径 55mm 以上。

3. 桃

糖水桃是水果罐头中的大宗商品，所谓的"罐桃品种"常指黄肉、不溶质、粘核品种。白桃应白色至青白色，果尖，合缝线及核洼处无花青素。黄桃因含有的类胡萝卜素，果肉金黄色至橙黄色，若稍有褐变也不如白桃明显，且具有独特的香气和风味，其品质优于白桃。

肉质要求不溶质。不溶质的桃果实耐贮运及加工处理，生产效率高，原料吨耗低。而溶质品种，如水蜜桃，不耐贮运，加工中碎破多，损耗大，劳动效率低，成品常出现软塌、烂顶和毛边，质量低。

种核应粘核。粘核种肉质较致密，粗纤维少，胶质少，去核后核洼光洁；离核种则相反。此外。罐藏用桃还要求果实横径在 55mm 以上，个别品种可在 50mm 以上，蟠桃 60mm 以上。果形圆整，核小肉厚，可食率高；风味好，无明显异味和涩味，香气浓；成熟度较高，各部位成熟一致，后熟较慢等。我国用于罐藏的黄桃品种有黄露、丰黄、连黄、橙香、橙艳、爱保太黄桃和日本引进的罐桃 5 号、罐桃 14、明星，还有京玉白桃、北京 24、大久保白桃、简阳白桃、白凤、新红白桃等白桃也用于罐藏。

4. 菠萝

菠萝也是常见的罐藏原料，罐藏品的风味比鲜食更好，制品有圆片、扁形块、碎块和菠萝米等。菠萝的罐用品种要求果实新鲜良好，果形呈长筒形，果心小而居中心位置，纤维少，果眼浅，果肉亮黄色，呈半透明，香气浓郁，糖酸比适合，无黑心、霉烂和褐斑等缺陷，供罐藏的果实应在成熟时采收。菠萝的罐藏品种有无刺卡因（Smooth Gayenne）、沙捞越（Sarawak）、巴厘（Comtede），一般要求横径在 80mm 以上。菲律宾、皇后（Queen）等也可作罐藏品种。

5. 柑橘

用于罐藏的柑橘要求果实剥皮容易，沙瓤紧密，色泽鲜艳，香味浓郁，糖分含量高，糖酸比合适。果形扁圆，大小适中，果形指数（横径/纵径）在 1.30 以上，橘片形状接近半圆形且整齐，容易分瓤，种子少或无，果皮薄。橙皮苷含量低，果实横径 50～70mm（重 50～100g），耐热力强，耐贮运，充分成熟。现常用温州蜜柑、本地早、芦柑、四川红橘、朱红等品种。

6. 荔枝

荔枝罐藏品要求果实较大且圆整，横径在 28mm 以上，个别品种可在 25mm 以上；成熟适度（八至九成熟），核小肉厚，果肉洁白而致密，无开裂、流汁、干硬、霉烂、病虫害及机械伤；糖分高，香味浓，涩味淡；酶褐变轻微或不褐变。罐藏品种以乌叶最好，也可采用淮枝、陈紫、大造、上番枝、下番枝、桂味等。

7. 龙眼

龙眼果实新鲜或冷藏良好，个头大，成熟适度（八成熟），肉厚核小，肉质致密，乳白色，不易褐变；风味正常，无霉烂、病虫害及机械伤，果实横径在24mm以上，个别品种可在20mm以上。罐藏品种有福建泉州的福眼、厦门同安的水涨、福州的南圆种，此外还有东壁（糖瓜蜜）、石硖等品种。

8. 枇杷

罐藏枇杷要求果肉色泽鲜艳，橙红至橙黄色，果实中等大小且圆整，果肉厚且肉质致密、粗纤维少，糖酸比高，耐煮制不塌果，种子小而少。适宜罐藏的品种有浙江余杭的大红袍、安徽歙县的朝宝和光荣、浙江黄岩的洛阳春和黄岩5号、江苏吴县的富阳种及福建的太城4号、梅花霞和车本等。

9. 李

罐藏品种以黄肉种为好，果实横径 30mm 以上，个别品种 25mm 以上，肉质紧密，果核小，耐煮制，易去皮。我国常用品种有辽宁的鸡心李，浙江的茄皮李，广东、广西的三华李，福建的芙蓉李。

10. 杏

罐藏杏要求果实中大，横径 35mm 以上，个别品种可在 30mm 以上；果肉厚，肉质致密，粗纤维少，色泽黄亮，风味浓郁，耐煮制和运输，易去皮；成熟度适当。我国常用品种有辽宁的大红杏、大杏梅，河北的串枝红，河南的鸡蛋杏，山东的荷包榛、玉杏和北京的铁巴达、红桃、黄桃、老爷脸等。

11. 杨梅

杨梅要求原料紫红色或鲜红色，色泽较一致，果大核小。果实横径在 22mm 以上，果形整齐，可食率高，可溶性固形物含量 8% 以上，含酸量适宜，果实紧密，不易裂果，肉柱顶部要求圆齿，维生素 C 含量高。

二、水果原料验收质量标准

在实际生产中为了进一步指导原料收购工作，必须在满足水果罐藏原料要求的基础上，制定出具体的原料验收要求。确定原料验收要求需遵循的原则是，重点结合成品的国家标准或客户合同标准条款（包括感官和理化指标的要求），遵守国家有关法律法规，并从工厂的实际条件出发来制定相关的收购标准要求，以保证企业在发挥最佳经济效益的前提下，能生产出符合成品要求的罐头产品。即根据成品的要求，在水果原料收购中制定具体的原料品种、外观、大小、采摘至投产的时间控制、运输过程的要求，以荔枝为例，荔枝原料验收标准（企业制定）如下。

1. 果实新鲜度

采用新鲜良好的乌叶荔枝，成熟度在 80%～90%（过低影响风味，过高不耐贮藏）。果皮呈鲜红色，味清甜，肉质较密，风味正常；无霉烂、挤压、病虫害、破裂果、长锥形果。原料不新鲜、落地果、机械伤或风味不正常者均为不合格果，色绿或发黑均属不正常。

2. 果实大小

一级果直径 30mm 或 32mm 以上，二级果直径 28～30mm（大小要求取决于成品要求），其中一、二级果合格率占 85％以上，枝梗（含软硬枝）6％以下。

3. 装箱

产地收购果实带少量枝叶，荔枝每箱 15kg，定量装箱，置于阴凉通风处，严防日晒雨淋。从采摘到工厂投产控制不超过 24h，附运单应填写果实采摘时间、车号、数量、发货人等。运输汽车要求有车篷，防止日晒雨淋，同时要有通风条件，防止果实发热。

4. 农残标准

农药残留符合国家卫生标准，不含重金属、二氧化硫、亚硫酸盐。

5. 质检

原料车间负责验收数量（抽样或全数称重）和质量。

第四节　蔬菜罐藏原料

一、蔬菜罐藏原料要求

蔬菜因其所食用的器官或部位不同，其结构与性质也相差较大，如何选择合适的原料，要根据各种加工品的制作要求和原料本身的特性来决定。罐藏用蔬菜要求是肉质丰富、质地柔嫩而细致、粗纤维少、可食部分多及色泽良好的种类和品种，现介绍几种常用罐藏蔬菜的品质要求。

1. 竹笋

供罐藏的竹笋宜选用组织脆嫩，粗纤维少，肉质呈乳白色或淡黄色，味道鲜美，没有苦涩味，笋体充实，节间短无明显空洞，无霉烂、病虫害和机械伤，不畸形，不干缩的优良品种。现采用毛竹笋、龙须笋等品种。

2. 芦笋

芦笋优良的罐藏品种要求鲜嫩整条，尖端组织致密，乳白色，少量笋尖允许有不超过 0.5mm 的淡青色或紫色，长度适度，无明显弯曲，不开裂，无空心，无病虫害。

3. 荸荠

荸荠又称马蹄，罐藏用要求新鲜肥嫩，含糖量高，淀粉少，粗纤维少，肉色洁白，质地爽脆，无黑斑和黑丝，球茎扁圆，形状端正，蒂部平坦不凹陷，无抽芽和萎缩，无病虫害和机械伤，要求横径在 30mm 以上。

4. 胡萝卜

胡萝卜罐藏采用橙红色种，要求肉质新鲜肥嫩，形态完整，表面光滑，内部完全呈橙红色或红色，心髓部不明显，粗纤维少，无木质化现象，无病虫害和机械伤。

5. 青刀豆

青刀豆原料应新鲜饱满，绿色或浅绿色，脆嫩无筋，豆荚横断面近似圆形，肉质丰富，豆荚不弯曲，成熟适度（乳熟期），无病虫害及机械伤。不能使用畸形、扁形、锈斑、霉烂、带粗筋、开红花及豆粒突出的豆荚。现常采用小刀豆、棍儿豆、白子长箕、曙光等品种。

6. 番茄

番茄要求果实新鲜饱满，果形中等，果面光滑，颜色鲜红而全果着色均匀，果肉厚，果心小，种子少，番茄红素、可溶性固形物及果胶含量高，酸度适当，香味浓，且是抗裂果。整番茄用果实横径在 30～50mm，番茄酱用果实横径 35mm 以上。现常采用罗城一号、奇果、北京早红和扬州红等品种。

7. 黄瓜

黄瓜常加工成酸黄瓜罐头。罐藏要求黄瓜无刺或少刺，新鲜饱满，深绿色，瓜形正常，组织脆嫩，直径 30～40mm，长不超过 110mm，粗细均匀，无病虫害及机械伤。

8. 甜玉米

罐藏用的甜玉米要求颗粒柔嫩、风味香甜、耐热煮、含糖量高、色泽金黄、成熟度一致。甜玉米从甜与柔嫩阶段到粗硬多淀粉阶段时间很短，要在适当的时间内采收加工。过嫩易使产品稀薄呈汤状；过熟则失去甜香风味，淀粉过多，质地老硬粗糙。

9. 蘑菇

罐藏蘑菇要求伞球质地厚实，未开伞，色泽洁白，有蘑菇特色的香气。片菇和碎菇采用色泽正常、无病虫害和严重机械损伤的蘑菇，菌盖直径不超过 60mm，菌褶不得发黑。整菇罐头要求菌盖直径 18～40mm，菌柄切口平整，不带泥根，无空心，柄长不超过 15mm，菌盖直径 30mm 以下的菌柄长度不超过菌盖直径的 1/2（菌柄从基部计算）。蘑菇采后极易发生褐变和开伞，故采收后到加工前处理要迅速及时，或用亚硫酸盐溶液进行护色处理，尽量减少与空气接触的时间。用于罐藏的品种均为白蘑菇。

10. 草菇

草菇采用菌体新鲜幼嫩、卵圆形、脚苞未破裂、不伸腰、无机械伤的。

11. 莴笋

莴笋要求新鲜质嫩，无病虫害、黑心、硬心、畸形，尾径不小于 20mm，长度在 200mm 以上。

12. 青豌豆

青豌豆豆荚新鲜饱满，青绿色，成熟适度，无病虫害及机械伤；豆荚柔嫩，含糖多，淀粉少。使用白花种，不用红花种。每荚含豆仁在 5 粒以上。原料从采收至投产不得超过 24h。采用小青荚、宁科百号等品种。

二、蔬菜原料验收质量标准

与水果原料的验收相同，在实际生产中，同样要根据成品的相关标准等级及企业的具体情况制定蔬菜原料收购标准要求。现以蘑菇为例加以说明。

1. 鲜蘑菇的验收标准

色泽洁白，菇柄不变色，菌褶不得有暗红色。不收喷水菇、浸水菇和隔夜菇及红土壤菇。

级菇：要求是蘑菇形态为菌盖完整，表面无凹陷，呈圆形或近似圆形，无斑点、无畸形、无虫害，菇帽直径 20～45mm，菇柄长度为 10mm 以下的整菇。

统级菇：要求是菇帽直径 25～65mm，允许有小机械伤、小薄菇、小畸形、小斑点，菇柄长度为 10mm 以下的整菇。

统菇：大薄菇、开伞菇（色泽应为白色）、脱柄菇和严重机械伤的蘑菇。

2. 盐菇收购标准

色泽：淡黄色或灰黄色，片菇和帽菇菌褶允许有稍浅褐色，盐卤水清晰。

滋味、气味：无变质、异味，具有盐渍蘑菇所应有的滋味、气味。

组织形态：经轻压有弹性，原料形态基本完整，无发黑、死菇或氧化污染菇，无杂质，允许有小机械伤、小薄菇、小畸形、小斑点，菇柄长度为 10mm 以下。

级菇：分 A、B、C、D、E 五等级大小。

统级菇：分小于直径 45mm 或大于直径 45mm 或混合大小三种。

统菇：形态差于统级菇。

生产料：多为带柄开伞菇。

副品：多为菇帽、菇柄。

理化指标：盐度 18°～22°，原料 pH4.5～5.3；必要时抽测二氧化硫。农残根据出口罐头或半成品客户要求选测，如多菌灵、毒死蜱、敌敌畏、氯氰菊酯、马拉硫磷、甲胺磷、氰戊菊酯、对硫磷、甲基对硫磷、氧化乐果、乙酰甲胺磷等项。控制重金属含量。其余参照 GB 7098—2015《食品安全国家标准　罐头食品》。

第五节　果蔬罐头常用辅助材料

一、调味料

1. 砂糖

砂糖是罐头生产中常用的甜味料，在糖水水果、果汁、果酱、果冻中广泛使用。砂糖主要是用甘蔗或甜菜经取汁、澄清、浓缩、结晶加工制成的，颗粒整齐均匀、松散、干燥，色泽光亮洁白，含蔗糖 99.5％以上。蔗糖是一种双糖，具有一定的营养价值。砂糖来源广、价格低廉，在其他食品生产中也应用广泛（亚硫酸法生产的蔗糖，若残留的 SO_2 过多则不宜用于荔枝及其他果实糖浆罐头的生产，以免引起罐内壁产生硫化铁，污染内容物，应改用以碳酸法生产的蔗糖）。

2. 食盐

食盐又称氯化钠，大量用于罐头食品生产。罐藏用的食盐要求纯度高、色泽洁白、无异味，氯化钠含量不小于 99.3％，重金属和硬度杂质含量要求极严，因为很少的铁、铜、铬能引起罐藏蔬菜的变色，过量的钙、镁的存在会使某些蔬菜诸如玉米、青豆组织变得较韧，并使单宁、草酸盐等沉淀，使腌渍蔬菜中的盐水浑浊。对于那些与重金属接触易引起变色的蔬菜以及对硬度杂质敏感的制品应使用更高纯度的食盐，氯化钠含量最好不低于 99.9％，钙和镁含量（按钙计算）$<100mg/kg$，铁 $<1.5mg/kg$，铜 $<1mg/kg$。

3. 酱油

我国酱油制造很早就有记载，系由大豆（或大豆加工副产品）、小麦、麸皮等为原料酿制而成的，色泽红棕至棕黑色，具有正常的风味，无不良气味，不得有酸、苦、涩等异味和霉味，汁液澄明、不浑浊，食盐含量不低于 15％，苯甲酸及其钠盐含量不超过 0.1％，微生物指标符合食品卫生要求。

4. 黄酒

黄酒色黄澄清，味醇正，酒精度 12％以上。

二、香辛料

1. 姜

罐头生产中采用鲜生姜或姜粉，鲜生姜须新鲜饱满、辣味浓、组织脆嫩、含粗纤维少、无腐败变质现象。姜粉必须干燥无杂质，风味浓郁。

2. 葱

应使用新鲜良好、色香正常的鲜葱。

3. 蒜

蒜须鳞茎肥大、组织嫩脆、新鲜、不抽薹、无霉烂。

4. 洋葱

洋葱须鳞茎肥大、组织嫩脆、新鲜、不抽薹、无霉烂。

5. 红辣椒

采用红色、味正常、无霉变的新鲜或盐腌红辣椒，辣椒粉细度 80 目以下。

6. 胡椒

黑白胡椒粉须新鲜、干燥、无霉变、无杂质、辣味强、香气浓郁。

7. 八角茴香

八角茴香又名八角、大料、大茴香。原产亚洲东南部，我国的南方普遍栽培，为木兰科常绿乔木。罐藏调味采用八角茴香的果实，要求平滑光实，呈红棕色，形状扁平有裂缝，具有特殊的芳香。罐藏用八角茴香必须干燥洁净，香气浓郁，无腐烂变质等现象。

8. 桂皮

桂皮产于亚洲东南部，我国南方广东、广西、云南等省区普遍栽培，香味以斯里兰卡桂皮较好。中国桂皮属樟科植物。桂皮经干燥后卷曲呈半圆形或圆筒形，外表为红棕色，内面呈棕色，味辛而甘，粉末呈红棕色，有愉快香气。斯里兰卡桂皮外表呈淡棕色，内面色泽较深，香气优良，味微甘。罐藏用的桂皮必须干燥洁净，香气浓郁，无霉变现象。

9. 甘草

甘草应洁净、干燥，香味正常，无虫蛀发霉现象。

三、常用的食品添加剂

1. 调味剂

调味剂包括酸味剂、鲜味剂、甜味剂等，在罐藏食品中有重要的作用。

（1）柠檬酸　柠檬、柑橘类水果中含量较多，目前系采用含糖或淀粉的原料经过发酵取得柠檬酸盐后分解除去盐类制取的，是白色结晶粉末或白色颗粒，无臭，味酸。柠檬酸的酸味是有机酸中较缓和而可口的，在罐头生产中广泛地作为酸味剂使用，根据生物试验结果柠檬酸对人体无毒害，糖水水果罐头中的糖液常添加适量的柠檬酸以增进风味。柠檬酸也常于果酱、果冻等产品中，有利于改进风味，促进部分蔗糖转化，有助于防止发生蔗糖晶析。在有些蔬菜罐头中也可加入柠檬酸，以有利于色泽、风味和杀菌效果。

（2）冰醋酸　无色透明液体，纯度在99%以上。

（3）味精　即谷氨酸的钠盐，味精为白色结晶或结晶性粉末，无臭，有特殊的鲜味，易溶于水，系采用含淀粉或糖类的原料经发酵法制得的，广泛用作调味剂使用，在一般用量条件下无毒害。罐头食品用的肉、禽、蔬菜等原料中含有一定量的谷氨酸，可是经过洗涤、处理、预煮等加工易产生损失，因此在这些产品中可加入味精增加鲜味。用量根据产品品种不同，一般为0.5～5g/kg。

（4）肌苷酸钠　白色或无色的结晶或结晶粉末，性质比谷氨酸钠稳定。与L-谷氨酸钠合用对鲜味有相乘效应。肌苷酸钠有特殊强烈的鲜味，其鲜味比谷氨酸钠强10～20倍。一般均与谷氨酸钠、鸟苷酸钠等合用，配制混合味精，以提高增鲜效果。

（5）鸟苷酸钠　具蘑菇鲜香味，其鲜香味很强，使用量仅为谷氨酸钠的1%～5%。它同肌苷酸钠等被称作核酸系调味料，与谷氨酸钠有协同作用。使用时，一般与肌苷酸钠和谷氨酸钠混合使用。

（6）甜蜜素　化学名称是环己基氨基磺酸钠，其甜度是蔗糖的30倍。

（7）甜叶菊糖　从天然植物甜叶菊中提取，属于天然无热量的高甜度甜味剂，甜度是蔗糖的300倍。

（8）阿斯巴甜　又名天冬甜素，是新型高效甜味剂，甜度是蔗糖的 200～400 倍。

（9）蛋白糖　其甜度是蔗糖的 200 倍。

（10）三氯蔗糖　白色粉末状产品，极易溶于水、乙醇和甲醇，其甜度为蔗糖的 600 倍，且甜味纯正，同时具有安全性高、稳定性好等特点。三氯蔗糖属于非营养型强力甜味剂，在人体内几乎不被吸收，符合当前甜味剂发展潮流，是肥胖症、心血管病和糖尿病患者理想的食品添加剂。

2. 增稠剂

可以改善食品的物理性质，增加食品的黏稠性，赋予食品以柔滑适口的舌感，还是一类具有稳定乳化和悬浮作用的物质。

（1）琼脂　又称冻粉，是一种多糖类物质，分条状和粉状两种产品，是从石花菜等红藻类植物中浸出后经过干燥制成的，无色或黄白色，不溶于冷水，溶于热水形成凝胶，它的主要成分为半乳糖。琼脂的使用历史较久，在果酱制造时，常用作增稠剂以增加产品黏度。

（2）卡拉胶　由红藻提取制备，具有高黏度和高胶凝特性。在酸性条件下加热其大分子长链极易水解断裂，表现出黏度和悬浮性下降，而且易产生大块絮状沉淀，因此不宜单独在透明酸性饮料中应用，在低酸性浑浊型饮料中应用较为合适。

（3）羧甲基纤维素钠（CMC-Na）　是应用最广的增稠剂之一，在冷饮、果冻、果酱等食品中作为增稠剂，耐酸。CMC-Na 广泛应用于果汁饮料等加工中。在酸性加热条件下，其黏度和悬浮性明显降低，但不产生沉淀，透明度较好，如用于增稠可加大使用量或与卡拉胶配合，可用于酸性透明饮料的生产。

（4）明胶　是动物的皮、骨、软骨等组织中含有的胶原蛋白经部分水解后得到的高分子多肽的高聚物，为白色或淡黄色带光泽的薄片或粉粒，不溶于冷水，在热水中能溶解，冷却后即凝结。明胶是亲水性胶体，具有很大的保护胶体的性质。某些罐头制品中使用明胶作为增稠剂，可使汁液形成透明良好的胶冻状。

（5）β-环糊精　简称 β-CD，为 7 个葡萄糖残基以 α-1,4-糖苷键键合的具有环状结构的低聚糖。β-环糊精主要的作用是利用分子的孔洞包含多种物质，形成包合物，从而起到稳定、掩蔽异味、增大水溶性、改善食品物理化学性质的作用。

3. 抗氧化剂

果蔬原料中含有一些化学性质比较活泼的物质，在果蔬组织或细胞被破坏后，容易被空气中的氧气氧化成其他物质，发生非酶褐变或酶促褐变。比如果蔬中通常含量比较高的维生素 C 以及单宁等多酚类物质，如果不加以保护，维生素 C 会被氧化变性，果蔬营养价值下降；单宁等酚类物质在酶的作用下被氧化变成褐色，则会影响果蔬的色泽。因此，在果蔬去皮、切分、破碎打浆时加入一定量的抗氧化剂，可以利用其还原性消耗氧和抑制酶活性，减轻或降低此种不良后果的发生。

（1）L-抗坏血酸　即维生素 C，可由葡萄糖合成。为白色或略带淡黄色的结晶或粉末，无臭，味酸，易溶于水，水溶液不稳定。抗坏血酸可用作饮料、果汁的抗氧化剂，防止褪色、变色、风味变劣和其他由氧化而引起的质量问题。水果罐头的陈化可以引起变味和褪色，而添加抗坏血酸可以消耗氧而使产品保持原有的品质。根据试验，在花椰菜罐头中加入抗坏血酸可防止变黑；剖切、去皮后的果蔬半成品，用抗坏血酸溶液浸渍，可防止氧化褐变；在制造糖水桃或李子罐头时在预煮水中加入少量抗坏血酸也有防止变色的作用。

（2）异抗坏血酸钠　白色至黄色晶体颗粒或晶体粉末，无臭，微有碱味。在干燥状态下暴露在空气中相当稳定，在水溶液中，当有空气、金属、热、光时，则发生氧化。易溶于水，$55g/100mL$，2% 水溶液的 pH 为 $6.5 \sim 7.0$。FAO/WHO（1985）规定，异抗坏血酸钠的 ADI 值为 $0.005g/kg$。我国标准规定，异抗坏血酸钠的最大使用量果蔬罐头为 $1.0g/kg$。

4. 硬化保脆剂

硬化保脆剂与果蔬相互接触时，其阳离子能够与果蔬组织中的果胶物质生成不溶性的果胶酸盐，具有凝胶性能，在细胞间起到使细胞相互黏结的作用，从而使果蔬组织坚硬、耐煮性增强，不致变软松散。

（1）氯化钙　为白色坚硬的块状结晶或晶体颗粒，无臭，味微苦。极易吸湿而潮解，易溶于水，也易溶于乙醇，水溶液呈中性或微碱性。FAO/WHO（1983）规定，氯化钙 ADI 值不作特殊规定，用氯化钙溶液浸渍的果蔬经杀菌后脆性和色泽好。可用于苹果、整装番茄、什锦蔬菜、冬瓜等罐头食品。使用范围和最大使用量为：番茄罐头整装为 $0.45g/kg$（单用或与其他凝固剂合用量，以 Ca^{2+} 计）；青豌豆、草莓、水果色拉等罐头为 $0.35g/kg$（单用或与其他凝固剂合用量，以 Ca^{2+} 计）；果酱和果冻为 $0.20g/kg$（单用或与其他凝固剂合用量，以 Ca^{2+} 计）；酸黄瓜为 $0.25g/kg$（单用或与其他凝固剂合用量，以 Ca^{2+} 计）；什锦菜罐头为 $0.26g/kg$（单用或与其他凝固剂合用量，以 Ca^{2+} 计）。

（2）明矾　亦称钾明矾，学名硫酸铝钾，为无色透明结晶或白色晶体粉末，无臭，味微甜带涩，在空气中易风化而变得不透明，可溶于水，$5.42g/mL$（0℃）、$9.25g/mL$（15℃）、$12.2g/mL$（25℃）、$54.5g/mL$（60℃）、$28.3g/mL$（100℃）。18% 水溶液的 pH 为 1.0。明矾在水中水解成氢氧化铝胶体溶液。FAO/WHO（1978）规定，明矾 ADI 值不作特殊规定。明矾在果蔬加工中可用作保脆剂，用量为 0.1%。还可用作抗氧化剂防止果蔬变色，加工白糖藕片时，在烫煮过程中加入鲜藕量 0.8% 的明矾和 3% 的碳酸钠，可防止藕片变色，又可使制品品质提高。明矾还具有媒染作用，可使某些需要染色的制品容易着色，具有增进果蔬制品色泽和鲜亮度的作用。

5. 螯合剂

食品中常用的螯合剂有柠檬酸盐、乳酸盐、焦磷酸盐和 EDTA 等。由于螯合剂具有消除金属过氧化物的作用，过去仅是将它们作为抗氧化剂的稳定剂和多价螯合剂用于食品，近些年才发现它们在食品中还有抗菌作用。

6. 加工助剂

加工助剂是制品在加工过程中，为改进食品质量，提高原料加工性能，满足加工工艺需要而加入的一些添加剂，且在最终制成食品之前，将其除去或分解掉。

（1）盐酸　透明，无色或稍带黄色，有刺激性气味和强腐蚀性，可与水和乙醇混溶，易溶于水、乙醇和甘油等。盐酸常作为食品添加剂的一种酸度调节剂，在食品中不得残留，食品最终制成前须除去或中和。按我国食品添加剂使用卫生标准，本品用作加工助剂时，使用量按正常生产需要而定，如用于脱去橘子囊衣时，盐酸浓度为 0.1％～1％。

（2）氢氧化钠　亦称苛性钠、烧碱，纯品为无色透明结晶，工业品为白色不透明固体，有块状、片状、棒状和粉末状等。易吸湿而潮解。按我国食品添加剂使用卫生标准规定，氢氧化钠作为食品加工助剂，用于中和、去皮、脱色、脱臭和洗涤等。最大使用量按正常生产需要而定。如用于柑橘、桃、李去皮时，使用 1％～2％的氢氧化钠溶液。

第四章　果蔬原料预处理 04 Chapter

果蔬罐头装罐前的处理，包括原料的分选、洗涤、去皮、修整、热烫、抽空等，其中分选、洗涤是所有原料必须进行的步骤，其他处理过程则视原料及成品的种类而定。

第一节　果蔬原料的分选及分级

进厂的原料可能含有杂质，并且大小、成熟度有一定的差异，因此非常有必要对原料进行初步分选处理。果蔬分选的目的在于剔除不能用于加工的果蔬，包括未熟或过熟的，已腐败或长霉的果蔬，还有混入果蔬中的沙石、虫卵或其他杂质，从而保证产品的质量。此外，将进厂的原料进行分选，有利于下一步各工序过程的顺利进行。例如，将柑橘按不同的大小和成熟度分级后，可根据原料的不同制订出最适合于每一级的机械去皮、热烫、去囊衣条件，从而保证产品的质量，并降低能耗和辅助材料的消耗。分级时可将原料进行粗选，剔除有虫蛀、霉变和较大伤口的果实，对残次果或损伤不严重的可进行修整后再应用。

果蔬的分级包括成熟度分级、大小分级和色泽分级等，可根据果蔬种类及这些分级内容对果蔬加工品的影响来采用一项或多项。按体积大小分级是分级的主要内容，几乎所有的加工果蔬均需要按照大小分级；成熟度分级通常采用目视估测的方法进行，在果品加工中，桃、梨、苹果、杏、樱桃、柑橘等常先要进行成熟度分级；色泽的分级与成熟度分级在大部分果蔬中是一致的，常按色泽的深浅分。除了在前处理过程分级外，大部分罐藏果品在装罐前还要进行色泽分级，以保证产品色泽一致。

分级的方法有手工分级和机械分级两种。

1. 手工分级

在生产规模不大或机械设备配套不全时常用手工分级，还可配备简单的辅助工具，如圆孔分级板、蘑菇大小分级尺等。分级板由长方形板上开不同孔径的圆孔制成，孔径大小视不同的果品种类而定，通过每一圆孔的为一级。但不能用强力硬塞果蔬，以避免擦伤表皮，并且果实也不能横放或斜放，以免大小不一。除分级板外，还可采用根据相同原理设计而成的分级筛。

2. 机械分级

果蔬原料的分级除手工分级外，还可采用振动筛式及滚筒式分级机等机械分级。采用机械分级可提高分级效率，且分级均匀一致。目前常用的机械有滚筒式分级机、振动筛和分离输送机等（见图 4-1）。振动筛分级机适用于体积较小、质量较小的果蔬；而滚筒式分级机适用于体积较小的圆形果蔬，如青豆、蘑菇等。这些分级机主要是依据原料体积和重量的不同而设计的。随着计算机的发展，把计算机与分级机联用，利用计算机鉴别被分离果蔬的色泽、重量或体积，这样实现了果蔬分级的自动化，现已成功用于苹果、猕猴桃等水果的分级。除了各种通用机械分级机外，果品加工中还有一些专用的分级机械，如橘片专用分级机和菠萝分级机等。

(a) 滚筒式分级机　　　　　　　(b) 振动筛式分级机　　　　　(c) 分离输送机

图 4-1　分级机械

第二节　果蔬原料的洗涤

果蔬原料洗涤的目的在于除去果蔬表面附着的尘土、泥沙、部分微生物及可能残留的化学品等，以保证产品的清洁卫生。蔬菜原料的洗涤较水果困难，必须经过浸泡、刷洗和喷洗，才能洗涤干净。

果品的清洗方法有很多，应根据生产条件、果品形状、质地、表面状态、污染程度、夹带泥土量及加工方法来确定。洗涤方法有漂洗法、喷洗法及转筒滚洗法等。杨梅、草莓等浆果类原料应采用小批量淘洗，防止机械损伤及在水中浸泡时间过长而导致色泽和口味变差。蔬菜原料的洗涤对于减少附着在原料表面的微生物，特别是耐热性芽孢，具有十分重要的意义。采收前喷过农药的果蔬，应先用0.5%~1%的稀盐酸浸泡，再用清水清洗。

对于农药残留的果品如枇杷等要手工剥皮的果品，以及制取果汁、果酒、果酱、果冻等制品的原料，洗涤时通常在水中加化学洗涤剂（表4-1）。常见的有盐酸、醋酸，有时用氢氧化钠等强碱以及漂白粉、高锰酸钾等强氧化剂，可除去虫卵，减少耐热菌芽孢。近年来，更有一些脂肪酸系的洗涤剂如单甘油酸酯、磷酸盐、蔗糖脂肪酸酯、柠檬酸钠等用于生产。

表 4-1　几种常用的化学洗涤剂

种类	浓度	温度	处理时间	处理对象
盐酸	0.5%~1.5%	常温	3~5min	苹果、梨、樱桃、葡萄等具蜡质果实
氢氧化钠	0.1%	常温	数分钟	具果粉的果实，如苹果
漂白粉	600mg/kg	常温	3~5min	柑橘、苹果、桃、梨等
高锰酸钾	0.1%	常温	10min左右	枇杷、杨梅、草莓、树莓等

1. 手工清洗

手工清洗非常简单，设备投资少，只要有清洗池、洗刷和搅动工具即可。在池上安装水龙头或喷淋装置，池底开有排水孔，以便排除污水。有条件时，在池靠底部装上可活动的滤水板，清洗时，泥沙等杂质可随时沉入底部，使上部水较清洁。池底可安装压缩空气管，通入压缩空气使水翻动，提高清洗效果。手工清洗适用于任何种类的果品，但劳动强度大、效率低。对一些易损伤的果品，如杨梅、草莓、樱桃等，此法较合适。

2. 机械清洗

用于果品清洗的机械有很多，常用的有以下几种。

(1) 滚筒式清洗机　主要部分是一个可以旋转的滚筒，筒壁成栅栏状，与水平面成3°左右的倾斜，安装在机架上。滚筒内设有高压水喷头，以300~400kPa的压力向内喷水。原料由滚筒一端经流水槽进入后，随滚筒的转动与栅栏板条相互摩擦至出口，同时被冲洗干净。这种机械适合于清洗质地较硬、表面不怕机械损伤的原料，如李、黄桃等。

(2) 喷淋式清洗机　在清洗装置的上方或下方均安装喷水装置，原料在连续的滚筒或其他输送带上缓缓向前移动，同时受到高压喷水的冲洗。喷洗效果与水压、喷头与原料间的距离以及喷水的水量有关，压力大、水量多、距离近，则效果好。此法常在柑橘制汁等连续生产线中应用［图4-2 (a)］。

(3) 压气式清洗机　在清洗槽内安装有多个压缩空气喷嘴，通过压缩空气使水产生剧烈的翻动，物料在空气和水的搅动下自动进行清洗。在清洗槽内的原料可用滚筒、金属网、刮板等传递。此种机械用途较广，适用于表面易受损的果蔬原料，如草莓［图4-2 (b)］。

(a)喷淋式清洗机

(b)压气式清洗机

图 4-2　果蔬清洗机

第三节　果蔬原料的去皮和修整

一、果蔬原料的去皮

果品外皮虽含有一定的营养成分，但一般口感粗糙、坚硬，对加工制品产生不良影响。因而在加工过程中，一般凡表皮粗厚、坚硬、具有不良风味或在加工中容易引起不良后果的果蔬，都需要去皮。如苹果、梨、桃、李、杏等外皮富含纤维素、原果胶及角质；柑橘类果实的外皮富含香精油、果胶、纤维素及味苦的糖苷；荔枝、龙眼的外壳木质化；菠萝的外皮粗硬且富含菠萝酶（对人体蛋白有水解作用）。这些原料除制汁外，都必须去皮。只有浆果类中的葡萄、草莓以及樱桃等加工时才不需去皮。

1. 去皮的要求

去皮的基本要求是去净表皮而不伤及果肉，并且要求去皮速度快，效率高，费用少。

2. 去皮的方法

去皮的方法主要有机械去皮、化学去皮、热力去皮和手工去皮 4 种，此外还有酶法去皮、冷冻去皮、紫外线辐射去皮。

（1）手工去皮　手工去皮是一种最原始的去皮方法，但目前仍被不少工厂使用。主要是因为手工去皮虽然有去皮速度慢、效率低、消耗大等缺点，但它具有设备费用低、适合于各种果蔬的优点，尤其适合于大小、形状等差异较大的原料。此法常用于柑橘、苹果、梨、柿、枇杷等果品。手工去皮还是机械去皮后补充修整的主要方法。图 4-3 所示为菠萝手工去皮。

(2) 机械去皮　机械去皮是采用机械进行去皮的方式。主要有两种方式：一种是利用机械作用，使原料在刀下转动削去表皮的旋皮机，主要适用于形状规则并具有一定硬度外表皮的果蔬，如苹果、梨等；另一种是利用涂有金刚砂、表面粗糙的转筒或滚轴，借摩擦的作用擦除表皮的擦皮机，主要适用于大小不匀、形状不规则的原料，如马铃薯、荸荠等。另外，还有专门为某种果品去皮而设计的专用去皮机械，如菠萝去皮机（图 4-4）。

(a)　　　　　　(b)

图 4-3　菠萝手工去皮　　　　　图 4-4　菠萝四道通芯去皮机

机械去皮具有效率高、省劳力等优点，但也存在一些缺点：一是需要一定的机械设备，投资大；二是表皮不能完全除净，还需要人工修整；三是原料消耗较高，去除的果皮中还带有一定的果肉；四是皮薄肉质软的果蔬不适用；五是用于果品去皮的机械，特别是与果品接触的部分应使用不锈钢制造，否则会使果肉褐变，且由于器具被酸腐蚀而增加制品内金属含量。

(3) 化学去皮　化学去皮通常用氢氧化钠或氢氧化钾的热溶液去皮，如桃子去皮、橘子去囊衣等都采用此法。此法是将果蔬置于一定浓度和温度的碱液中处理一定时间后取出，再用清水冲洗残留的碱液，并擦去皮屑。去皮原理是利用碱的腐蚀能力，将表皮与果肉间的果胶物质腐蚀溶解而进行去皮。若处理适当，仅使连接皮层细胞的中胶层受到作用而被溶解，则去皮薄且果肉光滑；但若处理过度，不仅果蔬表面粗糙，且增加原料损耗。碱液去皮使用方便、效率高、成本低、使用范围广。

碱液去皮时碱液的浓度、处理时间和碱液温度是三个重要参数，应视不同的果蔬原料种类、成熟度和大小而定。碱液浓度高、处理时间长及温度高会增加皮层的松离及腐蚀程度。适当增加任何一项，都能加速去皮作用。如温州蜜柑囊瓣去囊衣时，0.3% 左右的碱液在常温下需 12min 左右，而 35～40℃时只需 7～9min，在 0.7% 的浓度下 45℃时仅 5min 即可。生产中必须视具体情况灵活掌握，要求以达到原料表面不留皮的痕迹，皮质下肉质不被腐蚀，用水冲洗稍加搅拌或搓擦即可脱皮为原则。表 4-2 是几种果蔬原料的碱液去皮条件。

表 4-2　几种果蔬原料的碱液去皮条件

果品种类	NaOH 浓度/%	液温/℃	处理时间/min	备注
桃	1.5～3	90～95	0.5～2	淋或浸碱
杏	3～6	90 以上	0.5～2	淋或浸碱
李	5～8	90 以上	2～3	浸碱
苹果	8～12	90 以上	2～3	浸碱
海棠果	20～30	90～95	0.5～1.5	浸碱
梨	8～12	90 以上	2～3	浸碱
全去囊衣橘片	0.3～0.75	30～70	3～10	浸碱
半去囊衣橘片	0.2～0.4	60～65	5～10	浸碱
猕猴桃	10～20	95～100	3～5	浸碱
枣	5	95	2～5	浸碱
青梅	5～7	95	3～5	浸碱
胡萝卜	4	90 以上	1～2	浸碱
马铃薯	10～11	90 以上	2～3	浸碱

　　经碱液处理后的果品必须立即放入冷水中浸泡、清洗，反复换水，并搓擦、淘洗，以除去果皮渣和余碱，漂洗至果块表面无滑腻感，口感无碱味为止。漂洗必须充分，否则有可能导致罐头制品的 pH 偏高，从而导致杀菌不足。为了加快降低产品 pH 和清洗效率，可用 0.1%～0.2%盐酸或 0.25%～0.5%的柠檬酸水溶液浸泡，这种方法还具有防止果品变色的作用。盐酸比柠檬酸好，因盐酸离解的氢离子和氯离子对氧化酶有一定的抑制作用，而柠檬酸较难离解。并且盐酸与余碱中和后产生的盐类可抑制酶的活力。

　　碱液去皮的方法有浸碱法和淋浸法两种。

　　浸碱法分为冷浸与热浸，生产上以热浸较常用。将一定浓度的碱液装在特制的容器（热浸常用夹层锅）中，将果实浸泡一定的时间后取出，摩擦去皮，漂洗即可。

　　淋碱法是将热碱液喷淋于输送带上的果品上，淋过碱的果品进入转筒内，冲水时与转筒内表面接触，翻滚摩擦去皮，杏、桃等常用此法。

　　碱液去皮适应范围广，几乎所有果品均可采用碱液去皮，且对表面不规则、大小不一的原料也能达到良好的去皮效果。碱液去皮条件合适时，损失率较少，原料利用率较高。另外，还可节省人工、设备等。但必须注意碱液的强腐蚀性，设备容器等必须由不锈钢或用搪瓷、陶瓷制成，不能使用铁或铝制容器。

　　除了用酸、碱去皮外，配合使用表面活性剂可增加去皮的效率。还有一些专用的果蔬去皮剂（液）也可使用。

　　（4）热力去皮　用高压蒸汽或沸水将原料进行短时加热后迅速冷却，果蔬表皮因突然受热软化膨胀与果肉组织分离而被去除。此法适用于成熟度高的桃、杏、番茄等。沸水去皮可用夹层锅，也可用连续式去皮机。去皮时一般都采用接近 100℃的蒸汽。

　　用热水去皮时，小批量的可采用锅内加热的方法。大量生产时，采用带传送装置的蒸汽加热沸水槽。果品经短时间的热水浸泡后，用手工剥皮或高压冲洗即可去皮。桃可在100℃蒸汽下处理8～10min，再用毛刷辊或橡皮辊冲洗；枇杷经95℃以上的热水烫2～5min即可剥皮。

(5) 酶法去皮　柑橘的囊瓣，在果胶酶的作用下，可使果胶水解，从而去除囊衣。将橘瓣放在1.5%果胶酶液中，在35～40℃、pH2.0～3.5的条件下处理3～8min，可去除囊衣。

酶法去皮能有效保持果品的营养、色泽及风味，是一种理想的去皮方法，但酶法去皮应用范围较窄，只能用在果皮较薄的原料上，且成本较高。

(6) 冷冻去皮　将果品在冷冻装置中轻度表面冻结，然后解冻，使皮松弛后再去皮。此法适应于杏、核桃内皮的去除。将核桃仁在-40℃下迅速冷冻，然后在0℃下用强冷风吹，核桃仁皮即可脱落。

(7) 紫外线辐射去皮　果蔬在辐射过程中，由于皮层的温度迅速上升，皮层下水分汽化，因而压力骤增，使组织间联系被破坏，皮肉分离，从而可达到去皮的目的。

无论采用哪种去皮方法，都以去皮干净而又不伤及果肉为好。否则去皮过厚，伤及果肉，既增加了原料的消耗，又影响了产品的品质。

有些果蔬去皮后暴露在空气中会迅速发生色泽变褐或变红，因此去皮后必须快速浸入稀酸或稀盐水中进行护色。需热烫的品种，应热烫后迅速冷却，然后切块修整，尽量缩短从去皮至装罐、密封、杀菌的时间。有的果蔬原料不需去皮，如青刀豆、菇类等，这类原料只需去蒂柄或适当修整处理即可。

二、果蔬原料的切分、去心（核）和修整破碎

根据原料的种类和制品的不同要求，去皮后大型水果须切片或切块，如菠萝一般切成环形圆片或扇块，桃子、苹果、梨等切半或切片。果实切块后除个别品种外，大多数需要去籽（核）、去梗，以达到符合产品组织形态的标准。如核果类加工前需去核，仁果类则需去心。有核的柑橘类制罐头时需去种子。制果酒、果汁，加工前需破碎，使之便于压榨打浆，提高取汁效率。

在小批量生产时可借助于专用的小型工具手工完成，如枇杷、山楂、枣的通核器，匙形的去核心器，金橘、梅的刺孔器等。规模生产常用专用机械，如劈桃机、多功能切片机。

果品的破碎常由破碎打浆机完成。刮板式打浆机也常用于打浆、去籽。制取果酱时果肉的破碎采用绞肉机进行。果泥加工还可用磨碎机或胶体磨。

第四节　果蔬原料的热烫与漂洗

有些果蔬在装罐前需要热烫处理，即将果蔬放入沸水或蒸汽中进行短时间的热处理，其目的主要是：

① 破坏酶的活性，稳定色泽；

② 软化组织，便于装罐，脱除部分水分，保持开罐时固形物稳定；

③ 杀死部分附着于原料上的微生物，并起一定的洗涤作用；

④ 排出原料组织中的空气，可减弱空气中氧对镀锡薄板罐的腐蚀。

果蔬热烫的方法，有热水处理和蒸汽处理两种。热水热烫的温度通常在沸点附近。此法设备简单，物料受热均匀，但导致可溶性物质流失量较大。蒸汽热烫通常在密闭的情况下，借助蒸汽喷射来进行，温度在 100℃ 左右。此法的优点是果蔬可溶性物质流失较少，但需要特定设备。

热烫的时间和温度应根据果蔬的种类、块形大小、工艺要求等条件而定，一般在不低于 90℃ 下热烫 2～5min，烫至果蔬半生不熟，组织较透明，失去鲜果蔬的硬度，但又不过于软烂即可，通常以果蔬中过氧化物酶活性的全部破坏为度。

果蔬中过氧化物酶的活性检查，可用 1.5% 愈疮木酚乙醇液及 3% H_2O_2 等量混合后，将果蔬样品切片浸入其中，在数分钟内若不变色，则表示过氧化物酶已被破坏。

果蔬原料经热烫处理后，应立即冷却，以保持其脆嫩的口感。

第五节　果蔬原料的抽空处理

果蔬内部都含有一定的空气，空气含量依品种和成熟度而不同。常见水果的空气含量（以体积计）如下：桃 1.6%～5.2%，番茄 1.3%～4.1%，葡萄 0.1%～0.6%，草莓 3.3%～11.3%，酸樱桃 0.5%～1.9%、苹果 12.2%～29.7%。水果含有空气，不利于罐头加工，会导致一系列问题，如变色、组织松软、装罐困难、腐蚀罐壁及降低罐内真空度等。因此一些空气含量较多或易变色的水果，如苹果等，在装罐前一般要采用减压抽空处理。

抽空处理是利用真空泵等使设备内部形成真空状态，让水果中的空气释放出来，以糖水或盐水填充。抽空设备由电动机、真空泵、气液分离器、抽空锅四个部分组成。抽空锅的主体内壁应采用不锈钢制成，锅上装真空表、进气阀和紧固螺丝。真空泵、分离器和抽空锅之间用管道连接。

抽空的方法有干抽和湿抽两种，干抽就是将处理好的果块装入容器中，置于有一定真空度的抽空锅中抽真空，抽去果块组织内部的空气，再吸入抽空液。一般让抽空液浸没表层果肉 5cm 以上，并保持一定时间。此过程中要防止真空度下降。湿抽是将处理好的果块浸在抽空液中进行抽空，在抽去果块组织内部空气的同时渗入抽空液。抽空温度一般控制在 50℃ 以下，真空度在 90kPa 以上，抽空液与果块的比例一般为 1∶1.2，抽空的时间根据抽空液的种类、浓度、受抽果块的面积以及抽空设备的性能等而不同，一般为 5～50min，以抽至果块透明度达 1/2～3/4 为宜。

果品常用的抽空液有糖水、盐水、护色液等，可根据果品的种类、品种和成熟度进行选用。原则上抽空液的浓度越低，渗透速度越快；浓度越高，成品色泽越好。当以糖水为抽空液时，抽空后可以多浸泡几分钟，使糖水更好地渗入果肉中。抽空液浓度应及时调节，使用几次后应彻底更换，以保持果肉的色泽和确保抽空效果。

影响抽空效果的因素主要有以下几种。

① 真空度。真空度越高，空气从果品组织中释放得越快，一般在 90kPa 左右为宜。成熟度高，细胞壁较薄的果品的真空度可设置低一些。

② 温度。抽空液温度越高，渗透效果越好，但一般不超过 50℃。

③ 抽空时间。果品的抽空时间根据品种而定，一般抽至抽空液渗入果块，果块呈半透明状或透明状为止。

④ 果品受抽面积。理论上受抽接触面积越大，抽气效果越好。一般来说，小块比大块好，切开比整果好，皮核去掉的比带皮核的好。

水果在抽空液中呈减压状态，组织中的空气外逸，恢复常压后，抽空液渗入果肉使其浓度趋于平衡，果肉组织间隙被抽空液填充，肉质紧密，减少热膨胀，防止加热过程中的煮融现象。抽空处理还有利于保证罐头的真空度，减轻罐内壁腐蚀及果肉的变色。与热烫相比，经抽空后的果肉色泽鲜艳，明显改善了感官质量。几种水果的抽空效果见表 4-3。

表 4-3　抽空对果品色泽品质的影响

品名	热烫温度/℃	未抽空	抽空处理后
苹果	100	灰褐色,煮融现象严重	黄色,质硬
莱阳梨	100	灰褐色,煮融现象更为严重	白色或黄色,质脆
长把梨	100	红褐色	乳白色,质脆

第六节　果品的护色

果品去皮和切分之后，与空气接触易变成棕褐色，严重影响了产品的外观，这种褐变主要是由果品中的多酚氧化酶褐变引起的。护色措施应从除氧和抑制酶活力两方面着手，在加工预处理中所用的方法有以下几种。

① 食盐水护色。食盐对酶活力有一定的抑制作用，氧气在盐水中的溶解度比空气小，故有一定的护色效果，因此可将去皮或切分后的果品浸于一定浓度的食盐水中，果品加工中常用 1%～2% 的食盐水护色，苹果、桃、梨、枇杷类均可采用此法。用此法护色后应注意后期的漂洗步骤除盐，以免影响产品的风味，这点对于果品尤为重要。

② 亚硫酸盐溶液护色。亚硫酸盐除了可以防止酶褐变，还能抑制非酶褐变。常用亚硫酸盐有亚硫酸钠、亚硫酸氢钠和焦亚硫酸钠等。罐头加工时应注意控制

浓度，采用低浓度，并尽量脱硫，否则易造成罐头内壁产生硫化斑。

③酸溶液护色。酸性溶液可降低 pH，抑制多酚氧化酶的活力。大部分有机酸还是果品的天然成分，具有很多优点。常用的酸有柠檬酸、苹果酸和抗坏血酸，但由于价格原因，生产上一般采用柠檬酸，浓度控制在 0.5％～1％。

可把食盐、亚硫酸氢钠、柠檬酸三者搭配在一起使用，可起到协同增效的作用，增强护色效果。工厂最常用的护色液是 2％的氯化钠、0.2％的柠檬酸和 0.02％的亚硫酸氢钠的混合液，对绝大多数果品均具有很好的护色效果。

除以上三种护色剂外，烫漂和抽空处理也是常用的护色方法，且效果好。

第七节　果蔬罐头汤液调配技术

一、水果类罐头汤液调配

各类水果罐头，开罐时一般都有可溶性固形物含量和酸度的要求，为满足开罐标准要求，在进行汤液的调配过程中，必须根据装罐前水果本身可溶性固形物含量、每罐装入的果肉量和净重算出实际每罐加入的糖液量，按质量守恒原理推导所得的公式进行计算；而饮料类的调配则必须根据所加原果汁的可溶性固形物含量、原果汁加入比例，结合成品的固酸比进行计算。因此调配过程主要包括以下几个环节。

1. 环节一：原果肉糖及酸浓度的测定

测定糖浓度的仪器，一般采用折光计（手持折光计或阿贝折光仪），必须注意糖液温度的校正。酸浓度的测定采用碱滴定法。

2. 环节二：调配计算

（1）类型一：果汁的调配计算

有些果汁为了适合消费者的口味要求，需要保持一定的固酸比例，除采用不同品种的原料混合制汁调配外，在鲜果汁中可加入少量砂糖及食用酸（柠檬酸或苹果酸）调整固酸比例。

【例 1】 要配制总量为 100kg 的某种水果汁，已知原果汁为 40kg（原果汁占40％），经测定原果汁的酸度为 0.6％，可溶性固形物含量为 9％，要配成成品酸度为 0.3％、可溶性固形物含量为 11％，需外加糖、酸和水各为多少？

解： 按可溶性固形物的质量平衡原理：

加入原果汁的量×原果汁可溶性固形物含量＋外加糖＝
所要配制水果汁总量×成品要求的可溶性固形物含量

则：外加糖＝（所要配制水果汁总量×成品要求的可溶性固形物含量）－
（加入原果汁的量×原果汁可溶性固形物含量）

即：　　　　　　　　40×9％＋外加糖＝100×11％

则：　　　　　　　　外加糖＝11－3.6＝7.4（kg）

同理计算外加酸的量：

加入原果汁的量×原果汁酸度＋外加酸＝所要配制水果汁总量×

成品要求的酸度

即：　　　　　　　$40×0.6\%＋外加酸＝100×0.3\%$

则：　　　　　　　外加酸＝$0.3－0.24＝0.06(kg)$

由此，配制时每 100kg 的总量，原果汁为 40kg，外加糖为 7.4kg，酸为 0.06kg，水约为 52.6kg。

实际生产要适当考虑配制过程中水的蒸发量，依经验增加部分蒸发水量。

【例2】 已知库存原果汁有 20kg，要全部配制成含原果汁 40% 的某一水果汁，假设经测定原果汁的酸度、可溶性固形物含量及成品的可溶性固形物含量和酸度与【例1】同，求出配制过程需外加糖、酸和水的量。

解：依题意，首先要求出全部库存原果汁能配成某种水果汁的总量。

即：　　　水果汁总量×要求的原果汁比例＝库存原果汁的量

则：　　　　　水果汁总量＝$20/40\%＝50(kg)$

在此基础上，应用【例1】的方法可最终求出题中所要求的几种成分的量分别为：外加糖量 3.7kg，酸 0.03kg，水约 26.5kg。

【例3】 现有菠萝原料 5kg，已知经榨汁得原果汁 3.25kg，采用手持折光计测得在 25℃下的可溶性固形物含量为 10.5%（25℃修正值为 0.3%）。取 5g 原果汁采用碱法滴定消耗 0.09881mol/L NaOH 5.50mL。要求（成品标准）成品可溶性固形物含量为 11%、酸度为 0.18%。现要配制 2kg 含原果汁 10% 的菠萝汁饮料，外加复合悬浮剂 0.15%。问：①菠萝出汁率为多少？②原果汁的可溶性固形物含量为多少？③原果汁的酸度为多少？④原果汁、白砂糖、柠檬酸、悬浮剂、水各加入多少？⑤原果汁 3.25kg 共可配成此饮料多少？

解：①出汁率：　　　　　$3.25kg/5kg＝65\%$

② 原果汁的可溶性固形物含量：$10.5\%＋0.3\%＝10.8\%$

③ 原果汁的酸度：$[(0.09881×5.50×0.064)/5]×100\%＝0.7\%$

④ 要配制 2kg 含原果汁 10% 的菠萝汁饮料，各需加入：

原果汁：　　　　　$2000×10\%＝200(g)$

柠檬酸：　$2000×0.18\%－200×0.7\%＝3.6－1.4＝2.2(g)$

白砂糖：　$2000×11\%－200×10.8\%＝220－21.6＝198.4(g)$

悬浮剂：　　　　　$2000×0.15\%＝3(g)$

水：　　　　　$2000－200－2.2－198.4－3＝1596(g)$

⑤ 原果汁 3.25kg 共可配成饮料总量：$3.25/10\%＝32.5(kg)$

（2）类型二：含果肉罐头的汤液调配计算

根据各类水果罐头产品标准中的开罐糖液浓度和酸浓度的要求，结合装罐前水果本身可溶性固形物及酸含量，每罐装入果肉量及每罐实际注入糖液量，以罐为基本单位按下式计算：

$$Y(Y_1 \text{ 或 } Y_2) = \frac{W_3 Z(Z_1 \text{ 或 } Z_2) - W_1 X(X_1 \text{ 或 } X_2)}{W_2}$$

式中 W_1——每罐装入果肉量；

W_2——每罐加入糖液量；

W_3——每罐净重；

X（X_1 或 X_2）——装罐前果肉可溶性固形物含量或酸度；

Y（Y_1 或 Y_2）——糖液中可溶性固形物含量或酸度；

Z（Z_1 或 Z_2）——要求开罐时糖液可溶性固形物含量或酸度。

可计算汤液中可溶性固形物含量及酸度。

【例 4】 已知净重为 425g 的荔枝罐头，装果肉量为 250g，设果肉的酸含量为 0.2% 或 0.4%，糖含量为 18.5%。要求成品开罐的可溶性固形物含量为 14%～18%、酸度 0.18%～0.22%。问如何配制汤液？

解： 按题意要求分别算出汤液的可溶性固形物含量和酸度。

开罐的可溶性固形物含量和酸度分别取 16%、0.2%，用上述公式进行计算，则：

可溶性固形物含量＝(425×16%－250×18.5%)/(425－250)

＝(68－46.2)/175＝0.124＝12.4%

酸浓度(1)＝(425×0.20%－250×0.2%)/175＝0.2%

酸浓度(2)＝(425×0.20%－250×0.4%)/175＝－0.08%

注意（1）：如酸浓度算出值为负数，说明果肉所带来的酸经平衡已超过成品要求，无需外加酸。

注意（2）：如有的果肉所含酸极低（如龙眼），计算时可不考虑果肉部分的酸度。

3. 环节三：配制果汁或灌注液中的糖液

根据环节二中计算得出果汁或灌注液配方中的糖液浓度（即可溶性固形物含量），实际生产中，要配制出所需糖液的方法有直接法和稀释法。

（1）直接法 根据装罐时灌注液所需的糖液浓度，直接称取白砂糖（以选用碳酸法生产的蔗糖为宜）和水，在溶解锅内加热搅拌溶解，煮沸、过滤，除去杂质，排除部分空气和 SO_2，校正浓度后备用。对于需要加酸的灌注液通常采用直接法加入，做到随用随加，必须防止积压，以免使蔗糖转化为转化糖，促进果肉色泽变红。如荔枝用的糖液，加热煮沸后如迅速冷却到 40℃ 再加酸，对防止果肉变红有明显效果。

（2）间接法 先配制高浓度的浓糖浆，装罐时根据装罐要求的浓度加水稀释，加水量按下式推导：

（浓糖浆质量＋加水量）×要求糖液浓度＝浓糖浆质量×浓糖浆浓度

则： 加水量(kg)＝(浓糖浆浓度－要求糖液浓度)×

浓糖浆质量(kg)/要求糖液浓度

二、蔬菜类罐头汤液调配

1. 类型一：清渍类蔬菜罐头汤液

清渍类蔬菜罐头汤液一般要求成品盐水浓度控制在 $0.8\%\sim1.5\%$，所以多数蔬菜罐头（以固形物重占净重的 60% 计）汤液中的盐水浓度为 $2\%\sim3\%$，因浓度较低，盐水的配制多采用直接配制法。配制时将食盐加水煮沸，除去泡沫，经过过滤、静置，达到所需浓度即可。为了提高杀菌效果，有的在汤液中加入 $0.05\%\sim0.1\%$ 柠檬酸。

2. 类型二：调味类蔬菜罐头汤液

为适应不同消费者口味和要求，有些产品在罐头杀菌前加入适量的具有杀菌效果的调料，如胡椒、丁香、茴香和花椒等。采用的调味液种类很多，但配制的方法主要有两种：一是将香辛料先经一定的熬煮制成香料水，然后将香料水再与其他调味料按比例制成调味液；二是将各种调味料、香辛料（可用布袋包裹，配成后连袋弃去）一起一次性配成调味液。

第五章　食品罐藏生产技术

05 Chapter

第一节　罐头生产的基本过程

食品罐藏工艺是将食品装入马口铁罐、玻璃瓶等罐藏容器内，经排气、密封、杀菌、冷却、保温检验的贮藏方法。由于食品的原料和罐头品种的不同，各类罐头的生产工艺各不相同，但基本原理是相同的，罐头生产的基本流程如下：

空罐→清洗、消毒→检验

原料→预处理→分选装罐→排气密封→杀菌→冷却→保温检验→包装→入库→成品

罐液配制

第二节　装罐控制

一、容器的准备

用于罐头生产的容器主要有镀锡薄板罐、镀铬薄板罐、铝合金薄板罐、玻璃罐、塑料罐及复合塑料薄膜袋等。在罐头生产过程中，装罐前应按原料种类、性质及产品等要求合理选用不同的罐藏容器，然后再按要求进行清洗、消毒、罐盖打印等处理。

此外，在使用前还应检查容器是否完整、有无缺陷。铁罐要求罐型整齐、焊缝完整、补涂均匀，罐盖和罐身翻边处无缺口变形，罐壁无锈斑和脱锡现象；玻璃装罐瓶要求瓶口平整光滑，瓶身无气泡、裂纹等。

1. 空罐的准备及消毒清洗

罐藏容器是用来盛装食品的，与食品直接接触，因此要保证安全卫生。由于空罐在加工、运输和贮存过程中可能会被一些微生物污染，附着一些尘埃、油脂、污物，有的还可能残留焊接药水等，因此在装罐之前必须进行洗涤和消毒。基本方法：先用热水冲洗空罐，然后用蒸汽进行消毒。

（1）金属罐的清洗　金属罐的清洗有人工清洗和机械清洗两种。

人工清洗是将空罐放在沸水中浸泡 0.5～1min，有时可用毛刷刷去污物，取出后倒置于盘中，沥干水分后进行消毒。人工洗罐劳动强度大，效率低，一般在小型企业多采用人工清洗消毒。

机械清洗则多采用洗罐机喷射热水或蒸汽进行洗罐和消毒。大中型企业多用洗罐机进行清洗。

（2）玻璃瓶清洗　玻璃瓶的清洗也分人工清洗和机械清洗两种。

人工清洗的过程：首先用热水浸泡玻璃瓶，如果是回收的旧瓶子，因瓶内壁可能黏附着食品的碎屑、油脂等污物，瓶外壁也常黏附着商标残片等，因此，一般先用温度为 40～50℃、含量为 2%～3% 的 NaOH 溶液浸泡 5～10min，以便使附着物润湿后清洗干净；然后用毛刷逐个刷洗空瓶的内外壁，再用清水冲净，沥水后消毒。

机械清洗则多用洗瓶机清洗。常用的洗瓶机包括喷洗式洗瓶机、浸喷组合式洗瓶机等。

喷洗式洗瓶机一般适用于新瓶的清洗。瓶子首先以具有一定压力的高压热水进行喷射冲洗，而后再以蒸汽进行消毒。浸洗和喷洗组合洗瓶机适用于新瓶和旧瓶的清洗。洗瓶时，瓶子先浸入碱液槽浸泡以去掉污物，随后送入喷淋区经两次高压热水冲洗，最后用低压、低温水冲洗即完成清洗。

2. 罐头产品代号打印

（1）硬罐头打印形式　除玻璃瓶可以无需在罐盖上打印代号外，其余马口铁罐均应按国内规定或客户合同要求打印代号。下面介绍两种主要的代号打印内容和形式——单行打印和多行打印。

① 单行打印。在罐盖的中间部位，打印生产日期。

② 多行打印。这种打印方式是在原轻工业部明码打印法基础上的延伸，多数出口产品采用在罐盖中间位置，分四行打印（采用喷码机喷码），其中第一行为厂名代号＋班次号，第二行为年、月、日代号，第三行为产品名称代号，第四行为卫生注册号。

（2）软罐头的打印　凡属正式生产的各种内销和出口罐头产品都必须打印代号，软罐头也不例外，仿照马口铁罐头的方法，软罐头产品代号打印内容包括：厂名代号、生产日期代号、产品名称代号、班次代号。

二、装罐的工艺要求

1. 装罐要及时

经处理加工合格的半成品要及时装罐，不应堆积过多，一般不宜超过 2h，以防微生物污染而变质，影响产品质量。

2. 质量要一致

罐藏食品要求同一罐内的内容物大小、色泽、成熟度、块数等基本一致，这样既保证了产品有良好的外观，又提高了产品质量，同时提高了原料利用率，降低了成本。

3. 净重和固形物含量必须达到要求

固形物含量一般要求在 45%～65%，最常见的为 55%～60%，有的高达 90%。为使质量符合要求，保证称量准确，必须经常校对称量称，定期复称。

4. 顶隙适当

顶隙是指罐内食品表面层或液面与罐盖间的空隙。一般为 6～8mm，以防止灭菌时内容物膨胀使罐头变形（内压增加，可造成罐头底盖突胀，甚至冷却后也不能恢复到正常状态，造成假胖听），并可形成一定的真空度。有些产品为防止罐内存在氧气而引起产品表面发黄而基本上不留顶隙，如果酱等浓稠食品是趁热（80℃以上）装罐后立即密封的，也不留顶隙。当罐头在密封、杀菌、冷却后，由于罐内食品冷缩，也可使产品达到一定的真空度。某些淀粉含量高的产品，因受热容易膨胀，罐顶隙可适当留大些。

使用马口铁包装的产品以产品开罐时保持约 3mm 的顶隙度较合适。玻璃罐的顶隙常用毫升数表示，一般采用 115～120℃杀菌的产品不低于容器容积的 6%。软包装规定内容物灌装到离袋口上部 3.5～4cm 为宜。

5. 严格防止夹杂物混入罐内

工作台上不要放置小工具、手套、揩布、绳子等杂物，以防混入罐内。同时要严格规章制度，工作服尤其是工作帽必须按要求穿戴整齐，生产工人禁止戴戒指、手表、耳环等首饰进行装罐操作。

6. 装罐时保持罐口清洁

不得有小片、碎块或油脂、糖液、盐液等留于罐口，否则会影响卷边的密封性。

7. 装罐时应合理搭配，排列整齐

有些罐头食品装罐时有一定的式样或定型要求，如芦笋、青刀豆等装罐时产品需要排列整齐。

三、装罐的方法

根据产品的性质、形状和要求，装罐的方法可分为人工装罐和机械装罐两种。

1. 人工装罐

多用于肉禽类、水产、水果、蔬菜等块状、固体产品的装罐，这些产品的原料性质如成熟度、大小、色泽、形状等差异较大，经不起机械摩擦，装罐时要进行挑选，进行合理搭配，排列整齐，目前还主要靠人工完成这种挑选、搭配、按要求排列装罐。这种方法简单，但劳动生产率低，偏差大，卫生条件差，而且生产过程的连续性较差，但此法简便易行，适于小型罐头厂。

2. 机械装罐

一般适于颗粒状、糜状、流体或半流体等产品的装罐，如果酱、果汁、青豆等多用装罐机装罐。机械装罐适用于多种罐型，速度快，效率高，分量均匀，能保证食品卫生，因此能采用机械装罐的应尽量采用机械装罐（见图5-1）。

(a)   (b)

图 5-1　黄桃罐头的装罐

大多数食品装罐后都要向罐内加注汁液如清水、糖液、调味料、盐水等。罐注液的加入对于保证产品质量安全具有很重要的意义，具体表现在：改进食品风味、提高产品质量、提高食品杀菌的初温、促进对流传热、提高杀菌效果，而且可以排除罐内部分空气，降低罐内加热杀菌时罐内压力，减轻罐内壁腐蚀，减少内容物的氧化和变色等。生产上一般采用自动注液机或半自动注液机添加罐注液。

第三节　封口操作

一、罐头的排气

食品装罐后、密封前应尽量将罐内顶隙、食品原料组织细胞内的气体排除，这一排除气体的操作过程就叫排气。排气是罐头生产必不可少的一道工序，通过排气，不仅能使罐头在密封、杀菌冷却后获得一定真空度，而且还有助于保证和提高罐头的质量。

需要加热排气的产品，一般在装罐后或预封后迅速进行排气，排气后的罐头应迅速进行密封，密封后的罐头应在40min内进行杀菌、冷却，之后获得一定的真空度。有些罐头产品也可以不进行加热排气，若能保持较高温度且装得满而紧密，迅速加盖密封，也能够达到加热排气的某些效果。有些产品则采用抽真空封罐，也能达到加热排气的效果。

1. 预封

罐头的排气是在排气箱内完成的。排气箱内要求加热蒸汽的温度高于 95℃。由于排气箱内有时产生水蒸气，易导致罐头产生交叉污染。为避免排气过程中产生交叉污染，一方面排气箱的设计应使冷凝水直接流入排气箱两边排水管内，及时清理排气箱，保持排气箱的温度；另一方面传统的加工方法是对罐头进行预封，经预封的罐头在热排气或在真空封罐过程中，罐内的空气、水蒸气及其他气体能自由逸出，而罐盖不会脱落。

预封是指某些产品在进入加热排气之前，或进入某种类型的真空封罐机封罐之前，所进行的一道卷封工序，即将罐盖与罐身筒边缘稍稍弯曲钩连，其松紧程度以能使罐盖可沿罐身筒旋转而不脱落为度，使罐头在加热排气或真空封罐过程中，罐内的空气、水蒸气及其他气体能自由逸出。对于加热排气来说，预封可预防固体食品膨胀而出现液汁外溢的危险，并避免排气箱盖上蒸汽冷凝水落入罐内而污染食品，同时还可防止罐头从排气箱送至封罐机过程中，罐头顶隙温度的降低，防止外界冷空气的侵入，以保持罐头在较高温度下进行封罐，从而可提高罐头的真空度。玻璃罐不需预封。

2. 排气的目的和效果

排气是食品装罐后，排除罐内空气的技术措施。排气的目的和效果包括如下几点。

（1）防止或减轻罐头在高温杀菌时发生变形或损坏　未经排气的罐头，在高温杀菌时，因罐内食品受热膨胀、水蒸气的产生、罐内空气的膨胀，罐内压力就会急剧增高，当罐内压力比罐外压力（即杀菌锅内蒸汽压力）大得多时，密封的二重卷封结构就会松弛，甚至产生漏气等而造成废品。经过排气的罐头，虽然在高温杀菌时罐内压力也会增大，但由于减少了罐内空气压力，所以杀菌时罐内压力相对低些。在杀菌冷却之后，一般依靠罐盖膨胀圈的内向应力，能使罐头恢复正常状态。

（2）防止罐内好气性细菌和霉菌的繁殖　从各类罐头食品中所检验出来的微生物来看，以好气性芽孢菌为最多，在水果类罐头中有时还有酵母。

需氧菌虽然要有游离氧的存在才能生长，然而各种需氧菌的需氧量（最高、最低和最适量）因菌种不同而不同，如灰绿青霉菌最大需氧量为 3.22～3.68mg/L，最少需氧量为 0.06～0.68mg/L。排除罐内氧气是控制需氧菌生长的重要途径。

（3）防止或减轻罐头食品色香味的不良变化　食品暴露在空气中，特别是经过切割的食品表面，极容易产生氧化反应，而导致色香味的变化。脂肪含量较高的食品，由于氧化而产生酸败，不仅食品表面发黄，而且使食品带有腌味。某些果蔬如苹果、生梨等的切断表面与空气接触，就会产生褐变。果酱、果冻等的色泽和香味也会因被氧化而产生变化。一般来说，这种变化都始于表面，逐渐向内部深入。氧气不仅存在于食品组织中，而且水和液汁中也溶解有氧，氧在水中的溶解量与水温有关，水温越低氧的溶解量也就越大，100℃的水中，氧的含量为零。罐头在低压环境下，罐内的气体就会外逸。因此，罐头处于真空状态下，就能降低罐内氧的含量，使食品于缺氧状态下保藏，这样就可以防止或减轻食品的氧化变质。

（4）防止或减轻维生素和其他营养成分的破坏　在罐头生产过程中，维生素的破坏程度与食品中维生素的种类、加热温度及时间、氧气的存在与否有关。有氧存在时，加热到100℃以上，维生素容易被分解。在同一温度下，无氧存在时，维生素相对稳定。一般来说，维生素D最稳定，维生素A和B族维生素次之，维生素C最不稳定。

糖水橘子罐头在原料处理和排气过程中，维生素C损失最大，而在密封后的杀菌过程中几乎没有损失。苹果在加热中大部分的维生素C易损失掉，这就是为什么苹果需要放在盐水中浸泡，由于苹果自身的呼吸作用，使组织内部的氧全部消耗掉，随后进行加工，这样维生素C就相当稳定。罐头食品贮藏过程中残留的氧对维生素C在最初数周内损耗较多，当罐内氧被消耗后，维生素C含量的变化就逐渐减少。这说明维生素C在无氧条件下加热是相当稳定的。但是，靠排气把罐头食品中的氧和溶于液体中的氧全部排尽是很困难的，因此罐头食品中维生素的损失总是难免的。

（5）防止或减轻在贮藏过程中食品对罐内壁的腐蚀　氧的存在会促进果蔬中所含酸对罐内壁的腐蚀，造成穿孔；氧气在罐内壁酸性腐蚀中为阴极去极化剂，能促进罐壁的酸性腐败。

3. 罐头排气的方法

目前国内罐头工厂常用的排气方法有3种：加热排气、真空封罐排气和蒸汽喷射排气。加热排气法使用得最早，也是最基本的排气方法。真空封罐排气法，也可称为真空抽气法，是发展快、使用较普遍的方法。蒸汽喷射排气法，是近几年迅速发展的排气方法。

（1）加热排气法　加热排气的基本原理是：将装好食品的罐头（未密封）通过蒸汽或热水进行加热，或预先将食品加热后趁热装罐，利用罐内食品的膨胀和食品受热时产生的水蒸气，以及罐内存在的空气本身的受热膨胀，而排除罐内空气，排气后立即封罐。这样，罐头经杀菌冷却后，罐内就能形成一定的真空度。

目前常用的加热排气方法有两种：热装罐法和排气箱加热排气法。

① 热装罐法。热装罐法是将食品预先加热到一定温度后，立即趁热装罐并密封的方法。采用这种方法时不得让食品温度下降，否则就会使罐内的真空度相应下降。这种方法只适用于流体或半流体食品，或者食品的组织形态不会因加热时的搅拌而遭到破坏，如番茄汁、番茄酱、糖浆草莓、糖浆苹果等。采用此法时，要及时杀菌，因为这样的装罐温度非常有利于好热性细菌的生长繁殖，而使食品在杀菌前就已腐败变质。热装罐法还可以先将食品装入罐内，另将配好的汤汁加热到预定的温度，然后趁热加入罐内，并立即封罐。这种方法，其食品温度

不得低于 20℃，汤汁温度不得低于 80～85℃，否则就得不到所要求的真空度。

② 排气箱加热排气法。这种方法是食品装罐后，将经过预封或不预封的罐头送入排气箱内，在预定的排气温度下，经过一定时间的加热，使罐头中心温度达到 70～90℃，使食品内部的空气充分外逸。这种排气可以间歇地或连续地进行。间歇式排气只适用于小型罐头厂和试制室。连续式排气是目前最常用的排气方法，常用的排气箱有齿盘式和链带式两种，目前大多采用后者。

排气温度应以罐头中心温度为依据。各种罐头的排气温度和时间，根据罐头食品的种类和罐型而定，一般为 90～100℃，6～15min，大型罐头，或装填紧密、传热效果差的罐头，可延长到 20～50min。从排气效果来看，在较低温度下，较长时间的加热排气的效果比高温、短时间的加热排气效果好，这是因为固体或半流体食品传热较慢，食品中的气体只能在食品升温到一定程度后才能排除。但也要考虑由于加热排气时间过长，而导致食品色香味和营养成分的损失。因此，在确定某一种罐头食品的排气温度和时间时，需要从排气效果和保持食品质量等方面综合考虑。

一般来说，果蔬应采用低温长时间排气工艺，如糖水桃子罐头一般采用 85℃/10min 排气，若采用 100℃/4min 排气，就会出现果实软化，且使食品内部空气得不到有效的排除。肉类罐头可以采用高温短时间排气，需要避免高温加热可能导致的脂肪融化和脂肪析出等现象。

从生产实际经验看，果蔬罐头的密封温度应控制在 58～75℃；不带骨的肉类罐头为 70～80℃；带骨肉类为 85～90℃（带骨红烧鸭为 75～78℃，带骨红烧鸡为 78～100℃）；水产类为 76～80℃。

罐型大、传热速度慢的罐头，加热排气时间应适当延长。一般罐藏容器材料不同，传热速度不一样，排气温度和时间也不相同。铁罐传热速度快，排气温度可低些，排气时间可短些；玻璃罐传热速度慢，排气温度应高些，排气时间应长些。生装和冷装的罐头，因温度低，排气温度应高些，排气时间应长些。

加热排气可使食品组织内部的空气得到较好的排除，罐头可利用热胀冷缩来获得一定的真空度，且起到部分加热杀菌作用。但加热排气法对食品色香味有不良的影响，对于某些水果罐头有不利的软化作用，而且热量的利用率较低。

（2）真空封罐排气法　这种排气法在封罐过程中，利用真空泵抽出密封室内的空气，使形成一定的真空度，当罐头进入封罐机的密封室时，罐内部分空气在真空条件下迅速外逸，随之迅速卷边密封。这种方法可使罐内真空度达到 $3.33×10^4～4.0×10^4$Pa，甚至更高。

这种排气法主要是依靠真空封罐机来抽气的，近些年高速真空封罐机采用的较多，国内常用的有 GT4B2 型真空封罐机等。封罐机密封室的真空度可根据各类罐头的工艺要求、罐内食品的温度等进行调整。

罐头在真空室内的抽气时间很短，所以只能抽罐头顶隙内的空气和罐头食品中的一小部分空气。真空封罐排气法已广泛应用于肉类、鱼类、部分果蔬罐头的生产中，凡汤汁少、空气含量多的罐头，采用真空封罐排气的效果都很好。这种方法可在短时间内使罐头达到较高的真空度，因此生产效率很高，有的每分钟可达到 500 罐以上，可适应各种罐头食品的排气，对于不宜加热的食品尤其适用；能较好地保存维生素和其他营养成分；真空封罐机体积小、占地少。但这种排气法并不能很好地将食品组织内部和罐头食品内部空隙处的空气加以排除；封罐过程中容易产生暴溢现象，造成净重不足，严重时可能产生瘪罐。

（3）蒸汽喷射排气法　这种排气法向罐头顶隙喷射蒸汽，驱走顶隙内的空气后立即封罐，单一依靠顶隙内蒸汽的冷凝而获得罐头的真空度，这种方法应用较少。这种方法主要由蒸汽喷射装置来喷射蒸汽，一般在封罐机六角转头内部或封罐压头顶隙内部喷射蒸汽，喷蒸汽一直延续到卷封完毕，喷射的蒸汽具有一定温度和压力。蒸汽气流必须有效地将罐顶隙内的空气排除出去，并需罐身和罐盖交接处周围维持规定压力的蒸汽，以防止外界空气侵入罐内。

采用喷蒸汽排气法时，罐内必须留有适当的顶隙以保证形成一定的真空。为了保证得到适当的罐头顶隙，可在封罐工序之前，增设一道顶隙调整装置，用机械带动的柱塞，将罐头内容物压实到预定的高度，让多余的汤汁从柱塞四周溢出罐外，从而得到预定的顶隙度，溢出的汤汁可过滤回收。顶隙度最小控制为 8mm 左右。

装罐前，罐内食品温度对喷蒸汽排气封罐后获得的罐头真空度也有一定影响，所以，为了获得较高的真空度，可将罐头加热后再进行蒸汽喷射排气封罐，这样就可获得良好的效果。对于含有大量空气或其他气体的罐头，如整粒装甜玉米罐头，装罐后可先喷温水加热，然后再喷蒸汽排气密封。

在普通封罐机上装喷蒸汽装置后，某些罐头食品就可省去排气箱排气了。蒸汽喷射排气封罐法对于大多数糖水或盐水罐头食品和固态食品或半流体食品而言，都可以得到适当的真空度。此法不适合于干装食品，这类食品对真空度要求很高，同时干装食品也不宜直接喷射蒸汽。

由于这种方法的喷蒸汽时间较短，罐内食品除表面外，没有受到加热过熟的影响，食品表面受到的加热程度也比较小。这种方法的缺点是不能将食品内部的空气及食品间隙里存在的空气加以排除，因此不适用于含气多的食品，如块装桃或梨、片装桃等。这类食品要在喷蒸汽排气前，先将果实进行抽真空处理，使食品内部空气排除，然后再喷蒸汽排气封罐，这样才能获得适当的真空度。

除上述 3 种排气方法外，还可采用气体置换排气法。这种方法与蒸汽喷射排气法类似，是用 CO_2 或 N_2 喷射罐头顶隙，置换掉顶隙中的空气，这些气体在罐内相对稳定，可以达到排气的目的。这种方法常用于橘汁或啤酒等罐头。

软罐头只采用抽气排气法，排气过程要注意真空度的合理确定，避免真空度过高将内容物抽出。

4. 影响真空度的因素

上面提到排气有许多好处，排气效果越好，罐内气体被赶跑越多，那么罐内真空度就越高。罐内真空度高低还与以下几个因素有密切关系。

（1）真空度与排气、密封温度　适当提高排气温度可以加快罐头内容物的升温，这样可以使罐内气体和食品充分受热膨胀，易于把罐内气体排出罐外，排气后立即进行密封，使罐内温度不致过分降低，这样就能保证得到较高的真空度。

（2）真空度与罐头内顶隙　在一定限度内，罐头顶隙越大，则真空度也越高。假若在排气时没有很好地控制排气温度，不能使罐内顶隙部分气体充分排出去，那么，反而会使真空度下降。注意顶隙过大将浪费铁皮，同时还会引起消费者的不满意。

（3）真空度与罐头品种　真空度与罐头品种有密切的关系。有的产品装填得满而紧实，基本上无顶隙。但真空度过高也不一定合理，因为容易产生瘪听，反而造成损失。

（4）真空度与气压、气温　罐头到了高原地带，由于气体稀薄，大气压力降低了，但是罐内的压力没有改变，当高原上的气压降低到比罐内压力小时，这时罐内压力就比罐外所受压力大，这样就会使罐头底、盖向外凸出，形成假胖听。

有的罐头运到热带地区，也会形成假胖听，原因是热带气温很高，罐内部残留的气体受热后膨胀，但由于罐头是密闭的，气体不能从罐内跑出去，就增加了罐内压力，当罐内压力大于大气压时也就形成了假胖听。在刚杀好菌、未冷却的罐头中，可以看到有不少的罐头是两端向外突出的，完全冷却后突出现象就消失了。热带地区的罐头有的胀听两端突出，可是并未变质，就是这个道理。

除此之外，经研究发现，罐内真空度有 1/3 是由液体收缩，2/3 由排除顶隙空气产生的；杀菌温度越高真空度越低，因食品会放出部分气体，气体的释放量与原料新鲜度有关，新鲜原料放出的气体少，不新鲜原料放出的气体多，所以要防止积压。

二、罐头的密封

罐头食品得以长期保存的原因主要是罐头在经过杀菌后，依靠容器的密封使食品与外界隔绝，不再受到外界空气及微生物的污染而腐败变质。这种严密的隔绝作用是由容器本身的材质、制造质量及封口设备来实现的。罐头食品生产过程中主要借助封罐机进行密封，严格控制密封操作是十分重要的。

1. 金属罐的密封

金属罐的密封是指罐身的翻边和罐盖的圆边在封口机中进行卷封，使罐身和罐盖相互卷合、压紧而形成紧密重叠的卷曲的过程，所形成的卷边称为二重卷边。封罐机的种类、形式很多，效率也各不相同，但是它们封口的主要部件基本相同，二重卷边就是在这些部件的协同作用下完成的。为了形成良好的卷边结构，封口的每一部件都必须符合要求，否则将直接影响二重卷边的质量，影响罐头的密封性能。

(1) 封口操作　二重卷边的形成过程就是卷封滚轮使罐体与罐盖的周边牢固地紧密钩合而形成五层（罐盖三层，罐体两层）材料卷边的过程。为提高其密封性，盖的内侧预先涂上一层弹性胶膜或其他弹性涂料。

二重卷边常采用滚轮和沟槽导轨分两次进行滚压作业，而目前我国多用滚轮封口滚压，其作业工艺过程如下：

供送（罐体罐盖）到位──→压紧（压头与托盘）──→头道滚轮进给──→第一次卷封完成，
头道滚轮退出──→二道滚轮进给卷封──→第二次卷封完成，二道滚轮退出──→
罐的封口完毕（一个罐）

具体就是，当罐身与罐盖同时送入封罐机卷封作业位置后，在压头和托罐盘的配合作用下，先由头道卷封滚轮做径向推进，逐渐将盖钩滚压至身钩的下沿，进而使盖钩和身钩逐步弯曲，两者相互钩合，头道滚轮便可退出而完成一重卷边〔见图 5-2（a）〕，这时钩合的各层材料互不接触。

头道滚轮退出的同时，紧接着二道滚轮进入工作。二道滚轮的沟槽部分进入并与已形成的卷缝凸缘接触，并进行推压进给，盖钩和身钩进一步弯曲钩合压紧。最后达到各层重叠接触的紧密的定型状态〔见图 5-2（b），（c）〕，从而二重卷边封口完成。

由于工作状况不一样，作为二重卷边封口的执行部件的卷封滚轮沟槽也不一样。

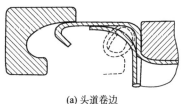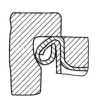

(a) 头道卷边　　　　　(b) 二道卷边卷封前　　　(c) 二道卷边卷封后

图 5-2　二重卷封作业示意图

(2) 卷边质量判断　二重卷边的良好程度是关系到罐藏容器的密封性、保持罐头真空度、防止微生物第二次污染的关键，通常通过对头道和二道卷边的定时检测来确保卷边良好的密封性。卷边检测所需的主要工具包括卷边投影仪或罐头工业专用的卷边卡尺和卷边测微计，检测的项目包括卷边的外部检测、内部检测和耐压试验。

① 卷边外部检测。卷边外部检测又分目检和计量检测两大类，卷边的外观要求边上部平伏，下缘光滑，卷边的整个轮廓卷曲适度，卷边宽度一致，无卷边不完全（滑封）、假封（假卷）大塌边、锐边、快口、牙齿、铁舌、卷边碎裂、双线、跳封等因压头或滚轮故障引起的其他缺陷，以上用肉眼进行观察。分别对罐高、卷边厚度、卷边宽度和埋头度等进行计量检测测定。

② 卷边内部检测。卷边内部检测：用肉眼在投影仪的显像屏上或借助于放

大镜观察卷边内部空隙情况，包括顶部空隙、上部空隙和下部空隙，观察罐身钩、盖钩的咬合状况及盖钩的皱纹情况。

卷边内部计量检测项目：测定罐身钩、盖钩、叠接长度及叠接率。

③ 耐压试验。用空罐耐压试验器检测空罐有无泄漏。装有内容物的罐头需先在罐头的任何部位开一小孔，将内容物除去，洗净、干燥，并将小孔焊上后再进行试验。卷边的耐压要求：一般中小型圆罐采用表压为 98kPa 的加压试验，或采用真空度 68kPa 的减压试验，都要求 2min 不漏气；直径为 153mm 的大圆罐采用表压为 70kPa 的加压试验，保持 2min 以上不漏气，大圆罐的加压试验所用压力不宜过高，因内压较高时埋头部分容易挠曲产生凸角。

④ 卷边外观常见的缺陷。常见缺陷及原因、预防措施见表 5-1。

表 5-1　常见卷边质量问题及预防措施

卷边不良的状态	原因分析	预防措施
卷边过宽	头道滚轮滚压不足，二道滚轮滚压过紧或磨损，托盘压力过大	调整压头，更换滚轮
卷边过窄	头道滚轮滚压过紧，二道滚轮滚压不足或槽钩过窄，托盘压力过小，压头高度调节得过高	调整压头，更换滚轮
埋头度过深	两道滚轮上下支撑不好，压头直径过大或过厚，托盘压力过小	调整封罐机压头与托盘，更换压头
身钩过长	托盘压力过大，压头高度调节得过低	调整压头，调节压头与托盘间距
盖钩过短	卷边滚轮相对于压头的位置过高，头道滚轮进给过少或槽钩磨损，压头厚、直径大	调整封罐机，更换滚轮、压头
快口	压头、滚轮磨损，滚轮相对于压头的位置过高，压头与托盘的间距过小，托盘压力过大，滚轮滚压过紧，身缝处焊锡过多	调整封罐机，更换滚轮、压头
卷边松弛	压头与滚轮间距过大，二道滚轮滚压不足，盖钩钩边前弯曲，头道滚轮卷曲过度或槽钩磨损	调整封罐机，更换二道滚轮

2. 玻璃罐的密封

玻璃罐与铁皮罐不同，其密封方法也不同，再加上玻璃罐本身因罐口边缘造型不同，罐盖的形式也不同，因而其封口方法也各异。目前采用的有卷边密封法和旋转式密封法。

（1）卷封式玻璃瓶的密封　这种瓶子的密封方法与金属罐的密封方法相似，它是靠封罐机中的压头、托盘和两个滚轮的协同作用完成卷边封口的。这种玻璃瓶由于开启困难，应用范围在逐渐缩小。

（2）旋开式玻璃瓶的密封　多采用旋转式密封法，这种罐型的罐口周围具有3 条、4 条或 6 条突出倾斜的螺纹线，每条螺纹线尾端则和第二条螺纹线的始端交错衔接。如具有 3 条斜线，则它们的首尾相互交错衔接，构成一条相互衔接的圈纹，如斜线为 4 条，则它们同样首尾重叠，形成圈纹，以此类推。根据玻璃罐颈上斜线条数，可以分为三旋式、四旋式或六旋式玻璃罐，使用较多的为四旋式玻璃罐。玻璃罐盖用镀锡薄板制成，盖的下缘具有 4 个向内卷曲延伸的盖爪可以和玻璃罐口上突出的螺纹斜线扣紧，盖内垫有橡胶圈或注有封口胶垫，因而保证了玻璃罐的密封性。装罐后，由手工或旋盖机把罐盖旋紧，便得到良好的密封。当盖爪与罐口螺纹正确配合，使每个盖爪上所受的力比较一致，则玻璃罐盖不会咬死，开启方便。

(3) 密封性检查　实际生产中，对于罐盖是否正确密封有以下两种检查方法。

① 拧紧位置（pull-up）——非破坏性检查。拧紧位置是罐盖盖爪起始边与罐口上的罐颈直缝间的距离。在罐口上有两根相距 180° 的直缝，但罐颈直缝不一定和身缝处在同一根直线上。测量时首先在罐口找出罐颈直缝。测定从这一垂线到达位于和它最近的盖钩起始边间的距离即得拧紧位置，以毫米为单位。盖爪位置在右边为正值（＋），在左边为负值（－），正常位置应是正值。大多数合理封盖情况下，为＋6mm。然而在任一方向间距会有 6mm 差异度，拧紧位置的测定不能取代密封安全性的测定，但对一批玻璃罐和罐盖来说，拧紧位置和密封安全性间关系一旦确定，它是非常有用的。生产时最少每小时进行 2 次检查，当发现拧紧位置值有很大变化时，应立即进行密封安全性检查，如密封安全性检查为零或负值时，应重新调整封盖机。

② 密封安全性（security）——破坏性检查。密封安全性检查是一个对罐盖判定是否良好的最可靠的测定，应在封盖后、杀菌完成冷却后同时进行测定。检查步骤如下：用一支记号笔在盖上做一根垂直线并在罐身上连续画上一条直线（此线与罐颈接缝并无关系），见图 5-3；逆时针方向旋转罐盖，直至破坏真空；

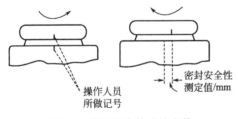

图 5-3　密封安全值或稳定值

③重新将罐盖在罐口上封盖，直至垫圈和罐口接触及盖爪和罐口螺纹线咬紧（切勿用力过重）；测定两条直线的距离，称为密封安全值，以毫米为单位；如果盖上的线在罐身上线的右边则密封安全值为正值，如果盖上的线在罐身上线的左边则为负值。

53～110mm 四爪非高温杀菌罐盖密封安全参考值：封盖后为 5～8mm，杀菌冷却后为 3～8mm。58～82mm 四爪高温杀菌罐盖密封安全参考值：封盖后为 5～8mm，杀菌冷却后为 2～5mm。

3. 蒸煮袋的密封

蒸煮袋即软罐头，一般采用真空包装机进行热熔密封。依靠内层的聚丙烯材料在加热时合成一体而达到密封的目的。封口效果取决于蒸煮袋的材料性能及热熔合时的温度、时间、压力和封边处是否有附着物等因素。

第四节　杀菌和冷却

罐头的杀菌分为常温常压杀菌和高温高压杀菌。常温常压杀菌一般采用100℃及以下温度，高温高压杀菌一般采用121℃温度。

一、杀菌的目的和意义

罐头食品的原料难免会被各种微生物污染，这些微生物能使食品腐败变质或使人体中毒致病。因此罐头食品的原料经预处理装罐密封后，必须进行热力杀菌，其目的是杀死食品中的致病菌、产毒菌及腐败菌，并破坏食物中的酶。由于杀菌后的罐头处于密闭条件下，可以防止外界微生物的二次污染，使罐头得以长期保存而不变质。

罐头食品的杀菌并非要求绝对无菌，只要求不允许有上述有害微生物存在。允许罐内残存某些微生物或芽孢，但要求这些微生物或芽孢在罐内特殊的环境（如真空状态、pH等）下处于休眠状态，在通常的商品流通及贮藏过程中不能生长繁殖，不会引起食品的腐败变质或因致病菌的活动而影响人体健康，达到这种标准的杀菌程度称为"商业无菌"。

罐头食品的杀菌（见图5-4），通常是杀菌温度越高，杀菌时间越长，则杀菌程度越彻底。但是随之罐内食品的营养成分、色香味及组织状态也破坏得越大。因此罐头食品杀菌时，在考虑杀菌工艺的同时，要尽可能保存食品的色香味及营养成分。对某些罐头而言，杀菌过程有时还起到调制食品、增进食品的风味、软化食品组织的作用，如清蒸类及茄汁类罐头就属于这种类型。

(a)　　　　　　　　　　　　　　　　(b)

图 5-4　罐头食品的杀菌

二、加热杀菌操作注意事项

① 杀菌是食品在一定的时间和温度条件下的加热处理，加热温度和时间应经科学测定后确定。

② 经过科学测定而确定的杀菌工艺规程专用于指定的产品及其配方、配制方法、容器尺寸和杀菌锅的类型。

③ 杀菌的决定因素主要依据可靠的传热效果和产品中微生物的耐热性。

④ 微生物的耐热性取决于所选用的微生物，以及在加热时的食品介质和随后微生物所处环境。

⑤ 传热数据（时间和温度）的确定应在尽可能模拟工业生产条件下获得。

⑥ 从热传导和耐热性试验中获得的数据将用于理论杀菌条件的计算。

⑦ 有时用接种实罐的杀菌试验来校核计算的杀菌工艺条件。

三、杀菌规程

杀菌操作规程中的主要参数，常常用所谓"杀菌公式"来表示，这只是把参数排列为"公式"形式，并非数学计算式。确定杀菌规程，主要是确定其必要的杀菌温度和杀菌时间。杀菌规程首先必须保证食品的安全性，同时也应考虑食品的营养价值和商品价值。一般的杀菌规程表示如下：

$$\frac{\tau_h - \tau_p - \tau_e}{t_s} \text{或} (\tau_h - \tau_p - \tau_e)/t_s$$

式中　τ_h——杀菌锅内的介质由初温升高到规定的杀菌温度 t_s 时所需要的时间，min，蒸汽杀菌时就是指从进蒸汽开始至达到杀菌温度 t_s 时的时间，热水杀菌时就是指通入蒸汽使热水达到沸腾时所需要的时间，通称为升温时间；

　　　　τ_p——杀菌锅内的介质达到规定的杀菌温度 t_s，在该温度下所维持的时间，min，通称为恒温杀菌时间；

　　　　τ_e——杀菌锅内的介质，由杀菌温度 t_s 降低到出罐时的温度所需要的时间，min，若是蒸汽杀菌，该时间就是指降压冷却时间，通称为冷却时间；

　　　　t_s——杀菌锅内的规定杀菌温度，℃。

必须说明，上式所表示的恒温杀菌时的温度，是指杀菌锅内介质的温度，不是指罐头中心温度。由于传热速度的关系，罐头中心温度总是比杀菌锅内的温度晚些达到规定的杀菌温度。在恒温杀菌阶段，杀菌锅内的温度保持不变，而罐头中心温度仍然继续升高，直至达到规定的杀菌温度。在冷却阶段，杀菌锅内的温度迅速下降，而罐头中心温度下降得较缓慢。

在制订杀菌规程时，必须注意工厂所在地区的海拔高度，对于沸水杀菌时尤为重要。水的沸点与大气压有关（表5-2），一个大气压（1.01325×10^5 Pa）时水的沸点为100℃，小于 1.01325×10^5 Pa 时，沸点低于100℃，高于 1.01325×10^5 Pa 时，沸点高于100℃。海拔高的地区，其大气压力比海平面的大气压低，沸点也低。海拔越高，大气压越低，水的沸点也就越低。一般说，采用沸水杀菌时，水的沸点每降低1℃，杀菌时间应延长3～3.5min。

表 5-2 水的沸点与大气压的关系

大气压/×10^{4}Pa	沸点/℃	大气压/×10^{4}Pa	沸点/℃	大气压/×10^{4}Pa	沸点/℃
9.13	97.1	9.67	98.7	10.20	100.2
9.20	97.3	9.73	98.9	10.27	100.4
9.27	97.5	9.80	99.1	10.33	100.8
9.33	97.7	9.87	99.3	10.40	100.7
9.40	97.9	9.93	99.4	10.47	100.9
9.47	98.1	10.00	99.6	10.53	101.1
9.53	98.3	10.07	99.8	10.60	101.3
9.60	98.5	10.13	100	10.67	101.4

四、罐头杀菌和冷却的操作方法

杀菌设备的种类繁多，操作方法也各不相同，这里只就国内常用的几种杀菌和冷却操作方法作简单介绍。

1. 杀菌设备

杀菌设备多用杀菌锅，一般分立式杀菌锅和卧式杀菌锅。杀菌锅由锅体、锅盖、开启装置、锁紧楔块、安全联锁装置、轨道、灭菌筐、蒸汽喷管及若干管口等组成。卧式杀菌锅是利用压缩空气作压力的圆筒体杀菌设备，其锅盖锁紧形式是采用自锁楔块啮合方法，开闭启动方便，可以为一面开门，也可以是两面开门，便于一面为罐头入口，另一面为罐头出口；罐头一般先装入筐篮车再装入杀菌锅。

立式杀菌锅为上面开锅盖门，工作原理是：加热介质为混合的水喷雾、蒸汽和空气。冷却水在杀菌循环结束时引入杀菌锅。在水喷雾杀菌锅中也可以使用其他的水加热和循环方法。另外一种类型的系统是使用位于杀菌锅顶部的水分布系统，对水加热或冷却，从上而下对容器进行喷淋。空气作为过压源。水通过外部的热交换器进行加热，并在此系统中用泵进行循环。当杀菌完成后，杀菌热水通过外部的热交换器进行冷却，作为冷却水。

杀菌锅还可按其他标准分类。

（1）从控制方式上分 有四种。

① 手动控制型。所有阀门和水泵均由手动控制，包括加水、升温、保温、降温等工序。

② 电气半自动控制型。压力由电接点压力表控制，温度由传感器（Pt100）和进口温控仪控制（精度为±1℃），降温过程由人工操作。

③ 电脑半自动控制型。采用 PLC 和文本显示器将采集的压力传感器信号和温度信号进行处理，可以贮存杀菌工艺，控制精度高，温控可达±0.3℃。

④ 电脑全自动控制型。全部过程都由 PLC 和触摸屏控制，可以贮存杀菌工艺，操作工只需按启动按钮即可，杀菌完毕后自动报警，温控精度可达±0.1℃。

（2）从杀菌方式上分 有三种。

① 热水循环式杀菌。杀菌时锅内食品全部被热水浸泡，这种方式热分布比

较均匀。

② 蒸汽式杀菌。食品装到锅里后不是先加水，而是直接进蒸汽升温，由于在杀菌过程中锅内存在空气会出现冷点，所以这种方式热分布不是最均匀的。

③ 淋水式杀菌。这种方式是采用喷嘴或喷淋管将热水喷到食品上，杀菌过程通过装设在杀菌锅内两侧或顶部的喷嘴中，喷射出雾状的波浪型热水至食品表面，所以不但温度均匀无死角，而且升温和冷却速度迅速，能全面、快速、稳定地对锅内产品进行杀菌，特别适合软包装食品的杀菌。

（3）从罐体结构上分　有五种：单罐杀菌锅；双层杀菌锅，双锅并联式杀菌锅，三锅并联式杀菌锅；立式杀菌锅（图5-5、图5-7），卧式杀菌锅（图5-6、图5-8）；电汽两用杀菌锅；旋转式杀菌锅。

（4）从锅体材质上分　有三种：全不锈钢；半钢；碳钢。

图 5-5　立式杀菌锅

图 5-6　卧式杀菌锅

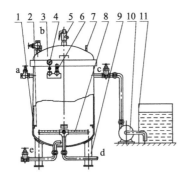

图 5-7　立式杀菌锅结构装置图

1—锅体；2—杀菌篮挡板；3—锅盖；

4—压力表；5—安全阀；6—温度计；

7—吊把；8—蒸汽散布管；9—支脚；

10—水循环泵；11—热水槽

a—溢流口；b—泄气口；c—热水进口；

d—蒸汽进口；e—进排水口

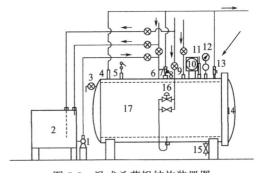

图 5-8　卧式杀菌锅结构装置图

1—水泵；2—水箱；3—溢流管；4,7,13—放空气管；

5—安全阀；6—进水管；8—进气管；9—进压缩空气管；

10—温度记录仪；11—温度计；12—压力表；14—锅门；

15—排水管；16—薄膜阀门；17—锅体

2. 杀菌的操作方法

（1）常压沸水杀菌的操作方法 大多数水果和部分蔬菜罐头采用沸水杀菌，杀菌温度不超过100℃，一般采用立式开口杀菌锅，杀菌操作比较简单。先在杀菌锅内注入需要量的水，然后通过蒸汽加热。待锅内水达到沸腾时，将装好罐头的杀菌筐篮放入锅内。为了避免杀菌锅内水温的急速下降和玻璃罐的破裂，可预先将罐头预热到50℃后再放入杀菌锅内。此时还不能作为计算杀菌时间的开始，待锅内水再次升至沸腾时，开始计算杀菌时间，并保持沸腾至杀菌终止，注意勿使中途发生降温现象，而影响杀菌效果。罐头应全部浸没在水中，最上层的罐头也应在水面以下10～15cm。水的沸点要观察正确，不要把大量蒸汽进入锅内而使水翻动的现象误认为水的沸腾。水的温度应以温度计的读数为准。杀菌结束后，立即将杀菌筐篮取出，迅速进行冷却，一般采用水池冷却法。

采用常压连续式杀菌时，一般也以水为加热介质。罐头由输送带送入杀菌器内，杀菌时间可由调节输送带的速度来控制，杀菌结束后，罐头也由输送带送入冷却水区进行冷却。

（2）高压蒸汽杀菌的操作方法 低酸性食品，如大多数蔬菜、肉类及水产类罐头食品，都必须采用100℃以上的高温杀菌，高温必须借助高压蒸汽。由于设备类型不同，杀菌操作方法也不同。高压蒸汽杀菌操作方法是：将装好罐头的杀菌筐篮放入杀菌锅内，关闭杀菌锅的门或盖，并检查其密封性；关掉进水阀和排水阀，开足排气阀和泄气阀；检查所有的仪表、调节器和控制装置；然后开大蒸汽阀使高压蒸汽迅速进入锅内，迅速而充分地排除锅内的全部空气，同时使锅内升温；在充分排气之后，须将排水阀打开，以排除锅内的冷凝水；待冷凝水排除之后，关掉排水阀，随后再关掉排气阀；而泄气阀仍然开着，以调节锅内压力；待锅内达到规定压力时，必须认真检查温度计读数是否与压力读数相应，如果温度偏低，说明锅内还有空气存在，此时需再打开排气阀，继续排尽锅内的空气，然后再关掉排气阀；当锅内水蒸气压力与温度相应，并达到规定的杀菌温度和压力时，开始计算杀菌时间，并通过调节进气阀和泄气阀，来保持锅内恒定的温度，直至杀菌结束；恒温杀菌延续到预定的杀菌时间后，关掉进气阀，并缓慢打开排气阀，排尽锅内蒸汽，使锅内压力降到略大于大气压力；若在锅内常压冷却，即按锅内常压法进行操作，或将罐取出放在水池内冷却。

（3）压缩空气反压杀菌冷却的操作方法 杀菌阶段的操作基本上与高压蒸汽杀菌的操作相同，只是在冷却阶段的操作有所不同。杀菌结束后的冷却操作如下：杀菌结束后，关掉所有的进气阀和泄气阀；一边迅速打开压缩空气阀，使杀菌锅内保持规定的反压力，一边打开冷却水阀进冷却水，进冷却水时，锅内压力由于蒸汽的冷凝而急速下降，因此必须及时补充压缩空气以维持锅内反压力；当冷却水灌满后，在稳定的反压下延续所需的冷却时间，然后打开排气阀放掉压缩空气进行降压，并继续进入冷却水使罐头冷却至38℃左右，即可开门出罐。

（4）高压水杀菌的操作方法 凡肉类、鱼贝类的大直径扁罐及玻璃罐都可采用高压水杀菌，此法特点是能平衡罐内外压力。对于玻璃罐而言，可以保持罐盖的稳定，同时能够提高水的沸点，促进传热。高压是由通入的压缩空气来维持的。不同压力，水的沸点就不同，其关系见表5-3。必须注意，高压水杀菌时，反压力必须大于该杀菌温度下相应的饱和水蒸气压力，一般大 $2.1 \times 10^4 \sim 2.7 \times 10^4 Pa$，否则可能产生玻璃罐的跳盖现象。高压水杀菌时，其杀菌温度应以温度计读数为准。

表 5-3　高压锅压力与相应温度的关系

表压 /×10⁴Pa	相当于饱和水蒸气温度/℃	表压 /×10⁴Pa	相当于饱和水蒸气温度/℃	表压 /×10⁴Pa	相当于饱和水蒸气温度/℃
0.69	101.8	4.12	109.9	9.61	119.0
0.98	102.8	4.51	110.6	10.30	120.9
1.37	103.6	4.81	111.3	10.98	122.0
1.77	104.5	5.20	112.0	11.77	123.1
2.06	105.3	5.49	112.6	12.45	124.1
2.45	106.1	6.18	114.0	13.14	125.1
2.75	106.9	6.86	115.2	13.82	126.0
3.14	107.7	7.55	116.4	14.51	127.0
3.43	108.4	8.24	117.6	15.20	127.8
3.82	109.2	8.92	118.8	15.87	128.8

3. 罐头的杀菌操作控制

（1）初温的控制　初温是在罐头杀菌前测定的，传统的方法是取本锅第一篮第一罐，将温度计插入罐内测定其冷点温度。测定初温是控制杀菌过程的第一个关键环节，工艺上要求每个杀菌锅每次杀菌都要开启初温最低的一罐进行测定，并做好记录。初温高低与杀菌效果有密切关系。如同罐型的玉米罐头，初温为71.1℃中心温度，杀菌达到115℃时需要40min；而初温为21.1℃的罐头，杀菌要达到115℃时需要80min。所以，一个杀菌式的应用是跟杀菌前罐头的初温有关的，不同的罐头初温，要选用不同的杀菌式，即当初温低于某一下限时，就要根据不同的罐型、品种，在原有杀菌式的基础上适当延长杀菌时间。如蘑菇罐头，当初温在30℃以下，7114以下罐型杀菌升温时间要延长1min，9124罐型延长2min，15178罐型则要延长3min，这样才能使杀菌效果保持一致。

（2）不同原料的杀菌方式

① 水果类。水果罐头属于酸性食品，其pH一般在4.5以下，故都采用沸水或沸点以下的温度杀菌。

杀菌条件，按产品种类、加工工艺过程的卫生条件、罐型大小等不同而异（真空密封比加热排气密封杀菌升温时间要延长3～5min）。杀菌方法有水浴加热和蒸汽加热。一般水浴加热较蒸汽加热传热均匀而迅速。

水果罐头杀菌以达到杀死罐内有害微生物，防止罐头败坏，并使果肉适当煮熟，改善组织和风味的目的即可。过度的加热，易使果肉软烂、汁水浑浊、色泽风味恶化。因此，在保证罐头安全保藏的前提下，应最大限度地减缩杀菌温度和时间。

酸度较低的龙眼等水果罐头，生产时可采取加入适量柠檬酸降低内容物的pH，以确保沸点以下温度的杀菌强度。

② 蔬菜类。蔬菜类罐头（包括菇类），除番茄、醋渍、酱（盐）渍等类产品外，均属于酸性或接近中性的食品。由于原料在土壤中被耐热性芽孢菌污染的机会多，故大部分产品必须采用高温杀菌，才能达到长期保存的目的。

但蔬菜类由于组织娇嫩，色泽和风味对热较敏感，稍高的温度或较长的时间，极易引起组织软烂和风味色泽的恶化，严重损害制品的质量，因此杀菌时应注意以下几点。

a.杀菌条件必须根据蔬菜原料的品种、老嫩、内容物的pH、罐内热传导方式和快慢、微生物污染程度、罐头杀菌前的初温、杀菌设备的种类等条件而定。

b.在不影响产品的风味和色泽的前提下，适当降低pH（使内容物偏酸性），可缩短杀菌时间。

c.严格执行杀菌工序的操作规程。杀菌过程，必须严格保持温度的准确性，特别是高温短时间杀菌，温度稍有误差，则对杀菌强度影响很大。保证升温、降温和主杀菌时间的准确。如采用反压降温冷却，则应考虑适当增加主杀菌时间。抽气密封的产品，一般延长升温时间2min即可。

（3）不同包装材料罐头杀菌操作注意事项

① 铁罐。铁罐的杀菌多采用蒸汽作为加热介质，杀菌设备采用间歇的卧式杀菌锅或立式杀菌锅。杀菌过程主要应注意以下几个方面。

a.杀菌篮［图5-9（a）］应由多孔金属板制成，底部和中间有一定孔径的孔眼，杀菌篮中分隔板［图5-9（b）］也须有一定大小的孔眼，使蒸汽得以充分循环回流。根据热分布试验，使用分隔板的杀菌锅其排气时间较之无分隔板的为长，因此，必须增加分隔板的开孔，改善热分布状态，减缩排气时间。可见温度

(a) 杀菌篮　　　　　　　　　　　　　(b) 分隔板

图5-9　杀菌篮及分隔板

迟滞不仅是由于排气后锅内残留空气所致的，并与罐头之间蒸汽流通不良有关。

b. 杀菌时的升温很重要，升温时间是指蒸汽引入锅内开始至达到杀菌温度的过程。在升温期间蒸汽流经杀菌锅排气口，驱使锅内余留空气排出，并使锅内温度上升，使杀菌锅内温度在一定时间内达到工艺所指定的要求。整个杀菌过程中必须正确使用杀菌锅上的排气阀以及排汽水阀等，务必使排气彻底，否则将会造成空气包（气囊），影响传热和杀菌效果。

c. 杀菌恒温结束，进入冷却阶段，由于锅内蒸汽的迅速冷凝，会造成锅内压力的迅速下降，因此，必须及时地补充压缩空气，以维持稳定的锅内反压力。同时通过调节进出水阀，以保持一定的反压力。杀菌锅内灌满冷却水，并在稳定的规定反压力下延续所需要的冷却时间。

② 玻璃瓶罐。杀菌过程中玻璃瓶罐的跳盖是这类产品生产中的常见问题。原因是瓶子玻璃的膨胀系数几乎为零，当罐头在杀菌锅内经蒸汽加热后，压力开始上升，在没有外界压力加以平衡的情况下，增加到内压力大于外压力时就会造成跳盖。

为避免瓶子跳盖的发生，必须在杀菌时另外加上反压力来保证杀菌过程的安全性。所需补充的反压力大小，在理论上应等于或大于罐内外压力差与允许压力差之差。玻璃瓶罐的允许压力差应等于零，即罐内压力和杀菌锅内压力应相等，但在等温情况下，罐内压力总是大于杀菌锅内压力，因它比杀菌锅内压力增加一个空气压力部分。所以，高压杀菌过程要同时采用压缩空气或高压水在杀菌锅内形成补充压力。

③ 薄膜袋。软罐头（薄膜袋）和马口铁罐、玻璃瓶罐等一样要杀菌，软罐头食品如果在 100℃ 以上加热杀菌，由于袋内残存空气、水蒸气和食品的膨胀，产生内压力，当内压过高就会造成软罐头破裂。为防止薄膜袋破裂，封袋时尽可能减少袋内残留空气，同时在杀菌过程中与玻璃瓶相同，要采用加压杀菌、加压冷却。

软罐头内残留空气还会影响热传导，残留空气量越多，传热越差，当残留空气超过软罐头内容物 10% 时，就会有杀菌不足的危险。这个指标可通过前道工序封口真空度来控制，通常控制在 0.05～0.07MPa 范围内，要注意考虑不同的真空封口机以及不同内容物封口时的效果差异。实际生产中，并非真空度越高越好，真空度太高，容易将软罐头薄膜袋抽出褶皱，影响美观，同时出现硬褶，对保存也不利，所以软罐头内残留气体量要根据实际情况确定。

（4）罐头的冷却　各类果蔬罐头杀菌后必须快速冷却，防止继续受热而影响内容物的色、形、味，造成组织恶化及铁罐内壁腐蚀等质量问题，并严防嗜热性芽孢菌的发育生长。罐内温度以摇匀后达 40℃ 左右为宜，防止冷却温度过低或罐头在冷却水中浸泡时间过长，引起罐外生锈。罐头冷却后，应及时擦干或烘干。

冷却用水应符合国家饮用水卫生标准，当水质达不到要求时，最经济有效的办法是加氯处理，其中常用的为加入次氯酸钠（漂白粉）控制水中有效氯含量为3～5mg/L。

4. 果蔬罐头杀菌的操作实例

下面介绍几种常用的间歇式杀菌锅的杀菌操作，供参考。

（1）操作一：卧式杀菌锅高压反压杀菌的操作方法（针对马口铁罐头类）

① 杀菌前应检查空压机、水泵和所有阀门仪表是否完好灵活，经检查正常后方可进行杀菌。

② 接好导轨天桥，将显示未经杀菌（贴杀菌变色纸）的同品种同罐型或相近罐型的罐头杀菌篮小心推进杀菌锅内，然后拆除导轨天桥，关闭锁紧锅盖，打上保险块。

③ 关闭排水阀、溢流阀、进水阀和空气进气阀，打开排气阀和泄气阀。

④ 打开蒸汽阀向锅内送汽，按规定的时间逐渐升温，顶部排气阀在正常情况下全开，使锅内冷空气随蒸汽由顶部排气阀排出，从升温开始6～8min内要求升温到106～108℃，此时关闭顶部排气阁（泄气阀继续开放）并继续升温到规定时间。

⑤ 当升温达到杀菌规定温度时，关小进气阀，调整进气量，小心使杀菌温度保持不变。

⑥ 在完成杀菌过程之前数分钟时要开动水泵和空压机，等时间一到立即关闭蒸汽进气阀和泄气阀，紧接着打开压缩空气进气阀进行反压，同时也打开水泵进水阀进行冷却，随之锅内压力增加，但不得超过规定的压力（如蘑菇罐头最高不得超过0.18MPa）。

⑦ 降温阶段是罐头是否产生突角和瘪罐的关键时刻，要十分注意操作规程，严格控制进气、进水阀，尤其是最初5min是危险的阶段，一定要按规定的时间缓慢地降压、降温。

不同罐型蘑菇罐头降温时的压力、温度和时间控制如下（供参考）：

15178罐型采用127℃杀菌：0.17～0.18MPa（温度115～122℃）不超过3min —→1.5～1.6MPa（温度110～115℃）保持2min —→1.4MPa（温度105～110℃）再保持2min —→在2～3min内压力下降到0（40～70℃）。

9124罐型采用127℃杀菌：1.55～1.6MPa不超过1min —→1.3MPa（温度105～110℃）保持1min —→在2～3min内压力下降到0。

7114以下罐型采用127℃杀菌：1.55～1.6MPa不超过1min —→在2～3min内压力下降到0。

⑧ 当锅内进水量达到水位计8/10高度时即打开后部溢水孔和底部排水阀放水，以免水压上升发生瘪罐，从降温至冷却结束大型罐30min，中小型罐20～25min，则可松开锅盖放完冷却水。

⑨ 打开锅盖，接上导轨天桥，拉出全部杀菌篮即完成一次完整的杀菌工作

过程。

（2）操作二：立式杀菌锅高压杀菌的操作方法　此法仅限于净重 425g 以下马口铁罐型使用。

① 用电动葫芦把装有同品种同罐型（或相近罐型）的杀菌篮吊进杀菌锅内。

② 杀菌篮进锅后，移开电动葫芦，关闭锅盖，转动转环锁紧后打上保险块。

③ 打开锅盖上的排气阀兼泄气阀，关闭排水阀，然后打开蒸汽进气阀，按规定的时间逐渐升温，应避免升温过急过快造成罐头瘪罐。

④ 当升温 6～8min，温度达到 106～108℃时即关小排气阀，适当减少进气量继续升温到规定的时间。

⑤ 按规定时间当升温到保温杀菌温度后，再关小进气阀，注意调整进气量，使杀菌温度保持不变。

⑥ 完成杀菌时间后，关闭进气阀，开大排气阀，按规定时间进行自然冷却降温，但降温不能过快过急，以防瘪罐或罐底盖凸起的产生，特别是降温的开头5min 下降压力不能超过 0.3～0.4MPa，5min 后在规定的剩余时间内逐步下降压力到零之后可打开锅盖吊上杀菌篮，放到冷水池中进行冷却，待罐冷却到 35～40℃时则要吊起送去擦水、上油、入库。

（3）操作三：软罐头的杀菌法　软罐头的杀菌有热水式杀菌和水蒸气式杀菌两种方法。

热水式杀菌需要两台杀菌锅（一台杀菌，另一台盛热水，热水可反复使用）或一台带有贮水罐的杀菌锅（通常是上面为贮水罐，下面是杀菌锅）。经过装袋封口的软罐头，平放在杀菌盘中，盘底和四周都有圆孔，盘子应高于软罐头，使盘子相叠时留有空隙，保证热水循环。杀菌前先将贮水罐中的水加热到高于杀菌温度 10℃左右（如杀菌温度 121℃，热水加热到 131℃左右）。杀菌时先给杀菌锅适当加压（视杀菌温度而定，一般加 0.02MPa 即可），将热水瞬间泵入杀菌锅，并维持杀菌锅的压力高于杀菌温度对应的饱和蒸汽压 0.1～0.15MPa，打开杀菌锅进气阀，水温达到杀菌温度后保持一定的杀菌时间，在保持原来的高压下将热水回入贮水罐，热水放完后（也可留一小部分），在保持原来的高压下泵入冷水，直至冷却到 40℃左右，排放冷水，降压到零，开门取出软罐头，杀菌即完成。

水蒸气杀菌只需一台杀菌锅即可操作，但压力波动较大，杀菌时杀菌锅的压力通常比杀菌温度对应的饱和蒸汽压高 0.05～0.15MPa，冷却时也在这种加压状态下进行。

（4）操作四：玻璃瓶高压反压水煮杀菌法

① 杀菌前的准备。

a.冷却水的准备。因为杀菌冷却用水量较大，为此要求水泵必须有足够的压力和进水量来保证，要求冷却水的余氯含量在 5～7mg/L。防止在冷却时冷却水进入瓶内造成罐头的酸败。

b.气压的准备。无论是卧式还是立式杀菌锅，在杀菌之前都必须有足够的压缩空气作后盾（同时杀菌锅应配置自动压力控制器以便保持合理的压力，在溢流管上还要装有调压安全阀）。另外要有足够压力的高压蒸汽，以此确保在工艺规定的时间内达到应有的杀菌温度。

　　② 升温的控制。以立式杀菌锅为例：首先在立式杀菌锅内注入适量的水，加温到 80～90℃，然后把装有玻璃瓶罐头的杀菌笼吊入杀菌锅，罐头必须在水面下 15cm 左右（水面不能太低，否则会造成有些罐头达不到充分杀菌的目的），关闭杀菌锅及所有的进水阀、泄气阀，打开进气阀，然后通入压缩空气，直至压力表指针保持在 0.06～0.07MPa 之间。关掉压缩空气阀。继续通入蒸汽，随时观察温度变化情况。此时锅内压力上升到 0.18～0.20MPa 之间，按照杀菌公式规定的时间完成升温所要达到的温度。

　　③ 恒温杀菌控制。在进蒸汽的同时，从杀菌锅底部通入少量的压缩空气（注意控制进气量，防止气流过大造成罐头滚动），使罐头受热均匀，避免造成杀菌死角。在此期间要始终控制好锅内压力在 0.18～0.20MPa 之间。若使用卧式杀菌锅，开始操作时，同时进水进蒸汽，使水温保持在 80～90℃为宜，其他操作同立式。

　　④ 降温冷却时的控制。达到杀菌时间后，立即关闭进气阀，打开通往杀菌锅底部的进水阀迅速进水冷却，当罐头没入水中 20cm 时，打开杀菌锅上部的进水阀同时进水冷却，这是保持压力稳定在 0.18～0.20MPa 之间的最好方法。当水进满杀菌锅时，逐渐打开溢水阀（注意水流量，防止水量过大造成压力不平衡），此时操作是整个杀菌过程中最为关键的一步。因为此时锅内压力较难控制，几秒钟就决定了整个杀菌效果。此时压缩空气的调节尤至关重要。为便于控制在此采取分段冷却的办法，当水温降低到 110℃时，锅内压力应从 0.18～0.20MPa 降至 0.15MPa，当水温降至 100℃时，锅内压力要保持在 0.10MPa，直至冷却到 40℃，方可出锅。

　　从整体操作来看，立式杀菌锅较卧式杀菌锅操作起来容易，如果是生产量小的企业，最好采用立式杀菌锅，这样既便于操作，又能节约能源。

　　(5) 操作五：立式杀菌锅常压水杀菌操作方法　仅限马口铁罐型使用。

　　① 关闭排水阀，打开进水阀使冷水达全锅高度的 1/3～1/2。

　　② 关闭进水阀，打开进气阀，使水温升高到 80～90℃待用。

　　③ 用电动葫芦把杀菌篮吊进锅后要补充水面淹没罐面 10～20cm，按规定的升温时间逐渐加温到 100℃。调小进气阀，避免罐头因水沸腾冲出杀菌篮掉入锅中。

　　④ 完成保温时间后，关闭进气阀，将杀菌篮吊起放进冷却池内冷却。

　　(6) 操作六：立式杀菌锅玻璃瓶常压水杀菌操作方法　本操作法有如下两点不同于铁罐常压杀菌法。

　　① 未杀菌前锅内水温要保持在 60～70℃，应避免水温过低或过高引起玻璃

瓶破裂。

② 杀菌结束后，关闭进气阀，并稍开进水阀向锅内逐渐进水，分段冷却，要求 15min 内锅内水温下降到 40～50℃，才可吊起放进冷却池中继续冷却。

第五节 罐头的检查、包装和贮藏

一、罐头的检查

罐头在杀菌冷却后，须经保温或贮藏、外观检查、敲音检查、真空度检查、开罐检查、化学检验、微生物学检验，衡量其各项指标是否符合标准，是否符合商品要求。具体检查方法见第七章。

1. 保温贮藏试验

接种实验后的试样要在恒温下进行保温贮藏试验。培养温度依试验菌不同而异，一般情况下嗜温菌和酵母为 26.7～32.2℃，霉菌为 21.1～26.7℃；嗜热菌为 50.0～57.2℃，凝结芽孢杆菌为 35.0～43.2℃。保温检验分低酸性罐头和酸性罐头，其保温温度分类见表 5-4。

表 5-4 按规定进行抽样及其保温方法

罐头种类	温度/℃	时间/d
低酸性罐头食品	36±1	10
酸性罐头食品	30±1	10
预定要输往热带地区(40℃以上)的低酸性罐头食品	55±1	5～7

2. 全部产品保温方法

工厂在容器密封和杀菌两个工序质量无法保证时，产品需按以下方法进行全部保温。

① 肉类、禽类、肉菜类及水产罐头，全部经（37±2）℃保温 7 天。

室内温度上下四周应均匀一致。如果罐头自杀菌锅内取出，冷却至 40℃左右即送入保温室，则保温时间可缩短为 5 天。

② 糖水水果类、蔬菜类及果汁类罐头须在温度不低于 20℃情况下常温处理 7 天，如温度超过 25℃时，可缩短为 5 天。

③ 含糖量在 50％以上的浓缩果汁、果酱、糖浆水果类罐头，干制品罐头和杀菌温度不到 100℃的低温的肉类、禽类罐头，可以不进行保温及常温处理。

④ 某一工厂的某种产品，按上一年度统计，全年平均胀罐率在 0.05％（包括假胀罐）以下者，经省（自治区、直辖市）工业、贸易、检验三方同意，该产品可实行暂不保温，而按保温方法（2）处理。但在不保温期间每季度应抽一班产品进行保温，如果胀罐率超过 0.05％和外贸库存成品胀罐率超过 0.05％时均应立即恢复保温。

3. 感官检验

（1）组织形态 肉禽、水产类罐头加热至汤汁溶化；糖水水果类、蔬菜类罐头滤去汤汁；糖浆类罐头倒在金属丝筛上；果酱类罐头置于白瓷盘上。观察其组织形态，并用玻璃棒轻轻拨动，检查组织结构是否完整，块形大小是否均匀及块数的多少，有无机械伤、斑点、皱缩、破裂、煮融等缺陷，有无粘罐现象等。

（2）色泽 汁液收集在量筒或烧杯内，静置 3min，观察其色泽、澄清程度。以清亮为佳，浑浊为次。汤汁中不应悬浮有固形物、小颗粒及碎片等。固体物置于白瓷盘中，观察其色泽及有无夹杂物。

（3）滋味气味 嗅其香味，尝其口味。当前，没有一种仪器能准确检验罐头食品的滋味与气味，只能借助人体的味觉和嗅觉器官，而人与人的味觉、嗅觉灵敏性不同，对感觉的表述程度也不一样。因此，常常由若干人一起组合参加评定，汇总个人意见，给予鉴定，决定质量的优劣。

参加品尝的人员必须具有正常的味觉和嗅觉，品尝前要漱口，尝前 4h 不得吃有刺激性的食物，不得抽烟、喝酒。整个鉴定时间不得超过 2h。鉴定时果蔬罐头要看其是否有原果蔬的香味；果酱类罐头需要用匙盛少量果酱于口中仔细品尝；果汁应先闻其香味后品尝，浓缩果汁先冲水至规定浓度然后评定其酸甜是否可口。

感官检验结果如果不符合技术要求，应记作缺陷。凡有明显异味，硫化铁明显污染内容物，出现有害杂质如碎玻璃、头发、昆虫、金属屑及长度大于 3mm 已脱落的锡珠等均为严重缺陷。凡有一般杂质，如棉线、合成纤维丝、畜禽毛等，感官性能明显不符合技术要求，有数量限制的超标均为一般缺陷。

4. 生产线上的实罐试验

接种实罐试验和保温试验结果都正常的罐头加热杀菌条件，就可以进入生产线的实罐试验作最后验证。试样量至少 100 罐以上。试验时必须对以下内容进行测定并做好记录。

① 热烫温度与时间。

② 装罐温度。

③ 固形物重。肉、禽、水产类罐头加热溶化开罐后，将内容物平倾于已知重量的金属丝筛上。筛子置于直径较大的漏斗上，下接量筒，用以收集汁液，静置 3min，使汁液流完，空罐洗净擦干后称重（g），然后将筛子及固形物一并称重（g）。果蔬罐头开罐后，筛上果肉与蔬菜重，即为果蔬罐头中全部果肉和蔬菜重，但在有配料的蔬菜罐头中其蔬菜重必须减去配料重。

④ 黏稠度（咖喱、浓汤类产品）。

⑤ 顶隙度。

⑥ 盐水和汤汁的温度。

⑦ 盐水和汤汁的浓度。

⑧ 食品的 pH 值。

⑨ 食品的水分。

⑩ 封罐机蒸汽喷射条件。

⑪ 真空度检验。真空度的高低可采用打检法来判断或用罐头真空计检测。打检法是用特制的棒敲打罐盖或罐底，如发出的声音坚实清脆，则为好罐，浑浊声则为差罐。用罐头真空计测定罐头真空度一般要求达到 26.67kPa 以上。

⑫ 封罐时食品的温度。

⑬ 加热前食品每克（或毫升）含微生物的平均数及波动值　取样次数为 5～10 次。pH 3.7 以下的高酸性食品检验乳酸菌和酵母；pH 3.7～5.0 的酸性食品检验嗜温性需氧菌芽孢数（如可能的话，嗜温性厌氧菌芽孢也要检验）；pH 5.0 以上的低酸性食品则检验嗜温性需氧菌芽孢数、嗜热性需氧菌芽孢数（如有可能的话，可包括嗜温性厌氧菌芽孢），这对于保证杀菌条件的最低极限十分必要。

⑭ 杀菌前的罐头初温。

⑮ 杀菌升温时间。

⑯ 杀菌温度与时间。

⑰ 杀菌锅上压力表、水银温度计、记录温度仪的指示值。

⑱ 杀菌锅内温度分布的均匀性。

⑲ 罐头杀菌时测定温度（冷点温度）的记录及其 F 值。

⑳ 罐头密封性的检查及其结果。

5. 卫生检验

将罐头放入 20～50℃的温度中保温 5～7 天，如果罐头杀菌不足，罐内微生物繁殖产生气体会使内压增加，发生胀罐，这样就便于把不合格罐区别剔出。含糖量在 50％以上浓缩果汁、果酱、糖浆水果类罐头可以不进行保温处理。

除此之外，罐头食品还需要对溶血性链球菌、致病性葡萄球菌、肉毒梭状芽孢杆菌、沙门氏菌和志贺氏菌等致病菌进行检查，检验方法参照 GB 4789.26—2013 规定，合格的罐头中致病菌不得检出。

对于罐头食品的检验，还有很多内容，如微量元素的测定、食品添加剂及残留农药的测定等。

罐头杀菌后出厂前，按要求在一定的温度和时间保温存放后，抽样进行感官、理化、空罐及商业无菌等检验，经确认无质量问题后，才能包装出厂。

二、罐头的包装和贮藏

罐头经检查合格后，擦去表面污物，涂上防锈油，贴上商标纸，按规格装箱。罐头在销售或出厂前，需要专门仓库贮藏，库温以 20℃左右为宜，相时湿度一般不应超过 80％。

1. 包装相关标准

（1）辅助材料规格标准

① 纸箱。纸箱外观平整，无破损和污迹，应清洁、干燥。压痕线符合要求，

搭接处应牢固。切口平整，按规定印刷唛头或贴标。

② 标签纸。整批标签纸印刷及文字说明内容正确、清晰，外观整洁，色彩合格。

③ 印液。出口纸箱要印上罐盖代号与批次，可以直接由纸箱厂印上或用不干胶贴上或可以买现成的蓝色印油，但要注意与纸箱纸质的配合牢固。

④ 打检棒。木制打检棒的规格重 6～7g，长约 15cm，头部基本呈圆球形，圆球直径约 1.5cm。

（2）包装产品质量要求标准

① 包装后产品品质良好，应无胖听、假胖听、低真空等不良罐，无严重锈罐。

② 包装后产品密封正常，罐装封口线外观无明显缺陷，如快口、牙齿、吐舌、双线、大塌边、碰伤等。玻璃瓶罐的瓶身必须光滑、清洁、无损伤、变形，封口良好不漏气。

③ 对美国、加拿大出口标准是：每批抽 10 箱（24 罐装为 240 罐，6 罐装为 60 罐），逐罐检，根据罐头外观质量情况，有问题者分为严重、主要、次要 3 种缺陷。

a.严重缺陷。漏罐、胀罐（包括假胀罐）、快口假卷、大塌边。样品中此类缺陷 0 罐认可，1 罐拒收。

b.主要缺陷。代号打印不良，将要击穿，但还未漏；延伸到卷边的突角；焊缝或卷边受到较大影响的大瘪罐；底盖表面明显影响外观的深蚀锈；卷开罐划线不良，不能卷开，卷开舌头被焊死；超过 1.27mm 的铁舌和垂唇；超过 0.64mm 的卷边"牙齿"；卷边不完全；跳封；卷边碎裂；填料挤出；焊接不良。样品中，主要缺陷 5 罐以内认可，超过 5 罐拒收。

c.次要缺陷。锐边等。样品罐中此类缺陷不计其数量。

④ 纸箱外观质量良好，应达到以下要求。

a.纸箱外观良好，按规定印刷唛头或贴标，箱外生产日期、批次应正确、清晰、位置准确。

b.用标正确，粘贴平整、清洁、位置正确，无脱标、破标、皱标、翘标、长短标等缺陷。

c.箱内配套的垫纸、隔板（S 隔板、井字架）等符合要求（大罐、玻璃瓶采用单瓦井字架）。

2. 包装操作

（1）擦罐（盖）　罐头包装前应先检查罐盖代号是否与要包装的产品一致，防止包错产品。检查正确无误后擦净罐盖灰尘和油污。

（2）打检　棒击前先观察罐盖面，剔除明显凸的罐盖面（即胖听罐）；然后用棒槌棒击罐盖，棒击动作应柔和、用力均匀、不漏打，根据棒击声音正确判断是否正常，剔除声不良罐（假胖罐和低真空罐）。打检时应注意不同品种、不同罐型发出的声音不一样，一般声音清脆坚实者表示真空度良好，凡声音空响、铁音、低沉、松散、杂音者表示低真空。

（3）贴标　贴标前应逐罐检查封口线是否正常，剔除缺陷罐，如快口、牙齿、吐舌、双线、大塌边、碰伤、锈罐等。贴标时，应先检查整批标签纸是否正确，要求标签纸清洁、胶水适量、粘贴平整、位置准确，贴标后无脱标、破标、皱标、翘标、长短标等缺陷（使用自动贴标机，在输送带上打检，装箱时发现贴标不正要重新贴标）。

（4）装箱　按规定放入垫纸、隔板，装箱时轻拿轻放，防止标签纸位移，按规定罐数装满，严防漏装。纸箱包装用胶带封箱口，要求头尾部分延长度在5cm左右。胶带位置适中、贴牢、不起皱、不斜贴。装托盘时商标条形码向内（据客户要求）。

（5）箱外印刷唛头　按包装通知单、组批通知的要求盖上箱外印，一般箱外标记印刷在纸箱窄面的右上角，标记共四行，第一行为厂代号，第二行为生产日期，第三行为产品代号，第四行为批号（特殊情况除外）。印刷时要求位置正确、字迹清楚、不失字、不模糊，如果箱外要求贴标签纸，要求平整、不皱标、不松标、不斜标等。

（6）堆叠　按规定排列方式整齐堆放于板垫上，各小组包装的产品应分开堆放，以备查验。

经逐罐打检，剔除缺陷罐或瓶，贴上标纸，包装入箱，箱外刷上与罐体一致的盖号并加批次号及贴CIQ（出入境检验检疫局）标志后，即可装柜发运。

每批包装结束后，做好成品及废次品统计工作。生产结束后按车间卫生制度做好卫生工作。

3. 半成品及成品仓库的管理注意事项

（1）贮存仓库应远离火源，保持清洁，防鼠、防尘。

（2）贮存仓库温度以室温为宜，并防止温度骤然升降。仓库内保持通风良好，相对湿度一般不超过75％，在雨季应做好罐头的防潮、防锈、防霉工作。

（3）罐头成品箱不得露天堆放或与潮湿地面直接接触。底层仓库内堆放罐头成品时应用垫板垫起，垫板与地面间距离150mm以上，箱与墙壁之间距离500mm以上。

（4）成品箱在托盘上的排列方式参照相关标准规定执行，箱与箱堆叠或罐与罐堆叠要有限制高度。

（5）定期检查罐头纸箱堆垛情况及墙距；堆垛中能直接看到纸箱及垫板是否长霉、污染、有水渍，纸箱是否完整，封箱是否完好。发现可疑情况，必要时可翻垛做进一步的检查，做好记录并进行分析处理。

（6）罐头成品在贮存过程中，不得接触和靠近潮湿、有腐蚀性或易于发潮的货物，不得与有毒的化学药品和有害物质放在一起。

第六章　果蔬罐藏加工质量问题分析与控制

06 Chapter

第一节　果蔬主要化学成分的加工特性

果蔬在贮藏加工的过程中，各种化学成分会发生一系列物理、化学和生物化学的种种变化，从而影响新鲜果蔬及其加工品的食用品质和营养价值。果蔬贮藏加工的主要目的就在于防止它们的腐败和变质，并保存其原有的营养和风味。实质上防止果蔬质量问题的产生在一定程度上就是如何控制果蔬中所含化学成分的变化，使其符合食用的要求。为此有必要了解果蔬中所含的化学成分、这些成分的特性及其变化规律。

果蔬组织中所含的化学物质，按其是否溶于水，可分为两大类：水溶性物质——包括糖类、果胶、有机酸、单宁物质、矿物质以及部分色素、维生素、酶和含氮物质等；非水溶性物质——包括纤维素、半纤维素、原果胶、淀粉、脂肪以及部分维生素、色素、含氮物质、矿物质和有机酸盐等。

一、碳水化合物

果蔬中的碳水化合物主要有单糖、双糖、淀粉、纤维素和半纤维素、果胶物质等，是果蔬干物质的主要成分。成分不同具有不同的加工特性，下面分类介绍。

1. 单糖和双糖

仁果类（苹果、梨）、果菜类（西瓜）以果糖为主；核果类（桃、梅）、柑橘类（柚、柠檬）、根菜类（胡萝卜、甜菜）以蔗糖为主；浆果类（葡萄、草莓）中葡萄糖和果糖的含量几乎相等。各种糖的相对甜味差异很大（见表6-1）。若以蔗糖的甜度为100，果糖则为173，葡萄糖为74。不同果蔬所含糖的种类及各种糖之间的比例各不相同，甜度与味感也不尽相同，水果较之蔬菜甜主要是因为其含果糖比例较高。甜味感觉与酸之间具有一定的协同作用，在制作果菜汁时，不同的瓜果适合的糖酸比不同。

表 6-1　几种糖的相对甜度

名称	相对甜度	名称	相对甜度
果糖	173	木糖	40
蔗糖	100	半乳糖	32
葡萄糖	74	麦芽糖	32

① 糖在弱酸、酶作用下水解转化为葡萄糖和果糖，其水解产物称为转化糖。葡萄糖和果糖是微生物的营养物，加之果蔬水分含量高，易被腐败菌侵害，所以果蔬加工中应注意卫生。

② 糖在低 pH、高温下生成焦糖（D-葡萄糖通过热解生成 1,6-脱水-β-D-吡喃葡萄糖，形成了分子内糖苷，有苦味）等，导致制品变色，可利用焦糖作饮料的着色剂等。

③ 糖具有吸湿性，其中果糖＞葡萄糖＞蔗糖，果酱生产中以部分转化糖替代蔗糖，可防止蔗糖的晶析或返砂。

④ 还原糖（戊糖）与氨基酸或蛋白质的游离氨基反应生成黑色素，使果蔬制品发生褐变（美拉德反应），影响产品质量，在水果罐头配汤中要采取措施防止这种反应的产生。

2. 淀粉

淀粉含量：马铃薯＞藕＞荸荠、芋头、玉米＞豌豆＞香蕉＞苹果。一般果蔬中的淀粉含量虽不多，但在果蔬罐头生产中的变化会影响产品的质量。

① 淀粉不溶于冷水，于 50～60℃ 则膨胀而变成带黏性的半透明凝胶或胶体溶液。含淀粉溶液多的果蔬易使清汁类罐头汁液浑浊。如荸荠生产中通过预煮和漂水避免罐头汁液浑浊。

② 淀粉与稀酸共热或在淀粉酶作用下，分解生成葡萄糖。如仁果类果实在贮藏初期含有淀粉，所以总含糖量不仅不会降低，反而因淀粉的糖化而略有增加，还有香蕉等，此类果实在采收后，应进行贮藏和催熟。

天然淀粉通过改性可以增强其功能性质，例如用于饮料可防止沉淀，用于果酱能提高稳定性。

3. 纤维素和半纤维素

果肉中纤维素含量在 0.2%～0.4% 之间，纤维素和半纤维素共同构成了植物细胞壁。

① 幼嫩蔬菜的细胞壁是一种含水的纤维素，既软且薄，吃之脆嫩可口，易于咀嚼消化。过分成熟则组织老化，变得坚硬、粗糙。因此，加工中要防止原料脱水或采用过分成熟的原料。

② 有些果实除表皮细胞壁含有纤维素外，还产生了角质，使其外壁增厚、

角质化，由于质硬、耐酸、耐氧化、不易透水，可减少微生物的侵害。有的果蔬外壁还覆盖有蜡质。所以果蔬在采摘和运输过程中要防止因机械伤而破坏其角质层和蜡层。

③ 纤维（人体消化器官中不会分泌纤维素分解酶）人食之不会消化吸收，但能刺激肠壁蠕动，有利于肠进行正常的生理活动。所以膳食纤维（不一定是纤维，一部分是不溶性的植物细胞壁材料，主要是纤维素与木质素，另一部分是非淀粉的水溶性多糖）食品的开发具有广阔的消费市场。

④ 从食用品质讲，果蔬中纤维素和半纤维素含量越少，就越嫩、越好吃，但从贮运性而言则相反。

不溶性的纤维素当部分羟基被取代形成衍生物时，则纤维素就转换成水溶性胶。甲基纤维素有 4 种重要的功能：增稠、表面活性、成膜性以及形成热凝胶（冷却时溶化）。在油炸食品中加入甲基纤维素，当油炸时可以减少油的摄入，具有阻油能力，油摄入可减少 50％。

4. 果胶物质

果胶物质在山楂、苹果、番石榴、柑橘等果实中含量丰富，以原果胶、果胶、果胶酸三种形态存在。

原果胶：存在于未成熟果蔬的细胞壁间的中胶层中，具有不溶于水和黏着的性质，常和纤维素结合使细胞黏结，表现为未成熟果肉脆硬。

果胶：随着水果的成熟，原果胶在原果胶酶或酸作用下分解成果胶，溶于水与纤维素分离，渗入细胞内。表现为细胞间的结合力松弛，具黏性，果实质地变软。

果胶酸：过熟期，在果胶酶或酸、碱作用下而成。果胶酸无黏性，不溶于水，表现为果蔬呈软烂状态。

① 果胶溶于水成为胶体溶液。

② 制取果汁时，因果胶会引起浑浊、不澄清（在酸性条件下生成果胶酸），故加工中常用果胶酶将果胶分解去除。

③ 果胶在碱、酸（或果胶酶）的作用下，会水解成果胶酸和甲醇，故果实过分成熟时常发现有甲醇存在，可用来检验成熟度。

④ 果胶的溶解度与 pH 和溶液的浓度（如糖）有关，pH 在 4.3～4.9 时溶解度最小（果实不易煮烂），低于 4.3 或高于 4.9 时溶解度相应增大（果实就易煮烂）。糖浓度大，果胶溶解度小，在清水或浓度低的糖液中，果胶的溶解度则大。

⑤ 果胶酸与钙盐反应能生成硬明胶，根据这种性能在制取番茄金果、苹果等罐头时，添加一些 $CaCl_2$，就可使果实硬脆可口。

⑥ 果胶有两类：一类分子中超过一半的羧基是甲酯化（—$COOHCH_3$）的，称为高甲氧基果胶（HM）；另一类分子中低于一半的羧基是甲酯型的，称为低甲氧基果胶（LM）。两类均能形成凝胶，但机理不同。HM 必须在具有足够的糖和酸存在的条件下才能胶凝，又称为糖-酸-果胶凝胶。pH 足够低时，羧酸盐基团转化成羧酸基团，因此分子不再带电，分子间斥力下降，水合程度降低，分子间缔合形

成接合区和凝胶。糖的浓度越高，越有助于形成接合区，这是因为糖与分子链竞争水合水，致使分子链的溶剂化程度大大下降，有利于分子链间相互作用。一般糖的浓度至少在 55%，最好在 65%。凝胶是果胶分子形成的三维网状结构，同时水和溶质固定在网孔中。在相同条件下，相对分子质量越大，形成的凝胶越强，如果果胶分子链降解，形成的凝胶强度就比较弱。LM 果胶只要有 2 价阳离子（Ca^{2+}）存在，即使糖含量低至 1% 仍可形成凝胶，胶凝的机理是由不同分子链的均匀区间形成分子间接合区，LM 果胶可应用于生产低糖果冻、果酱制品。

二、有机酸

果蔬中含有多种有机酸，因而具有酸味。各种有机酸在果蔬组织中以游离或酸式盐类的状态存在。果蔬中主要含苹果酸、柠檬酸和酒石酸，还含有少量的草酸、苯甲酸和水杨酸等。

① 草酸在生物体中不易氧化，又会刺激和腐蚀黏膜，降低血液碱度与破坏新陈代谢，跟钙盐反应又会产生不溶性的（不为肌体所吸收）的草酸钙，因此，加工草酸含量较高的蔬菜如菠菜时，要通过热烫溶解除去大部分的草酸。

② 分析果蔬中酸含量时，多以果蔬所含的主要的有机酸种类为计算标准。

③ 酸味的强弱与氢离子离解度大小有关，离解度与温度及缓冲作用有关（蛋白质、各种弱酸盐类、弱有机酸及有机酸盐为缓冲物质），所以在品尝鉴定果蔬汁饮料时，必须在正常饮用温度下进行。

④ 果蔬加热时，有机酸能促进蔗糖、果胶物质的水解（生成果胶酸），影响果胶的凝胶力。

⑤ 有机酸能与铁、锡等金属反应（空气中），致使设备、容器腐蚀，影响果蔬加工品的风味和色泽。

⑥ 有机酸与果蔬中的色素物质（如叶绿素）的变化和抗坏血酸的保藏性（酸性条件下有助于其稳定）有关。

三、含氮物质

果实中含氮物质含量在 0.2%～1.2% 之间，以核果、柑橘类较多，仁果类、浆果类较少。蔬菜中含量远高于果实，一般含量在 0.6%～9% 之间，以豆类含量最多，叶菜类次之，根类、果菜类最低。

① 氨基酸与还原糖产生美拉德反应，使制品产生褐变。

② 酪氨酸在酪氨酸酶的作用下产生黑色素（如马铃薯）。

③ 含硫氨基酸及蛋白质，在罐头高温杀菌时受热降解形成硫化物，引起罐壁及内容物变色。

④ 含氮物质是果汁、菜汁加工中泡沫、凝固、沉淀等现象产生的根源。

⑤ 果汁、果酒澄清处理是利用蛋白质与单宁结合而发生聚合作用，能使汁液中悬浮物质凝聚沉淀。

四、单宁物质

单宁（鞣质）在果实中普遍存在，在蔬菜中含量较少。单宁分为两类：一类是可溶性单宁（ST），为单宁的单体或低聚体，其与舌黏膜蛋白作用发生凝固使人感到涩味；另一类是不溶性单宁（IST），为单宁的高聚体，不与舌黏膜蛋白作用，人感觉不到涩味。

① 单宁属于多元酚类物质，极易氧化，苹果、柿、马铃薯等去皮或碰伤切碎后，暴露于空气中变褐色。单宁氧化（酚类物质和氧在酶存在下作用引起）会使切面形成暗红色，因此，这类产品的生产中要注意做好半成品的护色。

② 单宁含量跟种类、成熟度有关，未成熟果比成熟果的单宁含量高，因此，制取果汁罐头时，就需选择单宁含量低的品种和成熟度适当的果实。

③ 单宁与蛋白质反应，生成了不溶性的化合物，果实经加热预煮后，会变得不太涩，也是因高温促进了果实中部分单宁与蛋白质反应，生成了不溶性的化合物（或是跟醛、酮反应）。

④ 单宁跟酸、糖适当配合，会产生良好的风味，因它能强化酸味的效应，表现出良好的清凉风味。

⑤ 单宁遇铁变黑，与锡长时间共热会生成玫瑰色，遇碱也会变蓝，这些特性都直接影响加工品的品质，有损制品的外观。

五、苷类

果蔬中存在各种各样的苷，大多具有苦味或特殊香味。

橘皮苷在柑橘类果实中普遍存在，在稀酸中加热或随着成熟逐渐水解。橘皮苷难溶于水，易溶于酒精及碱液中，在碱中呈黄色，溶解了的橘皮苷生成白色沉淀析出。例：柑橘类中的皮络、囊衣是罐头白色沉淀的主要成分之一，可利用酸-碱处理方法防止这一问题的产生。

六、色素物质

色素根据其溶解性能及在植物体中的存在状态分为两类。

脂溶性色素：叶绿素（绿色）、类胡萝卜素（橙色）、胡萝卜素、叶黄素、番茄红素。

水溶性色素：花青素（红、紫等色）、花黄素（黄色）。

下面分别介绍它们的加工特性。

1. 叶绿素

① 在酸性条件下分子中的镁原子可为氢取代，生成暗绿色至绿褐色的脱镁叶绿素。

② 叶绿素在活细胞中与蛋白质体结合，细胞死亡之后即从质体中释出，游离叶绿素很不稳定，对光和热敏感。因此，应避免长时间的加热，还应该采用避

光包装材料。

③ 在碱性液中可皂化水解为颜色仍为鲜绿色的叶绿酸（盐）、叶绿醇及甲醇。所以加工中为保护其天然色泽，可将介质控制在弱碱性状态，但要考虑果蔬中维生素 C 的损失问题。

④ 在中性条件下（如何稳定控制问题），分子中的镁原子可为铜离子（铜盐有害于人身体，已被禁止使用）、锌离子所取代，取代后的叶绿素较为稳定，且呈鲜绿色。

2. 类胡萝卜素

果实类的杏仁和黄桃，蔬菜类的番茄、胡萝卜等所表现的橙黄色都是类胡萝卜素的颜色，主要由胡萝卜素、番茄红素和叶黄素组成。其中胡萝卜素的加工特性如下：

① 对高温相当稳定，但易被氧化而破坏。

② 在碱性介质中比在酸性介质中稳定，因此，在碱性条件下加热驱氧有助于保护胡萝卜素。

③ 在动物体内转化为维生素 A，因此被称为维生素 A 原。

④ 普遍存在于绿色植物中，与叶绿素共同存在，但其黄色被叶绿素所遮盖。

3. 花青素苷

① 花青素苷存在于果皮（苹果、葡萄、李等）和果肉（紫葡萄、草莓）中。

② 花青素苷呈水溶性，在加工中会大量流失，如杨梅在水中红色变淡。

③ 花青素苷对温度和光都敏感。

④ 花青素苷跟酸作用呈红色（因具酚羟基），跟碱反应成盐呈蓝色，在中性介质中形成钠盐呈紫色，因 pH 不同而显不同的颜色。

⑤ 花青素苷与金属离子反应生成盐类，大多数花青素金属盐为灰紫色（跟铝或铝合金及银接触不变色）。因此，含花青素苷多的水果罐藏的时候，宜用涂料铁，加工器具也宜用铝的或不锈钢的。

七、维生素

维生素是生物维持其正常生长和代谢活动所必需的微量有机物质。人体如缺乏某种维生素，就会产生某种疾病，急需相应的维生素给予补充。

维生素 C（抗坏血酸）的加工特性如下：

① 果皮中维生素 C 含量大大多于果肉，原因是维生素 C 参与了气体的代谢作用，而这种作用在果皮供氧充足的情况下，进行得特别旺盛。

② 维生素 C 易溶于水，在酸性或高浓度糖液中比在碱性溶液中稳定。

③ 在有空气及其他氧化剂的存在下，维生素 C 极不稳定，易分解。加工生产中采取在真空下罐藏果蔬，或以充二氧化碳的方法来避免。

④ 在抗坏血酸酶含量低或低温下贮藏，可以减少维生素 C 损失。

⑤ 维生素 C 对紫外线很敏感，易被破坏，故不宜将玻璃罐藏品放置在阳

光下。

八、芳香物质

① 大蒜、洋葱及辣椒等所含的香精油，具有杀菌力，在食品保藏中具有一定意义。

② 仁果类、核果类的芳香物质主要是由各种醇与有机酸在酯化作用下产生的各种酯类，比如果酒在陈酿中香味增加、发酵性腌制中产生的独特香味等都是由于这种反应。

③ 果蔬的成熟程度及贮藏、加工过程中的温度条件，对其香味影响很大。温度过高，芳香物质分解快。如草莓的芳香度在贮藏期间下降很快，若在室温下贮藏 4～6h，其芳香度约下降一半；而在低温下（零下温度），芳香度下降得比较缓慢。果汁、果酱等在加工时，最好有芳香物质回收装置。

九、油脂类

果蔬中所含的油脂类主要是不挥发的油脂和蜡质，油脂多存在于种子中。

① 植物油脂中含有不饱和键，在空气和微生物的影响下，容易变质酸败。

② 铜、铁、光线、温度及水汽等有催化酸败的作用。酸败的化学本质是水解和氧化作用。油脂水解产生脂肪酸和甘油，油脂氧化生成醛、酮、酸等混合物。

③ 植物的茎、叶和果实表面常有一层薄薄的蜡，它的主要成分是高级脂肪酸和高级一元醇所组成的酯。苹果、李、柿等果实表皮蜡质的生成，是果实成熟的一种标志，同时可保护果实免受水分和微生物的侵入及本身的干枯。因此在采收、分级、贮运时，必须保护蜡层，防机械伤。

十、酶

果蔬中的酶分成两大类：

氧化酶：酚酶、维生素 C 氧化酶、过氧化氢酶、过氧化物酶等；

水解酶：果胶酶、淀粉酶、蛋白酶等。

① 酶与果蔬加工的关系：一是抑制酶的作用，如蘑菇加工中为避免褐变，要钝化酶的活性；二是利用酶的活性，如果蔬的后熟、蔗糖的酶促转化等。

② 一些金属离子（如铜离子、铁离子）会对酶（维生素 C 酶）起催化作用，造成维生素 C 的损失。

③ 食盐、稀酸液浸泡，能较好保持原料的色泽，因其能抑制酶的活力。

第二节　果蔬罐头生产中常见质量问题与控制

果品蔬菜罐头生产中，除了因其天然存在的化学成分的加工特性对品质产生的负面影响（如罐头的变色等），需要在加工时采取对应措施加以减缓外，常见的质量问题还有胖听、罐头容器的腐蚀等。

一、胖听

合格的硬罐头底盖中心部位呈平坦或内凹状，但由于某些物理、化学和微生物等因素导致罐头底盖鼓胀，这种现象称为胖听或胀罐。从罐头外形看，可分为软胀和硬胀：软胀包括物理性胀罐及初期的氢胀或初期的微生物胀罐；硬胀主要是微生物胀罐，也包括严重的氢胀。

1. 物理性胀罐

（1）物理性胀罐特征　罐头两端或一端的罐盖凸起，若对盖施加压力，则凸起处可恢复平坦，除去压力后又可凸起，此类罐头的内容物一般没有变质。

（2）原因及应对措施

① 装罐量过多，顶隙过小，杀菌后罐头收缩不良，在杀菌冷却后即可出现，如小罐型的香焖花生、香菜心、果酱类等产品，较容易发生这种现象。防止的办法，除控制合理的装罐量及顶隙，适当提高排气或装罐温度，还应注意罐盖的抗压强度。

② 排气不足或贮藏温度过高。防止办法，提高排气时罐中心温度或封口机封口真空度，控制罐头贮藏温度。

③ 高压杀菌时，反压过快或冷却过度。通过严格规范杀菌操作规程，以避免冷却过程的罐头内外压力差过大。

④ 从低海拔地区运往高海拔地区或从寒带运往热带。注意区分罐头的销售地区特点，采取相应措施，如提高成品罐的真空度。

2. 化学性胀罐（氢胀罐）

（1）化学性胀罐特征　铁罐包装的罐头氢胀严重者，其两端底盖凸起与细菌性胀罐很难区别，开罐后内容物虽有时尚未失去食用价值，但不符合产品标准。

（2）原因及控制措施　因罐内食品酸度较高，罐内壁被迅速腐蚀，锡、铁溶解并产生氢气，直至大量氢气聚积于顶隙时，使内压增大引起胀罐，多出现于酸性或高酸性水果罐头及酸性较强的蔬菜罐头（如番茄酱）中，开罐后内壁已出现严重的酸腐蚀斑，此时内容物中锡、铁含量很高，还伴有严重的金属味。防止措施，对于酸性高的食品马口铁空罐宜采用涂层完好的抗酸涂料罐，并防止空罐内壁受机械损伤出现裸铁现象。

3. 细菌性胀罐

（1）细菌性胀罐特征　外观上表现为罐头两端凸起，严重者罐头发生爆破，内容物由于微生物生长繁殖已腐败变质，完全失去食用价值，是罐头生产中最常见的一种胀罐现象。

（2）原因及应对措施

① 罐头底或盖密封不严或罐头裂漏，从外界侵染微生物引起。预防措施，

严格空罐（瓶）的密封性检验及封口"三率"的检测把关，冷却水应符合食品卫生要求，或经氯化处理。

② 因杀菌不充分引起。控制措施，采用新鲜原料，在不影响产品质量的前提下预处理过程要充分清洗、消毒、热烫，加快生产流程及注意加工过程的卫生管理，定期进行车间生产流程微生物污染分析，以指导生产；严格杀菌规程，对低酸性的蔬菜进行适当的酸化处理，以提高杀菌效果；生产过程应按要求抽样保温处理，及时发现问题。

二、罐头容器的腐蚀（铁罐）

1.罐头内壁腐蚀

（1）腐蚀现象分析

① 均匀腐蚀。即罐头内壁锡面在酸性食品的腐蚀下全面而均匀地出现溶锡现象，在铁皮内壁上出现羽毛状斑纹或鱼鳞状腐蚀纹。出现均匀腐蚀时，罐头食品中溶锡量会高一些，当含量不超过行业标准200mg/kg或食品中不出现金属味时，对食品质量无妨害，是允许的。但腐蚀继续发展，可能会形成大量氢气造成氢气胀罐，严重时会造成胀裂。

② 局部腐蚀。罐头食品开罐后，常会在顶隙和液面交界处发现有暗褐色腐蚀圈存在，这是由于在酸性介质中，顶隙中残存氧气的作用下，对铁皮产生腐蚀的结果。这种现象属于局部腐蚀，称为氧化圈，根据行业标准是允许存在的，但应尽量避免。

③ 集中腐蚀。在罐头内壁上出现有限面积的溶铁现象，如蚀孔、蚀斑、麻点、黑点，严重时在罐壁上会出现穿孔。在低酸性食品或含空气多的水果罐头（如苹果、菠萝）中常会产生集中腐蚀现象。

④ 异常脱锡腐蚀。某些食品内含有特种腐蚀因子，在罐头容器中与内壁接触时就直接起化学反应，导致短时间内出现面积较大的脱锡现象，脱锡过程的初期外观、真空度正常，但当脱锡完成后会迅速造成氢胀，如刀豆、番茄罐头等。

⑤ 硫化腐蚀。打开贮藏时间较长的罐头，可以看见空罐内壁或底盖上会出现青紫色、灰黑色甚至于呈黑色的现象，严重时内壁上黑色物质还会析离出来，污染食品引起食品变色。这主要是由于食品中含有大量蛋白质，在杀菌和贮藏过程中放出硫化氢或含有巯基（—SH）的其他有机硫化物，这些物质与铁、锡作用就会产生黑色的化合物，称为硫化腐蚀，如花椰菜、青豆、芦笋罐头等常有这种现象。水果罐头生产中，若采用亚硫酸法生产的白砂糖配制糖液，也会出现这种硫化腐蚀现象。

⑥ 其他腐蚀。食品中含有腐蚀性较强的有机酸，如草酸，具有明显强烈的腐蚀性。食品中添加的各种调味料，如盐有腐蚀性问题，硝酸盐的存在也引起罐内壁的急剧溶锡腐蚀现象，抗坏血酸在加工过程中转化为脱氢抗坏血酸也有腐蚀问题，花青素对罐头的腐蚀性同样很强。

几种主要蔬菜罐头罐内壁腐蚀或硫化情况见表 6-2。0.1mol/L 酸浸渍时铁皮中锡的减少见表 6-3。

表 6-2　几种主要蔬菜罐头罐内壁腐蚀或硫化情况

名称	对空罐腐蚀或硫化程度	名称	对空罐腐蚀或硫化程度
青刀豆	腐蚀性重	小竹笋	腐蚀性较重,硫化较重
青豆	腐蚀性较轻,硫化重	荞头	腐蚀性重
整番茄	腐蚀性较重	香菜心	腐蚀性严重
番茄酱	腐蚀性严重	榨菜	腐蚀性较严重
蘑菇	腐蚀性较重,硫化较重	清水荸荠	腐蚀性较重,硫化较重
清水草菇	腐蚀性轻,硫化重	清水莲藕	腐蚀性较重,硫化较重
茄汁黄豆	腐蚀性较重,硫化较重	清水苦瓜	腐蚀性较轻
茄汁玉豆	腐蚀性较重,硫化较重	芦笋	腐蚀性较重,硫化重
红甜椒	腐蚀性重	秋葵	腐蚀性较轻
茄汁什锦蔬菜	腐蚀性重	雪菜	腐蚀性严重
花椰菜	腐蚀性轻,硫化严重	桂花蜜汁藕	腐蚀性较重
冬笋	腐蚀性较重	蚕豆	硫化重
清水笋	腐蚀性较重	美味黄豆	腐蚀性重

表 6-3　0.1mol/L 酸浸渍时铁皮中锡的溶解速度（25℃）

酸的种类	pH	减重 /[g/(m^2·d)]	酸的种类	pH	减重 /[g/(m^2·d)]
酒石酸	2.14	0.74	醋酸	2.88	0
乳酸	2.23	1.07	草酸	1.46	2.14[①]
柠檬酸	2.32	1.03	盐酸	1.05	1.55
富马酸	2.41	0.81	硫酸	1.16	0.70
琥珀酸	2.73	0	磷酸	1.71	0.07

① 表中减重指铁皮中锡的减少量。草酸的腐蚀生成物是不溶性的,显示出重量的增加。

（2）防止腐蚀及硫化污染的措施

① 对于含酸（特别是腐蚀性强的）或含硫高的内容物,要针对性地采用使用抗酸、抗腐蚀、抗硫涂料的容器,并防止空罐的机械伤产生。

② 对含空气较多的果实,最好采取抽空处理,尽量减少原料组织中的空气含量。

③ 罐头汤液调配时要煮沸,汤温保持在 85℃以上。

④ 排气或抽真空要充分,适当提高罐内真空度。

⑤ 采用新鲜度高的原料,并选用含硝酸根及亚硝酸根离子浓度低的原料。

⑥ 在不影响产品质量的前提下,适当延长预煮和漂洗时间。

⑦ 采用高温短时的杀菌方法,杀菌后快速冷却,最大限度地缩短工艺流程并减少装罐后的受热时间。

⑧ 罐头密封后倒放杀菌,进库正放,仓储期间反复倒正放,可减轻氧化圈和硫化铁黑点的产生。

2. 罐头外壁腐蚀

（1）腐蚀原因分析

① 罐头外壁的"出汗"引起的锈蚀。低温罐头遇到高湿空气或贮存于温度较高的仓库时，罐外壁表面上就会有冷凝水形成，这种现象叫作"出汗"。由于空气中含有 CO_2、SO_2 等氧化物，冷凝水分就成为罐外壁表面上的良好电介质，为罐外壁表面上锡、铁偶合建立场所，从而出现锈蚀现象。

② 杀菌过程中锅内空气未排净，空气和水蒸气为罐外壁锈蚀创造了条件。

③ 杀菌时的蒸汽和冷却水中的化学成分对锈蚀也有很大影响，如水中氯化钠、氯化镁、硫酸钠、硫酸镁含量过高，由于这些盐类的吸湿性，可以从空气中吸收水分导致罐外壁锈蚀。

④ 罐头杀菌后冷却过度，使表面的水不能蒸发掉，包装材料未充分干燥，罐外壁吸附有吸湿物质如汤液中的食盐、糖浆等，标签纸用胶黏剂的酸碱性不适宜等，都是锈蚀产生的原因。

（2）防止罐外壁锈蚀的控制措施

① 控制罐头制品适宜的贮藏温度（低于 20℃）和相对湿度（低于 80%）。

② 严格杀菌工艺操作规程，升温阶段充分排气，杀菌过程中应开启各部位的泄气阀，以保证将锅内空气完全排出锅外。

③ 进行蒸汽的净化处理和水质的测定，同时避免罐头长时间浸泡在温水中。

④ 严格罐头封口的洗罐操作和罐头冷却余温的控制，保证包装辅助材料的各项指标符合要求。

三、罐头的变色

果蔬罐头在加工和贮藏过程中，常发生变色问题，这是果蔬中的某些化学物质在酶或罐内残留氧的作用下，或因长期贮温偏高而产生的酶褐变或非酶褐变所致的。控制措施如下：

① 选用含花青素及单宁含量低的原料制作罐头。

② 加工过程中，对某些易变色的果蔬（如苹果、梨、马铃薯等），去皮、切块后，根据不同品种的制罐要求，迅速浸泡在清水、稀盐水、稀酸液中，或使用抗氧化剂、热烫等方法进行护色。对果块进行抽空处理时防止果块露出液面。

③ 对某些果蔬罐头，在汤液中加入适量的抗坏血酸，可起到有效防止变色的效果，但需注意抗坏血酸脱氢后，存在对空罐腐蚀及引起非酶褐变的缺点，所以应对使用量加以控制。

④ 配制糖水应煮沸，随配随用。如需加酸应控制加酸的时间，避免蔗糖的过度转化，造成非酶褐变的产生。

⑤ 加工中，防止果蔬与铁、铜等金属器具直接接触，并注意加工用水的重金属含量应符合标准要求。

⑥ 避光贮藏，并控制仓储温度。温度低，变色慢。

第七章 加工过程中及成品的检验操作

07 Chapter

第一节 罐头开罐检验

一、罐头食品感官检验

罐头食品感官检验可参见 QB/T 3599—1999 或 GB/T 10786—2006。

工具：白瓷盘、匙、不锈钢圆筛（丝的直径 1mm，筛孔 2.8mm×2.8mm）、烧杯、量筒、开罐刀等。

1. 组织与形态

① 糖水水果类及蔬菜类罐头　在室温下将罐头打开，先滤去汤汁，然后将内容物倒入白瓷盘中观察组织、形态是否符合标准。

② 糖浆类罐头　开罐后，将内容物平倾于不锈钢圆筛中，静置 3min，观察组织、形态是否符合标准。

③ 果酱类罐头　在室温（15～20℃）下开罐后，用匙取果酱（约 20g）置于干燥的白瓷盘上，在 1min 内视其酱体有无流散和汁液分泌现象。

2. 色泽

① 糖水水果类及蔬菜类罐头　在白瓷盘中观察其色泽是否符合标准，将汁液倒在烧杯中，观察其汁液是否清亮透明，有无夹杂物及引起浑浊的果肉碎屑。

② 糖浆类罐头　将糖浆全部倒入白瓷盘中观察其是否浑浊，有无胶冻和有无大量果屑及夹杂物存在。将不锈钢圆筛上的果肉倒入盘内，观察其色泽是否符合标准。

③ 果酱类罐头及番茄酱罐头　将酱体全部倒入白瓷盘中，随即观察其色泽是否符合标准。

④ 果汁类罐头　在玻璃容器中静置 30min 后，观察其沉淀程度，有无分层和油圈现象，浓淡是否适中。

3. 滋味和气味

① 果蔬类罐头　检验其是否具有与原果蔬相近似的香味。

② 果汁类罐头　应先嗅其香味（浓缩果汁应稀释至规定浓度），然后评定酸甜是否适口。

注意：参加评尝人员须有正常的味觉与嗅觉，感官鉴定时间不得超过 2h。

二、罐头食品的物理检验方法

1. 净重与固形物含量

参见 QB 1007—1990 或 GB/T 10786—2006。

（1）术语

① 罐头毛重。整个罐头在开罐前的重量。

② 固形物含量。沥干物重（含油脂）占标明净重的百分比。

（2）圆筛的规格

① 净重小于 1.5kg 的罐头，用直径 200mm 的圆筛。

② 净重等于或大于 1.5kg 的罐头，用直径 300mm 的圆筛。

③ 圆筛用不锈钢丝织成，其直径为 1mm，孔眼尺寸为 2.8mm×2.8mm。

（3）测定步骤

① 净重。擦净罐头外壁，用天平称取罐头毛重（g）。果蔬类罐头不经加热，直接开罐。内容物倒出后，将空罐洗净、擦干后称重（g）。按下式计算净重：

$$m = m_2 - m_1$$

式中　m——罐头净重，g；

　　　m_2——罐头毛重，g；

　　　m_1——空罐质量，g。

② 固形物含量。水果蔬菜类罐头开罐后，将内容物倾倒在预先称重的圆筛上，不搅动产品，倾斜筛子，沥干 2min 后，将圆筛和沥干物一并称重，按下式计算固形物含量：

$$X = \frac{m_2 - m_1}{m} \times 100$$

式中　X——固形物含量，质量百分率，%；

　　　m_2——果肉或蔬菜沥干物加圆筛质量，g；

　　　m_1——圆筛质量，g；

　　　m——罐头标明净重，g。

注：带有小配料的蔬菜罐头，称量沥干物时应扣除小配料量。

2. 可溶性固形物含量（折光计法）

（1）原理　在 20℃用折光计测量试验溶液的折射率，并用折射率与可溶性固形物含量的换算表换算出固形物含量或由折光计上直接读出可溶性固形物的含量。用折光计法测定的可溶性固形物含量，在规定的制备条件和温度下，水溶液中蔗糖的浓度和所分析的样品有相同的折射率，此浓度以质量分数表示。测定时温度最好控制在20℃左右，尽可能缩小校正范围。同一个试验样品进行两次平行测定。

（2）仪器　阿贝折光计或糖度计、组织捣碎器。

（3）样品处理　多汁的样品（如橘子等）直接取果肉中的汁液，透明的液体制品充分混匀后直接测定；果浆、菜浆制品充分混匀待测样品，用四层纱布挤出滤液，用于测定；对于黏稠制品（果酱、果冻等），称取适量（40g以下）(精确到0.01g）的待测样品到已称重的烧杯中，加100～150mL蒸馏水，用玻璃棒搅拌，并缓和煮沸2～3min，冷却并充分混匀，20min后称重，精确到0.01g，然后用槽纹漏斗或布氏漏斗过滤到干燥容器里，留滤液供测定用；对于固相和液相分开的制品，按固液相的比例，将样品用组织捣碎器捣碎后，用四层纱布挤出滤液用于测定。

（4）测定

① 折光计在测定前按说明书进行校正。

② 分开折光计的两面棱镜，以脱脂棉蘸乙醚或酒精擦净。

③ 用末端熔圆的玻璃棒蘸取制备好的样液2～3滴，仔细滴于折光计棱镜平面的中央（注意勿使玻璃棒触及棱镜）。

④ 迅速闭合上下两棱镜，静置1min，要求液体均匀无气泡并充满视野。

⑤ 对准光源，由目镜观察，调节指示规，使视野分成明暗两部。再旋动微调螺旋，使两部界限明晰，其分线恰在接物镜的十字交叉点上，读取读数。

⑥ 如折光计标尺刻度为百分数，则读数即为可溶性固形物的百分率，按可溶性固形物对温度校正表（见表7-1和表7-2）换算成20℃时标准的可溶性固形物百分率。

表7-1　可溶性固形物对温度校正表（减校正值）

温度/℃	可溶性固形物含量读数/%									
	5	10	15	20	25	30	40	50	60	70
15	0.29	0.31	0.33	0.34	0.34	0.35	0.37	0.38	0.39	0.40
16	0.24	0.25	0.26	0.27	0.28	0.28	0.30	0.30	0.31	0.32
17	0.18	0.19	0.20	0.21	0.21	0.21	0.22	0.23	0.23	0.24
18	0.13	0.13	0.14	0.14	0.14	0.14	0.15	0.15	0.16	0.16
19	0.06	0.06	0.07	0.07	0.07	0.07	0.08	0.08	0.08	0.08

表7-2　可溶性固形物对温度校正表（加校正值）

温度/℃	可溶性固形物含量读数/%									
	5	10	15	20	25	30	40	50	60	70
21	0.07	0.07	0.07	0.07	0.08	0.08	0.08	0.08	0.08	0.08
22	0.13	0.14	0.14	0.15	0.15	0.15	0.15	0.16	0.16	0.16
23	0.20	0.21	0.22	0.22	0.23	0.23	0.23	0.24	0.24	0.24
24	0.27	0.28	0.29	0.30	0.30	0.31	0.31	0.31	0.32	0.32
25	0.35	0.36	0.37	0.38	0.38	0.39	0.40	0.40	0.40	0.40

⑦ 如折光计读数标尺刻度为折射率，可读出其折射率，然后按折射率与可溶性固形物换算表（见表 7-3）查得样品中可溶性固形物的百分率，再按可溶性固形物对温度校正表（见表 7-1 和表 7-2）换算成 20℃标准的可溶性固形物百分率。

表 7-3　折射率与可溶性固形物换算表

折射率 n_D^{20}	可溶性固形物含量 /%	折射率 n_D^{20}	可溶性固形物含量 /%	折射率 n_D^{20}	可溶性固形物含量 /%	折射率 n_D^{20}	可溶性固形物含量 /%
1.3330	0	1.3672	22	1.4076	44	1.4558	66
1.3344	1	1.3689	23	1.4096	45	1.4582	67
1.3359	2	1.3706	24	1.4117	46	1.4606	68
1.3373	3	1.3723	25	1.4137	47	1.4630	69
1.3388	4	1.3740	26	1.4158	48	1.4654	70
1.3403	5	1.3758	27	1.4179	49	1.4679	71
1.3418	6	1.3775	28	1.4301	50	1.4703	72
1.3433	7	1.3793	29	1.4222	51	1.4728	73
1.3448	8	1.3811	30	1.4243	52	1.4753	74
1.3463	9	1.3829	31	1.4265	53	1.4778	75
1.3478	10	1.3847	32	1.4286	54	1.4803	76
1.3494	11	1.3865	33	1.4308	55	1.4829	77
1.3509	12	1.3883	34	1.4330	56	1.4854	78
1.3525	13	1.3902	35	1.4352	57	1.4880	79
1.3541	14	1.3920	36	1.4374	58	1.4908	80
1.3557	15	1.3939	37	1.4397	59	1.4933	81
1.3573	16	1.3958	38	1.4419	60	1.4959	82
1.3589	17	1.3978	39	1.4442	61	1.4985	83
1.3605	18	1.3997	40	1.4465	62	1.5012	84
1.3622	19	1.4016	41	1.4488	63	1.5039	85
1.3638	20	1.4036	42	1.4511	64		
1.3655	21	1.4056	43	1.4535	65		

　　（5）测定结果的表示

　　① 如果是不经稀释的透明液体或非黏稠制品或固相和液相分开的制品，可溶性固形物含量与折光计上所读得的数相等。

　　② 如果是经稀释的黏稠制品，则可溶性固形物含量按下式计算：

$$X = \frac{Dm_2}{m_1}$$

式中　X——可溶性固形物含量；

D——稀释溶液里可溶性固形物的质量分数，%；

m_2——稀释后的样品质量，g；

m_1——稀释前的样品质量，g。

③ 如果测定的重现性已能满足要求，取两次测定的算术平均值作为结果。

④ 由同一个分析者紧接着进行的两次测定结果之差，应不超过 0.5%。

3. 罐头食品的 pH

（1）测定原理　水溶液酸碱度的测量一般用玻璃电极作为测量电极，甘汞电极作为参考电极，当氢离子浓度发生变化时，玻璃电极和甘汞电极之间的电动势也随着发生变化，而电动势变化关系符合下列公式：

$$\Delta E = -58.16 \times \frac{273+t}{293} \times \Delta pH$$

式中　ΔE——电动势的变化，mV；

ΔpH——溶液 pH 的变化；

t——被测溶液的温度，℃。

（2）试样的制备

① 液态制品和易过滤的制品［如果（菜）汁，糖水水果或蔬菜的水、盐水等］直接取均匀的样液。

② 稠厚或半稠厚制品以及难以从中分出汁液的制品［如糖浆、果酱、果（菜）浆类、果冻等］，取一部分样品在混合机或研钵中研磨，如果得到的样品仍太稠厚，加入等量的刚煮沸过的蒸馏水。

③ 固液相分开的制品，按固液相的比例称取试样再按②所述进行制备。

（3）仪器

① pH 计　精度为 0.1 pH 单位或更小些。如果仪器没有温度校正系统，此精度只适用于在 20℃进行测量。

② 玻璃电极　各种形状的玻璃电极都可以用，这种电极应浸在蒸馏水中保存。

③ 甘汞电极　按制造厂的说明书保存甘汞电极。如果没有说明书，此电极应保存在饱和氯化钾溶液中。

（4）pH 计的校正　用已知精确 pH 的缓冲溶液（尽可能接近待测溶液的 pH），在测定采用的温度下校正 pH 计。如果 pH 计无温度校正系统，缓冲溶液的温度应保持在 （20±2）℃的范围之内。

（5）测定　将电极插入被测试样液中，并将 pH 计的温度校正器调节到被测液的温度。如果仪器没有温度校正系统，被测试样液的温度应调到 （20±2）℃的范围之内。采用适合于所用 pH 计的步骤进行测定。当读数稳定后，直接读出 pH。同一个制备试样至少要进行两次测定。

4. 干燥物的含量

（1）原理　以真空干燥至恒重，计算干燥物含量，以质量分数表示。

（2）仪器　扁形玻璃称量瓶、真空干燥箱、玻璃干燥器、不锈钢小勺或玻璃棒、一般干热烘箱。

（3）分析步骤　取 10～15g 干净细沙于扁形玻璃称量瓶中，并与不锈钢小勺或玻璃棒一起置于 100～105℃烘箱中烘干至恒重。取出，置于干燥器内冷却30min，称量（精确至 0.001g）。以减量法在瓶中称取试样约 5g（精确至0.001g），用勺或玻璃棒将试样与沙搅匀，铺成薄层，于水浴上蒸发至近干，移入温度 70℃、压力 13332.2Pa（100mmHg）以下的真空干燥箱内烘 4h。取出，置于干燥器中冷却 30min，称量后再烘，每两小时取出冷却称量一次（两次操作应相同），直至两次质量差不大于 0.003g。

（4）结果计算　干燥物的质量分数按下式计算，其数值以％表示。

$$X = \frac{m_2 - m_1}{m_0} \times 100$$

式中　X——干燥物的质量分数，％；

　　　m_2——烘干后试样、不锈钢小勺（或玻璃棒）、净沙及称量瓶质量，g；

　　　m_1——不锈钢小勺（或玻璃棒）、净沙及称量瓶质量，g；

　　　m_0——试样质量，g。

第二节　化学检验

一、罐头食品滴定酸度的测定

1. 原理

$$RCOCH + NaOH \longrightarrow RCOONa + H_2O$$

2. 试剂配制

① 0.1mol/L NaOH 溶液　称取 4.0g 分析纯 NaOH 固体，溶解于 1000mL 蒸馏水中。

② 1％酚酞指示剂　称取 10g 分析纯酚酞溶于 1000mL 无水乙醇中。

3. 测定方法

在锥形瓶中加入样品（样品制备参照第一节食品 pH 测定中的试样制备）0.5mL 及适量蒸馏水，再加 1～2 滴 1％酚酞指示剂，用标准碱溶液滴定至呈淡红色为终点，记录消耗的氢氧化钠的体积。

4. 计算公式

$$酸度（％）= \frac{cVK}{0.5} \times 100$$

式中　K——酸系数（如柠檬酸为主要酸，则取 0.064）；

　　　c——氢氧化钠标准溶液的浓度，mol/L；

　　　V——氢氧化钠标准溶液消耗的体积，mL；

0.5——样品的体积（样品的酸度较低时，可按倍数多取），mL。

注：若使用的标准 NaOH 溶液的浓度为 0.07813mol/L，则滴定结果消耗的标准溶液体积数即为酸度值。

二、水中余氯测定

1. 滴定法

（1）原理

$$Ca(ClO)_2 + 2H_2O \longrightarrow Ca(OH)_2 + 2HClO \text{ 或 } Ca(ClO)_2 + CO_2 +$$
$$H_2O \longrightarrow CaCO_3 + 2HClO$$
$$Cl_2 + H_2O \Longleftrightarrow HClO + H^+ + Cl^-$$

在酸性条件下：
$$Cl_2 + 2I^- \Longrightarrow I_2 + 2Cl^-$$
$$2S_2O_3^{2-} + I_2 \Longrightarrow 2I^- + S_4O_6^{2-}$$

（2）药品配制标定

① 6mol/L HCl 盐酸：水＝1：1，混匀。

② 淀粉-KI 溶液 在 90mL 水中加入 0.5g 淀粉，适当加热成澄清透明的淀粉溶液，冷却后加入 10mL 10% KI，配成 0.5%淀粉-1% KI 混合溶液，保存在棕色瓶中。

③ $Na_2S_2O_3$ 标准溶液 配成 0.1mol/L 标准溶液，临用前稀释 10 倍配成 0.01mol/L 标准液。

a. 配制。用台秤称取 24.8g $Na_2S_2O_3 \cdot 5H_2O$（或 16g 无水硫代硫酸钠），溶于刚煮沸后冷却的 1000mL 蒸馏水中，加入约 0.2g Na_2CO_3，倒入棕色细口试剂瓶中放置 1～2 周后过滤标定。

b. 标定。精确称取 0.15g $K_2Cr_2O_7$ 基准试剂（在 100～110℃干燥 3～4h），放入 300mL 加塞锥形瓶中，加入 20～30mL 水使之溶解。加 10mL 13mol/L H_2SO_4（1 份 H_2SO_4＋5 份水）、15mL 10%KI（90mL 水中加 10g KI），充分混合，在暗处放 5min，然后加 50mL 水稀释，用 $Na_2S_2O_3$ 溶液（装碱管）滴定到呈浅黄色，加 5mL0.5%淀粉溶液（100g 水＋0.5g 淀粉），继续滴入 $Na_2S_2O_3$ 溶液，直至蓝色刚刚消失而呈蓝绿色。记下 $Na_2S_2O_3$ 用量后再多加 1 滴 $Na_2S_2O_3$，溶液颜色不再改变表示滴定已完成，计算标液浓度。

（3）测定步骤

① 取 100mL 水样于锥形瓶中；

② 加入 2mL 6mol/L HCl、1mL 淀粉-KI 溶液；

③ 用 $Na_2S_2O_3$ 标准溶液滴定至溶液蓝色恰好消失即为终点，平行测定 2～3 次。

（4）计算公式

$$余氯含量(mg/L) = \frac{c(Na_2S_2O_3) \times V(Na_2S_2O_3) \times 0.07092/2}{100} \times 10^6$$

注：若使用的标准 $Na_2S_2O_3$ 溶液的浓度为 0.002830mol/L，则滴定结果消耗的标准溶液体积数即为余氯含量值。

2. 比色法

（1）原理　在 pH 小于 1.8 的酸溶液中，余氯与邻联甲苯胺反应，生成黄色的醌式化合物，用目视法进行比色定量；还可用重铬酸钾-铬酸钾溶液所配制的永久性余氯比色溶液进行目视比色。

（2）药品配制标定

① 磷酸盐缓冲溶液（pH6.45）

a.磷酸盐缓冲贮备溶液。将分析纯无水磷酸氢二钠和分析纯无水磷酸二氢钠置于 105℃烘箱内烘 2h，冷却后，分别称取 22.86g 和 46.14g。将此两种试剂共溶于蒸馏水中，稀释至 1000mL，至少静置 4 天，使其中胶状杂质凝聚沉淀，过滤。

b.磷酸盐缓冲使用溶液。吸取 200mL 磷酸盐缓冲贮备溶液，加蒸馏水稀释至 1000mL，此溶液的 pH 为 6.45。

② 重铬酸钾-铬酸钾溶液　称取 0.1550g 干燥的重铬酸钾（$K_2Cr_2O_7$）及 0.4650g 铬酸钾（K_2CrO_4），溶于磷酸盐缓冲溶液（pH6.45）中，并定容到 1000mL，此溶液所产生的颜色相当于 1mg/L 余氯与邻联甲苯胺反应所产生的颜色。

③ 邻联甲苯胺溶液　1.35g 邻联甲苯胺＋500mL 蒸馏水＋150mL 浓 HCl＋350mL 蒸馏水。

（3）操作步骤

① 0.01～1mg/L 永久性余氯标准比色管的配制　吸取重铬酸钾溶液 0.5mL、1.5mL、2.5mL、5.0mL、10.0mL、15.0mL、20.0mL、25.0mL、30.0mL、35.0mL、40.0mL、45.0mL、50.0mL，分别注入 50mL 比色管中，用磷酸盐缓冲溶液稀释至 50mL，分别相当于 0.01mg/L、0.03mg/L、0.05mg/L、0.10mg/L、0.20mg/L、0.30mg/L、0.40mg/L、0.50mg/L、0.60mg/L、0.70mg/L、0.80mg/L、0.90mg/L、1.00mg/L 余氯，避免日光照射，可保持 6 个月。

② 比色　取 2.5mL 邻联甲苯胺溶液于 50mL 比色管中，加入澄清水样 50mL，混合均匀，水温最好为 15～20℃，如低于此温度，应将水样管放入温水浴中，使温度提高到 15～20℃。

水样与邻联甲苯胺溶液接触后，如立即进行比色，所得结果为游离余氯量；如放置 10min，使产生最高色度，再进行比色，则所得结果为水样总余氯量，总余氯量减去游离余氯量等于化合余氯量。

三、罐头食品中二氧化硫残留量的测定

1. 原理

反应式：$$SO_2 + 2KOH \longrightarrow K_2SO_3 + H_2O$$

$$K_2SO_3 + H_2SO_4 \longrightarrow K_2SO_4 + H_2O + SO_2$$
$$SO_2 + 2H_2O + I_2 \longrightarrow H_2SO_4 + 2HI$$

淀粉为指示剂。

2. 药品配制标定

① KOH（1.0mol/L）　称取 57.0g KOH 溶于蒸馏水中，定容至 1000mL。

② 硫酸（1∶3）　即 1 体积的浓硫酸与 3 体积的水相混合而成的溶液。

③ 碘标准溶液（0.005mol/L）　采用 0.05mol/L 碘标准溶液准确定容稀释。

将 3.2g 碘放入 250mL 烧杯中，加 6g 碘化钾，先用少量水溶解，待碘完全溶解后，加水稀释至 250mL 混合均匀，贮于棕色细口瓶中，放置于暗处。

取 25.00mL 0.1mol/L 的 $Na_2S_2O_3$ 于锥形瓶中，稀释到 100mL，加 0.5% 淀粉指示剂 5mL，滴入碘溶液（装酸管）直到溶液刚好呈蓝色为止。

④ 0.5%淀粉溶液　0.5g 淀粉于 100mL 水中，适当加热（边搅拌）成澄清透明的淀粉溶液。

3. 测定方法

① 在小烧杯中称取粉碎试样 20g，用蒸馏水将试样洗入 250mL 容量瓶中，用蒸馏水定容，摇匀、澄清。

② 用移液管吸取澄清液 50mL 于 250mL 带塞锥形瓶中，加入氢氧化钾 25mL，用力振摇后，放置 10min（若试样为液体，省略第 1 步，直接取 20mL 于带塞锥形瓶中，而下列计算公式则不必考虑稀释比）。

③ 用蒸馏水将瓶盖上溶液洗入瓶中，再一边摇荡一边加入 1∶3 硫酸 10mL 和淀粉液 1mL。

④ 以碘标准溶液滴定至呈现蓝色半分钟不褪为终点。

⑤ 不加试样，同法做空白试验。

4. 计算公式

$$SO_2 \text{ 含量}(g/kg) = \frac{(V_1 - V_2)c \times 0.064}{20 \times \dfrac{50}{250}} \times 1000$$

式中　V_1——滴定时所耗碘标准液体积，mL；

　　　V_2——滴定空白耗碘标准液体积，mL；

　　　c——碘标准液浓度，mol/L；

　0.064——SO_2 的毫摩尔质量，g/mmol；

　　　20——样品质量，g；

50/250——试样的稀释比。

四、食品中盐度的测定

1. 原理

在中性或弱碱性溶液中，以 K_2CrO_4 为指示剂，用 $AgNO_3$ 标准溶液进行滴定。由于 AgCl 沉淀的溶解度比 Ag_2CrO_4 小，因此溶液中首先析出 AgCl 沉淀，当 AgCl 定量沉淀后，过量的一滴 $AgNO_3$ 溶液即与 CrO_4^{2-} 生成砖红色 Ag_2CrO_4 沉淀，指示达到终点。

2. 药品配制标定

① 0.1mol/L $AgNO_3$ 溶液　称 8.5g$AgNO_3$ 溶解于 500mL 不含 Cl^- 的蒸馏水中，将溶液转入棕色试剂瓶中，置暗处保存，以防光照。用基准 NaCl 标定实际浓度。

② K_2CrO_4 溶液　5％水溶液。

3. 测定步骤

① 移取 0.5mL 的样液于锥形瓶中。

② 加 25mL 蒸馏水，并加入约 5 滴 5％ K_2CrO_4 溶液。

③ 用标准 $AgNO_3$ 溶液滴定至砖红色，读取消耗的体积。

4. 计算公式

$$盐度(\%) = \frac{cV \times 0.05844}{0.5} \times 100$$

式中　c——$AgNO_3$ 标准溶液的浓度，mol/L；

　　　V——$AgNO_3$ 标准溶液消耗的体积，mL；

0.05844——氯化钠的毫摩尔质量，g/mmol；

　　0.5——样品的体积，mL。

注：若使用的标准 $AgNO_3$ 溶液的浓度为 0.08554mol/L，则滴定结果消耗的标准溶液体积数即为盐度值。

第三节　微生物检验

罐藏食品不论在产地或加工前后，均可能遭受微生物的污染。污染的机会和原因很多，一般有：食品生产环境的污染，食品原料的污染，食品加工过程的污染等。根据罐藏食品被细菌污染的原因和途径可知，罐藏食品微生物检验的范围包括：

① 生产环境的检验——车间用水、各种工作台面、设备、空气等。

② 原辅材料检验——包括各种水果原料、蔬菜原料、糖等食品添加剂。

③ 食品加工、贮藏、销售等环节的检验——包括食品从业人员的卫生状况检验，以及加工工具、运输车辆、包装材料的检验等。

④ 罐藏食品的检验——主要是对出厂罐藏食品、可疑罐藏食品及可能引起食物中毒罐藏食品的检验。

一、样品的采集与制备

1. 不同类型食品的采集

（1）液体食品采集　样品（如水果汁、蔬菜汁）用 100mL 无菌注射器从不同的几个容器中，用无菌操作取 500mL，注入无菌磨口瓶中，应充分混匀。

(2) 半固体食品采集　用无菌勺子从几个部位挖取样品，放入无菌盛样容器中。采取量应大于 50g

(3) 固体食品采集　大块整体食品应用无菌刀具和镊子从不同部位割取，割取时应兼顾表面与深部，注意样品的代表性；小块食品应从不同部位的小块上切取样品，放入无菌盛样容器中。采取量应大于 50g。

(4) 生产工序监测采样

① 车间用水　自来水样从车间各水龙头上采取。采样时须先用清洁布将水龙头拭干，再用酒精灯灼烧水龙头灭菌，然后把水龙头完全打开，放水 5～10min 后再将水龙头关小，采集水样，取 500mL。汤料等从车间容器不同部位用 100mL 无菌注射器抽取，采取 500mL。

② 车间台面、用具及加工人员手的卫生监测　用 5cm^2 孔无菌采样板及 5 支无菌棉签擦拭 5 次，总面积 25cm^2。若所采表面干燥，则用无菌稀释液湿润棉签后擦拭；若表面有水，则用干棉签擦拭。擦拭后立即将棉签头用无菌剪刀剪入盛有 25mL 无菌生理盐水的三角瓶或大试管中，立即送检。

③ 车间空气采样（直接沉降法）　将 5 个直径 90mm 的普通营养琼脂平板分别放于车间的四角和中部，打开平皿盖 5min，然后盖盖送检（无菌室空气同样适用）。

④ 罐藏食品生产工艺流程中各生产工序采样　如原料、漂洗、预煮、处理、分级、检验、切片、装罐、配汤、封口等生产工序，按液体食品、半固体食品或固体食品采样方法进行。

上述样品采取后应立即送检。运送液体样品时应避免玻璃瓶摇动和样品溢出后又回流瓶中，防止造成污染。实验室应尽快进行检验。

2. 检（采）样的处理（制备）

实验室对送检的样品应立即检验，若条件不允许，则将样品暂时保存在冰箱中，但不能超过 3h，检样的处理应在无菌室内进行。

(1) 液体食品　样品（如水果汁、蔬菜汁）应充分混匀，用无菌操作吸取 25mL，放入盛有 225mL 无菌生理盐水或无菌磷酸盐缓冲溶液的灭菌玻璃瓶内（瓶内预先置适当数量的玻璃珠），经充分振荡，振荡时间 5～10min，做成 1∶10 的均匀稀释液。

(2) 半固体食品　用无菌操作准确称取 25g，放入盛有 225mL 无菌生理盐水或无菌磷酸盐缓冲溶液的灭菌均质杯内，以 8000～10000r/min 的速度处理 1～2min，或放入盛有 225mL 稀释液的均质袋中，用拍击式均质器拍打 1～2min，做成 1∶10 的样品匀液。

(3) 固体食品　用无菌操作将 50g 样品剪碎，混合均匀，从中准确称取 25g，放入含有 225mL 无菌生理盐水或无菌磷酸盐缓冲溶液的灭菌均质杯内，以 8000～10000r/min 的速度处理 1～2min，或放入盛有 225mL 稀释液的均质袋中，用拍击式均质器拍打 1～2min，做成 1 : 10 的样品匀液。

半固体和固体食品如果要做耐热芽孢菌数的计数试验，则将 50g 样品剪碎，混合均匀，放入含有 50mL 无菌生理盐水的灭菌玻璃瓶内（瓶内预先置适当数量的玻璃珠），经充分振荡，振荡时间 5～10min，做成原液。

（4）车间台面、用具及加工人员手的卫生采样　将采样后的棉签头，用无菌剪刀剪入盛有 25mL 无菌生理盐水的三角瓶或大试管中，送检样品，检验时先充分振摇三角瓶中的液体，进行充分洗涤，振荡时间 5～10min，以此液体作为原液。

二、样品微生物的检测

1. 菌落总数测定

参见 GB/T 4789.2—2016。

（1）设备和材料　除微生物实验室常规灭菌及培养设备外，其他设备和材料如下：

恒温培养箱：(36±1)℃，(30±1)℃。

冰箱：2～5℃。

恒温水浴箱：(46±1)℃。

天平：精度为 0.1g。

均质器。

振荡器。

无菌吸管：1mL（具 0.01mL 刻度）、10mL（具 0.1mL 刻度）或微量移液器及吸头。

无菌锥形瓶：容量 250mL、500mL。

无菌培养皿：直径 90mm。

pH 计或 pH 比色管或精密 pH 试纸。

放大镜或/和菌落计数器。

（2）培养基和试剂的配制

① 平板计数琼脂培养基。胰蛋白胨 5g，酵母浸膏 2.5g，葡萄糖 1.0g，琼脂 15g，蒸馏水 1000mL，pH7.0±0.2。将除琼脂以外的各成分溶解于蒸馏水内，煮沸溶解，调节 pH，分装试管或锥形瓶，121℃高压灭菌 15min。

② 磷酸盐缓冲溶液。磷酸二氢钾 34.0g，蒸馏水 500mL，pH7.2。称取磷酸二氢钾 34.0g 溶于 500mL 蒸馏水中，用大约 175mL 的 1mol/L NaOH 溶液调节 pH 至 7.2，用蒸馏水稀释至 1000mL 后贮存于冰箱。取贮存液 1.25mL，用蒸馏水稀释至 1000mL，分装于适宜容器中，121℃高压灭菌 15min。

③ 无菌生理盐水。称取 8.5g NaCl 溶于 1000mL 蒸馏水中，121℃高压灭菌 15min。

④ 1mol/L NaOH 溶液。称取 40g NaOH 溶于 1000mL 蒸馏水中。

⑤ 1mol/L HCl 溶液。移取 90mL 浓盐酸，用蒸馏水稀释至 1000mL。

⑥ 75％乙醇。

（3）检测程序 菌落总数的检测程序见图 7-1。

（4）操作步骤

① 样品的稀释。

a. 固体和半固体样品：称取 25g 样品置于盛有 225mL 磷酸盐缓冲液或生理盐水的无菌均质杯内，以 8000～10000r/min 转速均质 1～2min，或放入盛有 225mL 稀释液的无菌均质袋中，用拍击式均质器拍打 1～2min，制成 1：10 的样品匀液。

b. 液体样品：以无菌吸管吸取 25mL 样品置于盛有 225mL 磷酸盐缓冲液或生理盐水的无菌锥形瓶（瓶内预置适当数量的无菌玻璃珠）中，充分混匀，制成 1：10 的样品匀液。

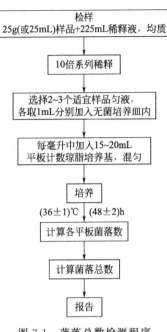

检样
25g(或25mL)样品+225mL稀释液，均质

10倍系列稀释

选择2~3个适宜样品匀液，
各取1mL分别加入无菌培养皿内

每毫升中加入15~20mL
平板计数琼脂培养基，混匀

培养
(36±1)℃ (48±2)h

计算各平板菌落数

计算菌落总数

报告

图 7-1　菌落总数检测程序

c. 用 1mL 无菌吸管或微量移液器吸取 1：10 样品匀液 1mL，沿管壁缓慢注于盛有 9mL 稀释液的无菌试管中（注意吸管或吸头尖端不要触及稀释液面），振摇试管或换用 1 支无菌吸管反复吹打使其混合均匀，做成 1：100 的样品匀液。

d. 按照操作步骤 c，制备 10 倍系列稀释样品匀液，每递增稀释一次，即换用 1 支 1mL 灭菌吸管或吸头。

e. 根据对样品污染状况的估计，选择 2～3 种适宜稀释度的样品匀液（液体样品可包括原液），在进行 10 倍递增稀释时，吸取 1mL 样品匀液于无菌平皿内，每个稀释度做两个平皿。同时，分别吸取 1mL 空白稀释液加入两个无菌平皿内作空白对照。

f. 及时将 15～20mL、冷却至 46℃的平板计数琼脂培养基［可放置于 (46±1)℃恒温水浴中保温］倾注平皿，并转动平皿使其混合均匀。

② 培养。

a. 待琼脂凝固后，将平板翻转，在 (36±1)℃下培养 (48±2)h，水产品在 (30±1)℃下培养 (72±3)h。

b. 如果样品中可能含有在琼脂培养基表面弥漫生长的菌落时，可在凝固后的琼脂表面覆盖一薄层琼脂培养基（约 4mL），凝固后翻转平板，按上述方法培养。

③ 菌落计数。

a. 可用肉眼观察，必要时用放大镜或菌落计数器，记录稀释倍数和相应的菌落数量。菌落计数以菌落形成单位 CFU 表示。

b. 选取菌落数在 30~300CFU、无弥漫生长的平板计数菌落总数，低于 30CFU 的平板记录具体菌落数，高于 300CFU 的平板可记录为"多不可计"。每个稀释度使用两个平板，应采用两个平板平均数。

c. 其中一个平板有较大片状菌落生长时，则不宜采用，而应以无片状菌落生长的平板作为该稀释度的菌落数，若片状菌落不到平板的一半，而其余一半中菌落分布又很均匀，即可计算半个平板后乘 2，代表一个平板菌落数。

d. 当平板上出现菌落之间无明显界线的链状生长时，则将每条单链作为一个菌落计数。

（5）结果与报告

① 菌落总数的计算方法。

a. 若只有一个稀释度平板上的菌落数在适宜计数范围内，计算两个平板菌落数的平均值，再将平均值乘以相应稀释倍数，作为每克（或每毫升）样品中菌落总数结果。

b. 若有两个连续稀释度的平板上的菌落数在适宜计数范围内，按下式计算：

$$N = \frac{\sum C}{(n_1 + 0.1n_2)d}$$

式中　N——样品中菌落数；

$\sum C$——平板（含适宜范围菌落数的平板）菌落数之和；

n_1——第一稀释度（低稀释倍数）平板个数；

n_2——第二稀释度（高稀释倍数）平板个数；

d——稀释因子（第一稀释度）。

示例：

稀释度	1:100(第一稀释度)	1:1000(第二稀释度)
菌落数/CFU	232,244	33,35

$$N = \sum C/(n_1 + 0.1n_2)d = \frac{232 + 244 + 33 + 35}{[2 + (0.1 \times 2)] \times 10^{-2}} = \frac{544}{0.022} = 24727$$

上述数据经"四舍五入"后，表示为 25000 或 2.5×10^4。

c. 若所有稀释度的平板上的菌落数均大 300CFU，则应按稀释度最高的平板进行计算，其他平板可记录为"多不可计"，结果以平均菌落数乘以最高稀释倍数计算。

d. 若所有稀释度的平板菌落数均小于 30CFU，则应按稀释度最低的平均菌落数乘以稀释倍数计算。

e. 若所有稀释度（包括液体样品原液）平板均无菌落生长，则以小于 1 乘以最低稀释倍数计算。

f. 若所有稀释度的平板菌落数均不在 30~300CFU 之间，其中一部分大于

300 或小于 30 时，则以最接近 30CFU 或 300CFU 的平均菌落数乘以稀释倍数计算。

② 菌落总数的报告。

a.菌落数在 100CFU 以内时，按"四舍五入"原则修约，以整数报告。

b.菌落数大于或等于 100CFU 时，第三位数字采用"四舍五入"原则修约后，取前两位数字，后面用零代替位数；也可用 10 的指数形式来表示，按"四舍五入"原则修约，采用两位有效数字。

c.若所有平板上为蔓延菌落而无法计数，则报告菌落蔓延。

d.若空白对照上有菌落生长，则此次检测结果无效。

e.称重取样以 CFU/g 为单位报告，体积取样以 CFU/mL 为单位报告。

2. 大肠菌群的测定（参见 GB/T 4789.3—2016）

（1）设备和材料 除微生物实验室常规灭菌及培养设备外，其他设备和材料如下：

恒温培养箱：（36±1）℃。

冰箱：2～5℃。

恒温水浴箱：（46±1）℃。

天平：精度为 0.1g。

均质器。

振荡器。

无菌吸管：1mL（具 0.01mL 刻度）、10mL（具 0.1mL 刻度）或微量移液器及吸头。

无菌锥形瓶：容量 500mL。

无菌培养皿：直径 90mm。

pH 计或 pH 比色管或精密 pH 试纸。

菌落计数器。

（2）培养基和试剂的配制

①培养基。

a.月桂基硫酸盐胰蛋白胨（LST）肉汤

成分：胰蛋白胨或胰酪胨 20.0g、氯化钠 5.0g、乳糖 5.0g、磷酸氢二钾（K_2HPO_4）2.75g、磷酸二氢钾（KH_2PO_4）2.75g、月桂基硫酸钠 0.1g、蒸馏水 1000mL。

制法：将上述成分溶解于蒸馏水中，调节 pH 至 6.8±0.2，分装到有玻璃小导管的试管中，每管 10mL，121℃高压灭菌 15min。

b.煌绿乳糖胆盐（BGLB）肉汤

成分：蛋白胨 10.0g、乳糖 10.0g、牛胆粉溶液 200.0mL，0.1%煌绿水溶液 13.3mL，蒸馏水 1000mL，pH 7.2±0.1。

制法：将蛋白陈、乳糖溶于约 500mL 蒸馏水中，加入牛胆粉溶液 200.0mL

（将 20.0g 脱水牛胆粉溶于 200mL 蒸馏水中，pH 7.0～7.5），用蒸馏水稀释到 975mL，调节 pH 至 7.2±0.1，再加入指示剂 0.1％煌绿水溶液 13.3mL，用蒸馏水补足到 1000mL，用棉花过滤后，分装到有玻璃小导管的试管中，每管 10mL，121℃灭菌 15min。

c. 结晶紫中性红胆盐琼脂（VRBA）

成分：蛋白胨 7.0g，酵母膏 3.0g，乳糖 10.0g，氯化钠 5.0g，3 号胆盐（或混合胆盐）1.5g，中性红 0.03g，结晶紫 0.002g，琼脂 15～18g。蒸馏水 1000mL，pH 7.4±0.1。

制法：将上述成分溶于蒸馏水中，静置几分钟，充分搅拌，调节 pH 至 7.4±0.1，煮沸 2min，将培养基融化并恒温至 45～50℃倾注平板。使用前临时制备，不得超过 3h。

② 磷酸盐缓冲溶液：磷酸二氢钾 34.0g，蒸馏水 500mL，pH7.2。称取磷酸二氢钾 34.0g 溶于蒸馏水 500mL 中，用大约 175mL 的 1mol/L NaOH 溶液调节 pH 至 7.2±0.2，用蒸馏水稀释至 1000mL 后贮存于冰箱。取贮存液 1.25mL，用蒸馏水稀释至 1000mL，分装于适宜容器中，121℃高压灭菌 15min。

③ 无菌生理盐水：称取 8.5g NaCl 溶于 1000mL 蒸馏水中，121℃高压灭菌 15min。

④ 1mol/L NaOH 溶液：称取 40g NaOH 溶于 1000mL 蒸馏水中。

⑤ 1mol/LHCl 溶液：移取 90mL 浓盐酸，用蒸馏水稀释至 1000mL。

（3）检测程序与操作步骤

① MPN 计数法，此法适用于大肠菌群含量较低的食品中大肠菌群的计数。大肠菌群 MPN 计数检验程序见图 7-2。

a. 样品的稀释。

ⅰ. 固体和半固体样品：称取 25g 样品，放入盛有 225mL 磷酸盐缓冲液或生理盐水的无菌均质杯内，以 8000～10000r/min 的转速均质 1～2min，或放入盛有 225mL 磷酸盐缓冲液或生理盐水的无菌均质袋中，用拍击式均质器拍打 1～2min，制成 1：10 的样品匀液。

ⅱ. 液体样品：以无菌吸管吸取 25mL 样品置于盛有 225mL 磷酸盐缓冲液或生理盐水的无菌锥形瓶（瓶内预置适当数量的无菌玻璃珠）或其他无菌容器中充分振摇或置于机械振荡器中振摇，充分混匀，制成 1：10 的样品匀液。

ⅲ. 样品匀液的 pH 应在 6.5～7.5，必要时分别用 1mol/L NaOH 或 1mol/L HCl 调节。

ⅳ. 用 1mL 无菌吸管或微量移液器吸取 1：10 样品匀液 1mL，沿管壁缓缓注入 9mL 磷酸盐缓冲液或生理盐水的无菌试管中（注意吸管或吸头尖端不要触及稀释液面），振摇试管或换用 1 支 1mL 无菌吸管反复吹打，使其混合均匀，制成 1：100 的样品匀液。

ⅴ. 根据对样品污染状况的估计，按上述操作，依次制成 10 倍递增系列稀释

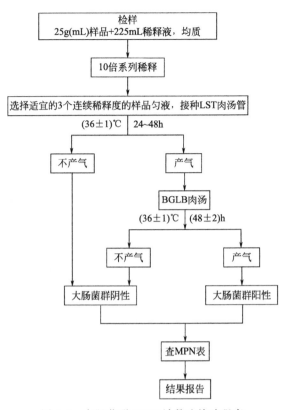

图 7-2　大肠菌群 MPN 计数法检验程序

样品匀液。每递增稀释 1 次，换用 1 支 1mL 无菌吸管或吸头。从制备样品匀液至样品接种完，全过程不得超过 15min。

b. 初发酵试验。

每个样品选择 3 个适宜的连续稀释度的样品匀液（液体样品可以选择原液），每个稀释度接种 3 管月桂基硫酸盐胰蛋白胨（LST）肉汤，每管接种 1mL（如接种量超过 1mL，则用双料 LST 肉汤），在（36±1）℃下培养（24±2）h，观察导管内是否有气泡产生，（24±2）h 产气者进行复发酵试验（证实试验），如未产气则继续培养至（48±2）h，产气者进行复发酵试验。未产气者为大肠菌群阴性。

c. 复发酵试验（证实试验）。

用接种环从产气的 LST 肉汤管中分别取培养物 1 环，移种于煌绿乳糖胆盐肉汤（BGLB）管中，（36±1）℃培养（48±2）h，观察产气情况，产气者计为大肠菌群阳性管。

d. 大肠菌群最可能数（MPN）的报告。按步骤 c 确证的大肠菌群 BGLB 阳性管数，检索 MPN 表（表 7-4），报告每克（毫升）样品中大肠菌群的MPN 值。

表 7-4　大肠菌群最可能数（MPN）检索表

阳性管数			MPN	95%可信限		阳性管数			MPN	95%可信限	
0.10	0.01	0.001		下限	上限	0.10	0.01	0.001		下限	上限
0	0	0	<3.0	—	9.5	2	2	0	21	4.5	42
0	0	1	3.0	0.15	9.6	2	2	1	28	8.7	94
0	1	0	3.0	0.15	11	2	2	2	35	8.7	94
0	1	1	6.1	1.2	18	2	3	0	29	8.7	94
0	2	0	6.2	1.2	18	2	3	1	36	8.7	94
0	3	0	9.4	3.6	38	3	0	0	23	4.6	94
1	0	0	3.6	0.17	18	3	0	1	38	8.7	110
1	0	1	7.2	1.3	18	3	0	2	64	17	180
1	0	2	11	3.6	38	3	1	0	43	9	180
1	1	0	7.4	1.3	20	3	1	1	75	17	200
1	1	1	11	3.6	38	3	1	2	120	37	420
1	2	0	11	3.6	42	3	1	3	160	40	420
1	2	1	15	4.5	42	3	2	0	93	18	420
1	3	0	16	4.5	42	3	2	1	150	37	420
2	0	0	9.2	1.4	38	3	2	2	210	40	430
2	0	1	14	3.6	42	3	2	3	290	90	1000
2	0	2	20	4.5	42	3	3	0	240	42	1000
2	1	0	15	3.7	42	3	3	1	460	90	2000
2	1	1	20	4.5	42	3	3	2	1100	180	4100
2	1	2	27	8.7	94	3	3	3	>1100	420	—

注：1. 本表采用 3 个稀释度［0.1g（mL）、0.01g（mL）、0.001g（mL）］，每个稀释度接种 3 管。

2. 表内所列检样量如改用 1g（mL）、0.1g（mL）和 0.01g（mL）时，表内数字应相应降低 10 倍；如改用 0.01g（mL）、0.001g（mL）和 0.0001g（mL）时，则表内数字应相应增高 10 倍，其余类推。

② 平板计数法，此法适用于大肠菌群含量较高的食品中大肠菌群的计数。

大肠菌群平板计数检验程序见图 7-3。

a. 样品的稀释。按 MPN 计数法步骤进行。

b. 平板计数。

ⅰ. 选取 2～3 个适宜的连续稀释度，每个稀释度接种 2 个无菌平皿，每皿 1mL。同时取 1mL 生理盐水加入无菌平皿作空白对照。

ⅱ. 及时将 15～20mL 融化并恒温至 46℃的结晶紫中性红胆盐琼脂（VRBA）倾注于每个平皿中。小心旋转平皿，将培养基与样液充分混匀，待琼脂凝固后，再加 3～

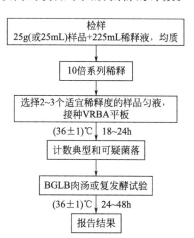

图 7-3　大肠菌群平板计数检验程序

4mLVRBA覆盖平板表层。翻转平板，置于（36±1）℃培养18～24h。

c. 平板菌落数的选择。选取菌落数在15～150CFU之间的平板，分别计数平板上出现的典型和可疑大肠菌群菌落（如菌落直径较典型菌落小）。典型菌落为紫红色，菌落周围有红色的胆盐沉淀环，菌落直径为0.5mm或更大，对于最低稀释度平板低于15CFU的，记录具体菌落数。

d. 证实试验。从VRBA平板上挑取10个不同类型的典型和可疑菌落，少于10个菌落的挑取全部典型和可疑菌落。分别移种于BGLB肉汤管内，（36±1）℃培养24～48h，观察产气情况。凡BGLB肉汤管产气即可报告为大肠菌群阳性。

e. 大肠菌群平板计数的报告。经最后证实为大肠菌群阳性的试管比例乘以步骤c中计数的平板菌落数，再乘以稀释倍数，即为每克（毫升）样品中大肠菌群数。

例：10^{-4}样品稀释液1mL，在VRBA平板上有100个典型和可疑菌落，挑取其中10个接种BGLB肉汤管，证实有6个阳性管，则该样品的大肠菌群数为：

$$100 \times 6 \div 10 \times 10^4/g(mL) = 6.0 \times 10^5 CFU/g(mL)$$

若所有稀释度（包括液体样品原液）平板均无菌落生长，则以小于1乘以最低稀释倍数计算。

3. 商业无菌检验（参见 GB/T 4789.26—2013）

（1）设备和材料 除微生物实验室常规灭菌及培养设备外，其他设备和材料如下：

冰箱：2～5℃。

恒温培养箱：（30±1）℃；（36±1）℃；（55±1）℃。

恒温水浴箱：（55±1）℃。

均质器及无菌均质袋、均质杯或乳钵。

电位pH计（精确度pH0.05单位）。

显微镜：10～100倍。

开罐器和罐头打孔器。

电子秤或台式天平。

超净工作台或百级洁净实验室。

（2）培养基和试剂的配制

① 无菌生理盐水：称取8.5g氯化钠溶于1000mL蒸馏水中，121℃高压灭菌15min。

② 结晶紫染色液：将1.0g结晶紫完全溶解于95%乙醇中，再与1%草酸铵溶液混合。

③ 二甲苯。

④ 含4%碘的乙醇溶液：4g碘溶于100mL的70%乙醇溶液。

（3）检测程序与操作步骤

商业无菌检验程序见图7-4。

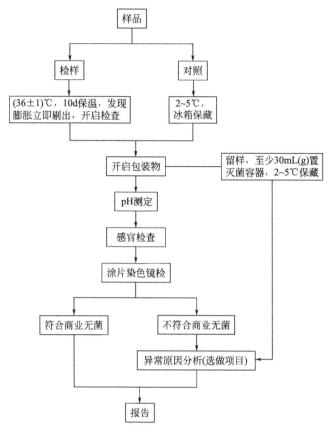

图 7-4　商业无菌检验程序

① 样品的准备。去除表面标签，在包装容器表面用防水的油性记号笔做好标记，并记录容器、编号、产品性状、泄漏情况、是否有小孔或锈蚀、压痕、膨胀及其他异常情况。

② 称重。1kg 及以下的包装物精确到 1g，1kg 以上的包装物精确到 2g，10kg 以上的包装物精确到 10g，并记录。

③ 保温。

a.每个批次取 1 个样品置 2～5℃ 冰箱保存作为对照，将其余样品在（36±1）℃下保温 10d。保温过程中应每天检查，如有膨胀或泄漏现象，应立即剔出，开启检查。

b.保温结束时，再次称重并记录，比较保温前后样品重量有无变化。如有变轻，表明样品发生泄漏。将所有包装物置于室温直至开启检查。

④ 开启。

a.如有膨胀的样品，则将样品先置于 2～5℃ 冰箱内冷藏数小时后开启。

b.用冷水和洗涤剂清洗待检样品的光滑面。水冲洗后用无菌毛巾擦干。以含 4％碘的乙醇溶液浸泡消毒光滑面 15min 后用无菌毛巾擦干，在密闭罩内点燃至表面残余的碘乙醇溶液全部燃烧完。膨胀样品以及采用易燃包装材料包装的样品不能灼烧，以含4%碘的乙醇溶液浸泡消毒光滑面30min后用无菌毛巾擦干。

c.在超净工作台或百级洁净实验室中开启。带汤汁的样品开启前应适当振摇。使用无菌开罐器在消毒后的罐头光滑面开启一个适当大小的口，开罐时不得伤及卷边结构，每一个罐头单独使用一个开罐器，不得交叉使用。如样品为软包装，可以使用灭菌剪刀开启，不得损坏接口处。立即在开口上方嗅闻气味，并记录。

注：严重膨胀样品可能会发生爆炸，喷出有毒物。可以采取在膨胀样品上盖一条灭菌毛巾或者用一个无菌漏斗倒扣在样品上等预防措施来防止这类危险的发生。

⑤ 留样。开启后，用灭菌吸管或其他适当工具以无菌操作取出内容物至少30mL（g）至灭菌容器内，保存于2～5℃冰箱中，在需要时可用于进一步试验，待该批样品得出检验结论后可弃去。开启后的样品可进行适当的保存，以备日后容器检查时使用。

⑥ 感官检查。在光线充足、空气清洁无异味的检验室中，将样品内容物倾入白色搪瓷盘内，对产品的组织、形态、色泽和气味等进行观察和嗅闻，按压食品检查产品性状，鉴别食品有无腐败变质的迹象，同时观察包装容器内部和外部的情况，并记录。

⑦ pH 测定。

a.样品处理。液态制品混匀备用，有固相和液相的制品则取混匀的液相部分备用。

对于稠厚或半稠厚制品以及难以从中分出汁液的制品（如：糖浆、果酱、果冻、油脂等），取一部分样品在均质器或研钵中研磨，如果研磨后的样品仍太稠厚，加入等量的无菌蒸馏水，混匀备用。

b.测定。将电极插入被测试样液中，并将 pH 计的温度校正器调节到被测液的温度。如果仪器没有温度校正系统，被测试样液的温度应调到（20±2)℃的范围之内，采用适合于所用 pH 计的步骤进行测定。当读数稳定后，从仪器的标度上直接读出 pH，精确到 pH 0.05 单位。

同一个制备试样至少进行两次测定。两次测定结果之差应不超过 0.1 pH 单位。取两次测定的算术平均值作为结果，报告精确到 0.05 pH 单位。

c.分析结果。与同批中冷藏保存对照样品相比，比较是否有显著差异。pH 相差 0.5 及以上判为显著差异。

⑧ 涂片染色镜检。

a.涂片。取样品内容物进行涂片。带汤汁的样品可用接种环挑取汤汁涂于载玻片上，固态食品可直接涂片或用少量灭菌生理盐水稀释后涂片，待干后用火焰固定。油脂性食品涂片自然干燥并经火焰固定后，用二甲苯流洗，自然干燥。

b.染色镜检。对上述涂片用结晶紫染色液进行单染色，干燥后镜检，至少观察 5 个视野，记录菌体的形态特征以及每个视野的菌数。与同批冷藏保存对照样品相比，判断是否有明显的微生物增殖现象。菌数有百倍或百倍以上的增长则判为明显增殖。

（4）结果判定　样品经保温试验未出现泄漏；保温后开启，经感官检验、pH测定、涂片镜检，确证无微生物增殖现象，则可报告该样品为商业无菌。

样品经保温试验出现泄漏；保温后开启，经感官检验、pH测定、涂片镜检，确证有微生物增殖现象，则可报告该样品为非商业无菌。

若需核查样品出现膨胀、pH或感官异常、微生物增殖等原因，可取样品内容物的留样进行接种培养并报告。若需判定样品包装容器是否出现泄漏，可取开启后的样品进行密封性检查并报告（详见GB/T 4789.26—2013附录B）。

4. 金黄色葡萄球菌检验（参见 GB/T 4789.10—2016）

（1）设备和材料　除微生物实验室常规灭菌及培养设备外，其他设备和材料如下：

恒温培养箱：（36±1）℃。

冰箱：2～5℃。

恒温水浴箱：36～56℃。

天平：感量0.1g。

均质器。

振荡器。

无菌吸管：1mL（具0.01mL刻度）、10mL（具0.1mL刻度）或微量移液器及吸头。

无菌锥形瓶：容量100mL、500mL。

无菌培养皿：直径90mm。

涂布棒。

pH计或pH比色管或精密pH试纸。

（2）培养基和试剂的配制

① 7.5%氯化钠肉汤。

成分：蛋白胨10g，牛肉膏5g，氯化钠75g，蒸馏水1000mL。

制法：将上述成分加热溶解，调节pH至7.4±0.2，分装，每瓶220mL，121℃高压灭菌15min。

② 血琼脂平板。

成分：豆粉琼脂（pH 7.5±0.2）100mL，脱纤维羊血（或兔血）5～10mL。

制法：加热溶化琼脂，冷却到50℃，以灭菌操作加入脱纤维羊血，摇匀，倾注平板。

③ Baird—Parker琼脂平板。

成分：胰蛋白胨10g，牛肉膏5g，酵母膏1g，丙酮酸钠10g，甘氨酸12g，氯化锂（LiCl·6H₂O）5g，琼脂20g，蒸馏水950mL。

制法：将各成分加到蒸馏水中，加热煮沸至完全熔解，调节pH至7.0±

0.2。分装每瓶 95mL，121℃ 高压灭菌 15min。临用时加热熔化琼脂，冷却至 50℃，每 95mL 加入预热至 50℃ 的卵黄亚碲酸钾增菌剂（增菌剂的配法：30% 卵黄盐水 50mL 与通过 0.22μm 孔径滤膜进行过滤除菌的 1% 亚碲酸钾溶液 10mL 混合，保存于冰箱内）5mL，摇匀后倾注平板。培养基应是致密不透明的。使用前在冰箱中储存不得超过 48h。

④ 脑心浸出液（BHI）肉汤。

成分：胰蛋白胨 10g，氯化钠 5g，磷酸氢二钠（12H$_2$O）2.5g，葡萄糖 2g，牛心浸出液 500mL。

制法：将各成分加热溶解，调节 pH 至 7.4±0.2，分装 16mm×160mm 试管，每管 5mL，121℃ 高压灭菌 15min。

⑤ 兔血浆。取柠檬酸钠 3.8g，加蒸馏水到 100mL，溶解后过滤，装瓶，121℃ 高压灭菌 15min 获得 3.8% 柠檬酸钠溶液。取 3.8% 柠檬酸钠溶液一份加兔全血 4 份，混合好静置之（或以 3000r/min 离心 30min），使血液细胞数下降，即可得血浆进行试验。

⑥ 磷酸盐缓冲液。

贮存液：称取 34.0g 的磷酸二氢钾溶于 500mL 蒸馏水中，用大约 175mL 的 1mol/L 氢氧化钠溶液调节 pH 至 7.2，用蒸馏水稀释至 1000mL 后贮存于冰箱。

稀释液：取贮存液 1.25mL，用蒸馏水稀释至 1000mL，分装于适宜容器中，121℃ 高压灭菌 15min。

⑦ 营养琼脂小斜面。

成分：蛋白胨 10g，牛肉膏 3g，氯化钠 5g，琼脂 15～20g，蒸馏水 1000mL。

制法：将除琼脂以外的各成分溶解于蒸馏水内，加入 15% 氢氧化钠溶液约 2mL，调节 pH 至 7.3±0.2。加入琼脂，加热煮沸，使琼脂溶化，分装 13mm× 130mm 试管，121℃ 高压灭菌 15min。

⑧ 革兰氏染色液。

a. 结晶紫染色液。

成分：结晶紫 1.0g，95% 乙醇 20.0mL，1% 草酸铵水溶液 80.0mL。

制法：将结晶紫完全溶解于乙醇中，然后与草酸铵溶液混合。

b. 革兰氏碘液。

成分：碘 1.0g，碘化钾 2.0g，蒸馏水 300mL。

制法：将碘与碘化钾先行混合，加入蒸馏水少许充分振摇，待完全溶解后，再加蒸馏水至 300mL。

c. 沙黄复染液。

成分：沙黄 0.25g，95% 乙醇 10.0mL，蒸馏水 90.0mL。

制法：将沙黄溶解于乙醇中，然后用蒸馏水稀释。

d. 染色法。

ⅰ.涂片在火焰上固定，滴加结晶紫染液，染 1min，水洗。

ⅱ.滴加革兰氏碘液,作用1min,水洗。

ⅲ.滴加95%乙醇脱色约15～30s,直至染色液被洗掉,不要过分脱色,水洗。

ⅳ.滴加复染液,复染1min,水洗、待干、镜检。

⑨ 无菌生理盐水。称取8.5g氯化钠溶于1000mL蒸馏水中,121℃高压灭菌15min。

(3) 检测程序与操作步骤

① 金黄色葡萄球菌定性检验,此法适用于食品中金黄色葡萄球菌的定性检验。

金黄色葡萄球菌定性检验程序见图7-5。

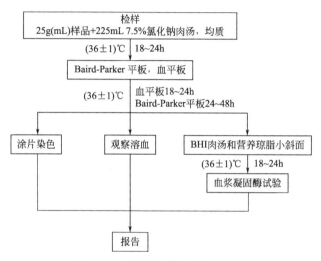

图7-5 金黄色葡萄球菌检验程序

a.样品的处理。称取25g样品至盛有225mL7.5%氯化钠肉汤的无菌均质杯内,8000～10000r/min均质1～2min,或放入盛有225mL7.5%氯化钠肉汤无菌均质袋中,用拍击式均质器拍打1～2min。若样品为液态,吸取25mL样品至盛有225mL7.5%氯化钠肉汤的无菌锥形瓶(瓶内可预置适当数量的无菌玻璃珠)中振荡混匀。

b.增菌。将上述样品匀液于(36±1)℃培养18～24h。金黄色葡萄球菌在7.5%氯化钠肉汤中呈浑浊生长。

c.分离。将增菌后的培养物分别划线接种到Baird-Parker平板和血平板,血平板(36±1)℃培养(18～24)h。Baird-Parker平板(36±1)℃培养24～48h。

d.初步鉴定。金黄色葡萄球菌在Baird-Parker平板上呈圆形,表面光滑、凸起、湿润,菌落直径为2～3mm,颜色呈灰黑色至黑色,有光泽,常有浅色(非白色)的边缘,周围绕以不透明圈(沉淀),其外常有一清晰带。当用接种针触及菌落时具有黄油样黏稠感。有时可见到不分解脂肪的菌株,除没有不透明圈和清晰带外，其他外观基本相同。从长期贮存的冷冻或脱水食品中分离的菌落，其黑色常较典型菌落浅些，且外观可能较粗糙、质地较干燥。在血平板上，形成菌落较大，圆形、光滑凸起、湿润、金黄色（有时为白色），菌落周围可见完全透明溶血圈。挑取上述可疑菌落进行革兰氏染色镜检及血浆凝固酶试验。

e.确证鉴定。

ⅰ.染色镜检：金黄色葡萄球菌为革兰氏阳性球菌，排列呈葡萄球状，无芽孢，无荚膜，直径约为 $0.5 \sim 1 \mu m$。

ⅱ.血浆凝固酶试验：挑取 Baird-Parker 平板或血平板上至少 5 个可疑菌落（小于 5 个全选），分别接种到 5mLBHI 和营养琼脂小斜面，(36 ± 1)℃培养 18～24h。

取新鲜配制兔血浆 0.5mL，放入小试管中，再加入 BHI 培养物 0.2～0.3mL，振荡摇匀，置 (36 ± 1)℃温箱或水浴箱内，每半小时观察一次，观察 6h，如呈现凝固（即将试管倾斜或倒置时，呈现凝块）或凝固体积大于原体积的一半，被判定为阳性结果。同时以血浆凝固酶试验阳性和阴性葡萄球菌菌株的肉汤培养物作为对照。也可用商品化的试剂，按说明书操作，进行血浆凝固酶试验。

结果如可疑，挑取营养琼脂小斜面的菌落到 5mLBHI，(36 ± 1)℃培养 18～48h，重复试验。

f.结果与报告。

结果判定：符合步骤 d、步骤 e 可判定为金黄色葡萄球菌。

结果报告：在 25g（mL）样品中检出或未检出金黄色葡萄球菌。

② 金黄色葡萄球菌平板计数法，此法适用于金黄色葡萄球菌含量较高的食品中金黄色葡萄球菌的计数。

金黄色葡萄球菌平板计数法检验程序见图 7-6。

a.样品的稀释。

ⅰ.固体和半固体样品：称取 25g 样品置于盛有 225mL 磷酸盐缓冲液或生理盐水的无菌均质杯内，8000～10000r/min 均质 1～2min，或置于盛有 225mL 稀释液的无菌均质袋中，用拍击式均质器拍打 1～2min，制成 1：10 的样品匀液。

ⅱ.液体样品：以无菌吸管吸取 25mL 样品置于盛有 225mL 磷酸盐缓冲液或生理盐水的无菌锥形瓶（瓶内预置适当数量的无菌玻璃珠）中，充分混匀，制成 1：10 的样品匀液。

ⅲ.用 1mL 无菌吸管或微量移液器吸取 1：10 样品匀液 1mL，沿管壁缓慢注于盛有 9mL 磷酸盐缓冲液或生理盐水的无菌试管中

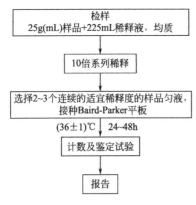

图 7-6　金黄色葡萄球菌平板
计数法检验程序

（注意吸管或吸头尖端不要触及稀释液面），振摇试管或换用 1 支 1mL 无菌吸管反复吹打使其混合均匀，制成 1∶100 的样品匀液。

ⅳ.按操作ⅲ程序制备 10 倍系列稀释样品匀液。每递增稀释一次，换用 1 次 1mL 无菌吸管或吸头。

b.样品的接种。

根据对样品污染状况的估计，选择 2～3 个适宜稀释度的样品匀液（液体样品可包括原液），在进行 10 倍递增稀释的同时，每个稀释度分别吸取 1mL 样品匀液以 0.3mL、0.3mL、0.4mL 接种量分别加入 3 块 Baird-Parker 平板，然后用无菌涂布棒涂布整个平板，注意不要触及平板边缘。使用前，如 Baird-Parker 平板表面有水珠，可放在 25～50℃的培养箱里干燥，直到平板表面的水珠消失。

c.培养。

在通常情况下，涂布后将平板静置 10min，如样液不易吸收，可将平板放在培养箱（36±1）℃培养 1h，等样品匀液吸收后翻转平板，倒置后于（36±1）℃培养 24～48h。

d.典型菌落计数和确认。

ⅰ.金黄色葡萄球菌在 Baird-Parker 平板上呈圆形，表面光滑、凸起、湿润、菌落直径为 2～3mm，颜色呈灰黑色至黑色，有光泽，常有浅色（非白色）的边缘，周围绕以不透明圈（沉淀），其外常有一清晰带。当用接种针触及菌落时具有黄油样黏稠感。有时可见到不分解脂肪的菌株，除没有不透明圈和清晰带外，其他外观基本相同。从长期贮存的冷冻或脱水食品中分离的菌落，其黑色常较典型菌落浅些，且外观可能较粗糙，质地较干燥。

ⅱ.选择有典型的金黄色葡萄球菌菌落的、且同一稀释度 3 个平板所有菌落数合计在 20～200CFU 之间的平板，计数典型菌落数。

ⅲ.从典型菌落中至少选 5 个可疑菌落（小于 5 个全选）进行鉴定试验。分别做染色镜检、血浆凝固酶试验，同时划线接种到血平板（36±1）℃培养 18～24h 后观察菌落形态，金黄色葡萄球菌菌落较大，圆形、光滑凸起、湿润、金黄色（有时为白色），菌落周围可见完全透明溶血圈。

e.结果计算。

ⅰ.若只有一个稀释度平板的典型菌落数在 20～200CFU，计数该稀释度平板上的典型菌落，按式（7-1）计算。

ⅱ.若最低稀释度平板的典型菌落数小于 20CFU，计数该稀释度平板上的典型菌落，按式（7-1）计算。

ⅲ.若某一稀释度平板的典型菌落数大于 200CFU，但下一稀释度平板上没有典型菌落，计数该稀释度平板上的典型菌落，按式（7-1）计算。

ⅳ.若某一稀释度平板的典型菌落数大于 200CFU，而下一稀释度平板上虽有典型菌落但不在 20～200CFU 范围内，应计数该稀释度平板上的典型菌落，按式（7-1）计算。

v. 若2个连续稀释度的平板典型菌落数均在20～200CFU，按式（7-2）计算。

vi. 计算公式

$$T = \frac{AB}{Cd}$$ (7-1)

式中　T——样品中金黄色葡萄球菌菌落数；

　　　A——某一稀释度典型菌落的总数；

　　　B——某一稀释度鉴定为阳性的菌落数；

　　　C——某一稀释度用于鉴定试验的菌落数；

　　　d——稀释因子。

$$T = \frac{A_1 B_1 / C_1 + A_2 B_2 / C_2}{1.1d}$$ (7-2)

式中　T——样品中金黄色葡萄球菌菌落数；

　　　A_1——第一稀释度（低稀释倍数）典型菌落的总数；

　　　B_1——第一稀释度（低稀释倍数）鉴定为阳性的菌落数；

　　　C_1——第一稀释度（低稀释倍数）用于鉴定试验的菌落数；

　　　A_2——第二稀释度（高稀释倍数）典型菌落的总数；

　　　B_2——第二稀释度（高稀释倍数）鉴定为阳性的菌落数；

　　　C_2——第二稀释度（高稀释倍数）用于鉴定试验的菌落数；

　　　1.1——计算系数；

　　　d——稀释因子（第一稀释度）。

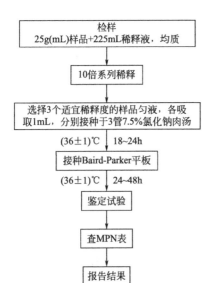

图 7-7　金黄色葡萄球菌 MPN
计数法检验程序

f. 报告。根据上述公式计算结果，报告每克（毫升）样品中金黄色葡萄球菌数，以 CFU/g（mL）表示。如 T 值为 0，则以小于 1 乘以最低稀释倍数报告。

③ 金黄色葡萄球菌 MPN 计数法，此法适用于金黄色葡萄球菌含量较低的食品中金黄色葡萄球菌的计数。

金黄色葡萄球菌 MPN 计数法检验程序见图 7-7。

a. 样品的稀释。按平板计数法步骤 a 进行。

b. 接种和培养。

i. 根据对样品污染状况的估计，选择 3 个适宜稀释度的样品匀液（液体样品可包括原液），在进行 10 倍递增稀释的同时，每个稀释度分别接种 1mL 样品匀液至 7.5%氯化钠肉汤管（如接种量超过 1mL，则用双料 7.5％氯化钠肉汤），每个稀释度接种 3 管，将上述接种物于（36±1）℃下培养 18～24h。

ⅱ.用接种环从培养后的 7.5％氯化钠肉汤管中分别取培养物 1 环，移种于 Baird-Parker 平板上，在（36±1）℃下培养 24～48h。

c.典型菌落确认。

按平板计数法步骤 d 的ⅰ、ⅲ进行。

d.结果与报告。

根据证实为金黄色葡萄球菌阳性的试管管数，查 MPN 检索表（表 7-5），报告每克（毫升）样品中金黄色葡萄球菌的最可能数，以 MPN/g（mL）表示。

表 7-5 金黄色葡萄球菌最可能数（MPN）检索表

阳性管数			MPN	95％置信区间		阳性管数			MPN	95％置信区间	
0.1	0.01	0.001		下限	上限	0.1	0.01	0.001		下限	上限
0	0	0	<3.0	—	9.5	2	2	0	21	4.5	42
0	0	1	3.0	0.15	9.6	2	2	1	28	8.7	94
0	1	0	3.0	0.15	11	2	2	2	35	8.7	94
0	1	1	6.1	1.2	18	2	3	0	29	8.7	94
0	2	0	6.2	1.2	18	2	3	1	36	8.7	94
0	3	0	9.4	3.6	38	3	0	0	23	4.6	94
1	0	0	3.6	0.17	18	3	0	1	38	8.7	110
1	0	1	7.2	1.3	18	3	0	2	64	17	180
1	0	2	11	3.6	38	3	1	0	43	9	180
1	1	0	7.4	1.3	20	3	1	1	75	17	200
1	1	1	11	3.6	38	3	1	2	120	37	420
1	2	0	11	3.6	42	3	1	3	160	40	420
1	2	1	15	4.5	42	3	2	0	93	18	420
1	3	0	16	4.5	42	3	2	1	150	37	420
2	0	0	9.2	1.4	38	3	2	2	210	40	430
2	0	1	14	3.6	42	3	3	0	290	90	1000
2	0	2	20	4.5	42	3	3	0	240	42	1000
2	1	0	15	3.7	42	3	3	1	460	90	2000
2	1	1	20	4.5	42	3	3	2	1100	180	4100
2	1	2	27	8.7	94	3	3	3	>1100	420	—

注：1.本表采用 3 个稀释度 ［0.1g（mL）、0.01g（mL）和 0.001g（mL）］，每个稀释度接种 3 管。

2.表内所列检样量如改用 1g（mL）、0.1g（mL）和 0.01g（mL）时，表内数字应相应降低 10 倍；如改用 0.01g（mL）、0.001g（mL）、0.0001g（mL）时，则表内数字应相应增高 10 倍，其余类推。

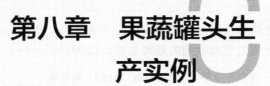

第八章　果蔬罐头生产实例

第一节　水果罐头

水果罐头以糖水水果罐头为主，这里主要介绍糖水水果罐头的生产。

糖水水果罐头是一类深受消费者喜爱的果品罐头，由水果经处理后加入糖液制成，制品较好地保持了水果原料固有的形状和风味。糖水水果罐头的种类有很多，但其生产过程和基本方法基本一致。

一、糖水水果罐头生产概述

1. 基本工艺流程

原料验收→原料预处理→分选→装罐→注液（糖水）→排气→密封→杀菌→冷却→
检验→包装→成品

2. 糖水的配制

糖水水果罐头所用的糖液主要为蔗糖溶液，蔗糖应该是碳酸法生产的符合 GB 317—2006 的优质白砂糖。

（1）糖液的浓度　装罐所用的糖水浓度一般是根据装罐前果肉的可溶性固形物含量、产品开罐后要求达到的糖液浓度、每罐果肉装入量和糖液注入量通过以下公式计算获得的：

$$\omega_2 = \frac{m_3\omega_3 - m_1\omega_1}{m_2}$$

式中　m_1——每罐装入果肉的质量，g；

　　　m_2——每罐注入糖液的质量，g；

　　　m_3——每罐净质量，g；

　　　ω_1——装罐前果肉的可溶性固形物的含量，%；

ω_2——装罐用糖水的浓度，%；

ω_3——产品开罐后要求达到的糖液浓度，%。

（2）糖液的配制　糖液的配制有直接法和稀释法两种。直接法是根据装罐所需的糖液浓度直接称取糖和水，加热搅拌溶解，煮沸 5～10min，过滤后待用。稀释法是先配制高浓度的糖液，一般浓度在 65% 以上。装罐时再根据所需浓度，用水或稀糖液进行稀释后使用。

配制糖液用水应注意控制水的硬度和水中硝酸根和亚硝酸根离子的量。硬度过高会使果蔬组织发生硬化；硝酸根和亚硝酸根离子的含量过高会加速金属罐内壁的腐蚀速度。

3. 水果罐头的变色及其预防措施

变色是水果罐头常见的质量问题。水果罐头可能会在加工、贮藏、运输、销售等过程中发生各种色变。如糖水白桃变为紫罗兰色、橄榄褐色及灰暗色；糖水梨的褐变或红变；糖水荔枝的变红或变黄暗；糖水苹果的褐变和变黑色或深绿色；糖水杨梅、草莓、樱桃、红葡萄等的褪色或变蓝紫色等。引起这些变色的原因及预防变色的措施可归纳如下。

（1）变色原因

① 水果中固有化学成分变化而引起的变色。水果中含有丰富的单宁物质。单宁在酸性条件和有氧存在时发生氧化缩合而使水果变红，如梨的变红、荔枝的变红等。单宁物质遇 Fe^{3+} 变黑色，如糖水莲藕的变色。单宁在碱性条件下变黑，如碱液去皮后的桃子的黑变。由酶和单宁引起的酶褐变在果蔬加工中也经常出现，如苹果、香蕉、梨等在加工中的褐变。

水果中的色素物质性质不稳定，容易受到环境因素（pH、金属离子、光、热等）的影响而发生反应，从而导致产品出现变色现象。水果中含有的氨基酸与糖类发生美拉德反应而导致果实变色，如桃子的变色；水果中含有的单宁与氨基酸、仲胺类物质结合生成红褐色到深紫红色物质，如荔枝的变色。

② 抗坏血酸氧化引起的变色。罐头中适量的抗坏血酸或 D-异抗坏血酸钠能起到抗氧化、防止变色的效果。但若在加工、贮藏中条件控制得不好，会使抗坏血酸或 D-异抗坏血酸钠发生氧化，则将引起非酶褐变。

③ 加工操作不当引起的变色。采用碱液去皮时，果肉在碱液中停留时间过长或冲碱不及时、不彻底均会引起变色，如桃子在碱液中停留过久会使花青素和单宁的氧化变色加剧。果肉在加工过程中受热过度将加深果肉的颜色，如桃肉在预煮、排气或杀菌过程中温度过高或时间延长，会使变色程度加剧。

④ 罐头成品贮藏温度不当引起的变色。某些罐头在贮藏过程会发生逐渐变色的现象。这是因为这些罐头长时间在高温下贮藏，加速了罐内一些成分的变化，会加速无色花色素变为有色花色素，加速单宁物质的氧化缩合等，从而使果肉变色。

（2）预防变色的措施

①控制原料的品种和成熟度。选用花色素、单宁等含量较少的原料品种，并严格控制原料的成熟度。

②严格控制各工序的操作。

a.在整个加工过程中，去皮后的果肉不能直接暴露在空气中，要浸入盐水或其他护色液中护色。

b.采用碱液去皮时，控制好在碱液中的时间，要及时冲净余碱，必要时可采用柠檬酸进行中和。

c.尽量缩短加工流程，减少加工过程中的热处理时间，杀菌后及时冷却。

d.采用预煮、抽空等方法抑制原料中酶和氧的作用。

e.在加工过程中避免使用硬度高的水，避免与铁、铜等金属离子接触。

f.配制糖水时应煮沸，最好现配现用，避免蔗糖转化。

g.可在糖水中添加适量的酸。

h.控制罐头仓库的贮藏温度，避免出现高温贮藏。

③添加某些保护剂或酶类。

a.可在糖液中添加适量的抗坏血酸防止变色，但要控制加入量，过多会起反作用。

b.添加适量的多聚磷酸盐或EDTA来螯合金属离子。

c.加入葡萄糖氧化酶和抗坏血酸，以消耗罐内残存的氧，使红色花色素脱色还原。

d.加入花色素酶分解花色素，以减少果肉中花色素的含量。

二、糖水水果罐头的加工实例

实例1——糖水荔枝罐头

荔枝具有很高的经济价值，是目前在国际市场上最具竞争力的名稀特优水果。由于气候、地理条件的限制，目前国外栽培的面积不多，质量、数量和规模上难以同我国相比，能与我国竞争者更少。广东省荔枝栽培面积最大，总产量最多，约占全国荔枝产量的62%，其次为台湾省、广西壮族自治区、福建省、海南省、四川省、云南省和贵州省等地区，主要栽培品种有兰竹、陈紫、乌叶、早红等。

1.原料

（1）规范要求

①原料的要求。由于原料的品质直接关系到罐头加工的质量，因此供罐头加工用的良种，要求果肉洁白、嫩脆、味甜微酸、香气浓郁，加工时不易变色，果壳易剥离等。

②采收成熟度。适宜的采收成熟度一般是80%～90%，外表面红色鲜艳，果实饱满（考虑可溶性固形物含量和酸度）。

126

（2）注意事项

① 采摘尽量于晴天上午进行，午后采摘的果实应注意散热。

因为在一定范围内，温度过高，呼吸强度加大，营养物质消耗快；还会增强缺氧呼吸，不断累积乙醇，使细胞中毒，均会造成贮藏寿命缩短。缺氧呼吸和有氧呼吸都是果蔬贮藏期间本身具有的生理现象。缺氧呼吸时，果实要得到生命活动所需要的能量就要消耗大量的有机物质，同时呼吸的产物为乙醛、乙醇等，如果积累过高，将引起细胞中毒，导致生理病害的发生，不仅降低了果蔬的品质，而且大大降低了果蔬的贮藏性。

有氧呼吸反应：$C_6H_{12}O_6 + 6O_2 \longrightarrow 6CO_2 + 6H_2O + 2.8MJ$

无氧呼吸反应：$\qquad C_6H_{12}O_6 \longrightarrow 2C_2H_5OH + 2CO_2 + 117kJ$

温度过高也会造成果肉尖端呈黄尾巴（黄褐色）的数量增多。

② 采摘时要求整穗、整枝，带枝叶适度（4%），装时果枝向内，使箱内留有空隙，利于通风，同时切勿压伤果实（12～15kg/箱）。目的是提供足够的氧气，以免因周围环境缺乏氧气，而引起缺氧呼吸。

③ 发育不完全果、裂果、烂果、病虫害及机械伤果，应予以剔除，以免交叉污染及造成贮温升高。

④ 装运时也要注意降温，防止日晒雨淋，特别严防机械损伤，尤其果蒂部分。因为果蔬遭受伤害后，会刺激呼吸的加强，不仅要消耗营养物质，降低耐藏性，同时呼吸强度增高，散发出较多的能量，使贮温升高。有的认为完整组织的呼吸强度低，是因为组织内氧的浓度小，而二氧化碳的浓度大，一旦破损了，组织内部暴露了，氧的浓度增大，呼吸作用也加强。脱柄及内膜破裂，也是造成罐头加工后产生变色的原因。

⑤ 要限制采收至投产的时间。

⑥ 水果一般不贮藏，特殊情况需冷藏时要求原料新鲜，库温控制在0～3℃，相对湿度90%以上，贮藏时间少于5天，顶层应覆盖一层麻袋，以保持温度，防果皮干燥脱水变褐。因为低温能抑制果蔬的呼吸作用，降低因呼吸作用引起的营养物质的消耗量，减缓衰老，也会抑制微生物的活动。

2. 生产工艺及加工要求

（1）原料验收及选果　按原料质量规格要求，抽样（5%）验收。主要规定直径大小、成熟度、色泽、完好果率，并将不符合规定的果粒剔除，以提高生产车间的劳动效率，不符合果供作他用。

（2）去壳去核　按果实大小，选用口径12～15mm的穿心筒。先用去核刀从果蒂斜插入，去果蒂周围果皮，注意不得伤及果肉，用穿心筒由果蒂部位插入，稍微左右转动，然后拔出穿心筒，再用去核夹子夹出果核，从洞口周围剥去果皮，小心取出果肉，并修整余留的木质纤维。处理时应注意保持洞口完整，不破裂，不压伤果肉。具体要求做到：去蒂不伤果肉，穿心对准果核，去核不破果顶，去皮不破果肉。处理好的果肉按等级（参照成品标准）分别盛放，注意及时送果，以免积压，造成果肉变色，要求自处理到封口不超过 15min。

（3）漂洗　处理检验好的果肉，送至漂洗组，少量多洗，用漏盆经二道清水漂洗，每次只允许洗半盆。要求洗净附着于果肉的外来夹杂物，漂水池经常换水，保持漂洗水清洁。

（4）装罐　采用 8113♯ 铁罐，用前按要求洗净。从洗罐到装罐，不得超过 1h，以防生锈，下班后用不完的空罐应收回及时烘干。装罐内容物标准及装罐量按成品标准确定。

（5）灌糖水　糖液中的糖、酸按果肉的糖、酸及成品可溶性固形物要求进行配制（每 2h 测一次半成品果肉），以达到成品要求（糖 14%～18%，pH 4.0～4.5，酸 0.19%～0.22%）。糖液中添加柠檬酸时，应随用随加，一般自柠檬酸加入后应半小时内用完为好，灌入糖水后用光滑的不锈钢棒沿罐内壁插至罐底并轻轻搅动，使果肉核室内的空气得以逸出，经搅动后应补充糖水至满。

（6）封口　排气封口要求罐中心温度达 70～75℃，灌汤至封口时间不超过 8min；真空封口的真空度要求在 380MPa 以上。在不影响净重的情况下，提高真空度，对减少变色作用及减轻罐内壁氧化腐蚀都有好处。封好口的罐应逐罐检查封口线质量，罐盖朝下装入铁篮（以防罐内形成氧化圈），应经常检查净重是否达到要求。罐盖代号打法按照产品或客户标准要求进行，其中荔枝的产品代号为 605。

（7）杀菌冷却　8113♯ 罐按以下要求进行杀菌和冷却。

① 排气封罐。杀菌式 3～10min/100℃。

② 真空封口。杀菌式（水杀）5～10min/100℃（大粒及兰竹杀菌时间增加 1min）。

③ 冷却。杀菌后尽快冷却至 38℃ 左右（控制冷却水温 25～30℃），及时擦罐，涂防锈油，罐盖朝上，正放入库。从密封到杀菌间隔时间不得超过 10min；杀菌锅的水每半班应更换一次；冷却水余氯 3～7mg/L，每小时抽测一次。

（8）擦罐入库　罐头经擦水入库，不装箱，堆叠成圆形或方形均可，按车间班次分开叠罐。仓位必须通风良好，若仓库温度过高，在堆叠过程应用鼓风机将罐头吹冷加速冷却，并于第二天打检装箱。

3. 主要质量问题及控制措施

（1）质量问题　果肉变色，表现为褐斑果、黄尾巴、红变。

（2）措施

① 选用成熟度高的原料，因成熟度越低，其酶活力越大，引起变色越严重。

② 果肉局部变褐色，主要因机械伤引起，因此，要防止荔枝在贮运和加工过程中受机械伤。

③ 冷藏原料由于温度回升常引起果肉尖端褐变增多，果肉肩部变淡黄、褐色至浓红褐色。因此，最好采用成熟的新鲜荔枝加工。

④ 加快生产流程，杀菌后及时冷却，冷却水采用冰降温，控制仓温，可减少果肉出现黄尾巴（荔枝果肉中含有 0.13%～0.28% 的单宁，其中果尖部分含

量为其余部分的 3～4 倍，果壳含量更高）。

⑤ 糖水中加适量酸，酸度过低会因杀菌不足易造成胀罐，过高由于单宁在酸性条件下加热氧化而产生非酶褐变，或与糖的降解产物糠醛或羟基糠醛作用易变红。糖水需随配随用，糖水配制后冷却至 40℃ 以下，再加酸装罐，对防止红变有明显效果。

实例 2——糖水龙眼罐头

龙眼在世界上的分布以亚洲为主，我国龙眼栽培面积和产量均居世界之冠，主要产区是福建、广西和广东。按目前的城乡消费水平，产地只能消费龙眼鲜果的 20％，80％ 的龙眼要靠加工和外销。虽然龙眼和荔枝并列为我国南方名优特产佳果，龙眼但不像荔枝那样在国际市场上具有得天独厚的优势。除中国外，泰国也是龙眼的一个主产国。

1. 原料

（1）罐藏品种的要求 采用新鲜或冷藏的果实，成熟度 80％～90％，肉质致密而厚，风味正常，无霉烂、病虫害及机械伤，果实横径在 24mm 以上，个别品种可在 20mm 以上。

（2）采摘、装运、贮藏 采摘及装运有关要点参照糖水荔枝罐头产品。冷藏条件宜采用贮藏温度 1～3℃，相对湿度 94％～96％，贮藏时间 1～5 天。采摘至投产时间不超过 24h。

2. 生产工艺及加工要求

（1）原料验收及选果 参照糖水荔枝罐头的生产要点。

（2）去壳去核 操作与糖水荔枝生产相同，不同点在于去壳去核后的龙眼果肉要区分软、硬果。

（3）装罐 软、硬果要分开装罐，其余要求据成品标准确定。

（4）灌糖水 糖度的测定及计算同荔枝，龙眼酸度（仅为 0.07％ 左右），按不计考虑。软硬果分开灌装，软果糖水中加氯化钙 0.02％～0.08％（早期果加0.04％，中、后期果少加或不加）。糖水临用前加入柠檬酸和氯化钙。

（5）封口 龙眼产品参照糖水荔枝罐头的生产要点。

（6）杀菌、冷却 8113♯罐按以下要求进行杀菌。

① 排气封口 杀菌式 3～17min/100℃。

② 真空封口 杀菌式 5～17min/100℃。

3. 主要质量问题及控制措施

龙眼原料含酸量低，糖水中必须加入 0.35％ 以上柠檬酸使成品酸度控制在0.2％ 左右；果肉组织较软的龙眼，必要时可在糖水中加入适量的氯化钙。

实例 3——糖水菠萝罐头

菠萝又称凤梨，是热带名果之一，与香蕉、椰子、芒果并列为四大热带水果，也是我国南方栽种面积较广、产量较多的大宗水果之一。菠萝有特殊香味，曾被欧洲人称为"杰出的水果",因而在欧美筵席上,成为了不可缺少的一种配菜。由于在制罐后仍能保持原来鲜果的风味,因而,菠萝罐头成为了国际市场的畅销货,它在水果罐藏加工业中始终保持在第一、第二的位置。

1. 原料

(1) 品种要求 果实应呈圆筒形或近似圆筒形,发育正常,横径(中部计量最小径)沙种 85mm 以上,台种 70mm 以上;果实新鲜饱满,果柄不发霉、不干瘪,无病虫害、鸟啄、日烧病及机械伤引起的腐烂现象;芽眼浅,果肉淡黄色,肉质脆,多汁,果芯小,纤维少。

(2) 采收成熟度 成熟度达 70%~80% 方可采收;果肉平均可溶性固形物含量不低于 12%。

(3) 装运 注意事项如下。

① 原料收购后应及时装箱、发运,不得堆放积压,自采收至运到工厂最长不得超过 24h。

② 为减少碰损率,根据菠萝由基部成熟的特性,采用头部向下、基部向上的装箱法,以箱叠箱不压伤果实为度。

③ 运输中应遮盖,防止日晒雨淋,上下车要轻拿轻放。

(4) 冷藏

① 库房条件 温度 9~10℃,相对湿度 90%~95%。

② 排列形式 品字形,并与鼓风机平行,经常开冷风,保持库内温度的均匀一致,贮藏时间少于 7 天。

③ 进库原料要求 达到加工成熟度,不得有机械伤、腐烂等现象,黄果成熟度过高者(取出在常温下易发霉变质)及青果不能贮藏(不易转熟)。

2. 生产工艺及加工要求

(1) 原料验收及选果分级 按原料规格要求进行检查验收,符合规格后,按级别或成熟度分别堆放。可投产成熟度按品种掌握:台种 2/3 呈浅黄色,沙种其中有一面开始转黄。

(2) 切端去皮 用菠萝刀平整切去两端,切时不得歪斜,然后沿果皮四周去皮,要求去皮后无棱角,表皮去净,又不带果肉,同时修净虫咬、腐烂部分,去皮后果肉应注意轻拿轻放,防碰伤。

(3) 切片 用木槽切片板切片,切片前将腐烂变色修不净者切除干净,然后用左手将菠萝前沿部压紧切片板,右手持刀靠近切片槽,拉刀平切,要求一刀断,防止斜刀造成厚薄片,切片厚度 10~15mm(参照成品标准调整),尾片、碎片分出供作他用。

(4) 刓目 使用小刀刓目应根据子房深浅决定用刀轻重,刓目时一刀直(较深些)、一刀斜(较浅些),把子房全部修净。

(5) 切块 菠萝切块分扇形及碎块两种。扇形块是按圆片直径大小,每刀切成 4~8 等分的扇形块,最短弧形边的弧长不低于 10mm,最长不超过 42mm。

果片直径在 65mm 以下时，可切成 3～6 块；在 65mm 以上时，可切成 4～8 块（块型大小参照成品标准）。同一罐中块型大小大致均匀，碎块形状不拘。

（6）装罐　罐型 8113♯，装罐内容物标准及装罐量据成品标准确定。如台种开罐固形物要求不低于 54％，则参考装罐量为 350～365g；沙种要求开罐固形物不低于 58％，则参考装罐量为 375～395g。

（7）灌汤　糖水中不加酸（因菠萝本身酸含量达 0.5％以上），糖水浓度按半成品果肉糖度（取上、中、下）计算，使开罐后糖度在 16％。糖水均应煮沸过滤，并保持 80℃以上备用。

（8）密封　罐盖代号打法按照产品或客户标准要求进行。真空封口要求真空度在 55kPa 以上；排气封口的要求排气温度 98～100℃，排气时间约 6～7min，使罐中心温度为 70～75℃。密封后净重应符合规定要求。封口后的罐头罐盖朝下入篮杀菌，在 15min 内进行杀菌。

（9）杀菌、冷却　8113♯罐按以下要求进行杀菌。

① 排气封口　7-17/100（水杀）。

② 真空封口　9-17/100（水杀）。

3. 有关注意事项

菠萝肉组织中含空气较多，装罐困难，若净重、固重达不到要求，可先抽真空后再密封。

实例 4——糖水梨罐头

1. 生产工艺及加工要求

（1）原料验收　作为罐头加工用的梨必须果形正、香味浓郁、单宁含量低且耐贮藏。目前用于生产糖水梨罐头的品种主要有巴梨、莱阳梨、雪花梨、长把梨、秋白梨等。原料梨的成熟度要适当。成熟度可通过皮色（如莱阳梨的皮色应绿中透黄）和籽巢（如巴梨的籽巢应呈乳白色）来判断，同时可品尝其风味及糖酸口感。

采收后梨的贮藏时间要适当，应根据梨的品种、贮藏条件等具体情况而定。一般巴梨不宜超过 40 天，莱阳梨可稍长一些，长把梨可存放半年左右。经贮藏的硬质梨（如莱阳梨、长把梨）出库后不能马上投产，必须经过回热处理，使梨心温度升至 10℃以上，否则热烫后色暗，成品易变红。

（2）去皮　梨的去皮以机械去皮为主。去皮后的梨切半，去掉蒂把，挖去籽巢，要使巢窝光滑而又去尽籽巢。去皮后的梨块应迅速浸入护色液（1％～2％盐水）中。巴梨不经抽空和热烫，直接装罐。

（3）抽空　梨一般采用湿抽法。根据原料梨的性质和加工要求确定抽空液的种类。加工过程中不易变色的梨，如莱阳梨，可用盐水抽空，操作简单，抽空速度快。而加工过程中易变色的梨，如长把梨则用混合抽空液，其配比为：盐2％，柠檬酸 0.2％，焦亚硫酸钠 0.02％～0.06％。

（4）热烫　凡抽空的果肉，抽空后必须经热烫处理。热烫时应沸水下锅，迅速升温。热烫时间根据果肉块的大小及果的成熟度确定。含酸量低的莱阳梨可在热烫水中添加 0.15％柠檬酸，热烫后应急速冷却。

（5）装罐与注液　装罐时，按成品标准要求再次去除变色、过于软烂、有斑点和病虫害等不合格的果块，并按大小、成熟度分开装罐，使每罐中的果块大小、色泽、形态大致相同，块数符合要求。每罐装入的水果块重量根据开罐固形物要求，结合原料品种、成熟度等实际情况通过试装确定。一般要求果块重量不得低于净重的 55％（生装梨为 53％，碎块梨为 65％）。每罐加入糖水的量一般应比规定净重稍高，防止果块露出液面而色泽变差。

（6）排气密封　加热排气，排气温度在 95℃以上，罐中心温度 75～80℃。真空密封排气，真空度 53～67.1kPa。巴梨用真空排气，真空度 46.6～53.3kPa。

（7）杀菌和冷却　热杀菌的参考条件如表 8-1 所示。

表 8-1　热杀菌的参考条件

罐型	净质量/g	杀菌条件	冷却
781	300	5～15min/100℃	立即冷却
7110	425	5～20min/100℃	立即冷却
8113	567	5～22min/100℃	立即冷却
9116	822	5～25min/100℃	立即冷却
玻璃瓶	510	升温约 15min/100℃	分段冷却

杀菌后必须立即冷却至 38～40℃，杀菌时间过长或不迅速彻底冷却，会使果肉软烂，汁液浑浊，色泽、风味恶化。有实验表明，425g 装糖水巴梨杀菌时间超过 30min 产品呈粉红色，时间越长，色泽越深。故杀菌时要求沸水入池，迅速升温，杀菌后及时冷却。

2. 说明及注意事项

糖水梨罐头的酸度一般要求在 0.1％以上，若低于 0.1％会引起罐头的败坏和风味的不足。如莱阳梨含酸量低，若加工过程中不添加酸调整酸度，十几天后成品就会出现细菌性的浑浊，汤汁呈乳白色的胶状液，继续恶化会使果肉变色和萎缩。因此，生产梨罐头时先要测定原料的含酸量（梨的含酸量见表 8-2），再根据原料的酸含量及成品的酸度要求确定添加酸的量，以保证产品质量。

表 8-2　梨的含酸量

原料名称	原料酸度/％	成品	
		酸度/％	pH
巴梨	0.25～0.35	0.18～0.20	3.6～4.0
莱阳梨	0.12～0.18	0.10～0.12	3.8～4.1
长把梨	0.35～0.40	0.19～0.22	3.6～3.8

添加的酸也不能过量，过量会造成果肉变软、风味过酸，还会由于 pH 降低，使果肉中的单宁在酸性条件下氧化缩合成"红粉'，而使果肉变红。一般当原料梨酸度在 0.3%～0.4%时，不必再外加酸，但需要调节糖酸比，以增强成品的风味。

实例5——糖水橘子罐头

1. 生产工艺及加工要求

（1）原料　用于罐头生产用的柑橘原料应符合：果形扁圆，大小整齐，瓣数一致；皮薄，易剥皮，去络分瓣容易；果肉紧密，囊衣薄，少核或无核，糖酸比适宜；橘皮苷含量低，香味浓郁；耐热耐贮藏，成熟度适宜。

橘子的糖酸比及橘皮苷等成分的含量与品种、成熟度密切相关。果肉中糖的含量随成熟度提高而增加，酸的含量则随柑橘成熟度提高而逐渐减少。糖含量可从初熟的 8%增加到成熟时的 10%以上。果实中橘皮苷的含量随成熟度的提高而不断分解减少，同时果品的色泽和风味也变好。果实中橘皮苷的含量还与果实的部位有关，内果皮比中果皮、外果皮的含量少，果汁中几乎不含橘皮苷。

适用于罐头加工的品种中，温州蜜橘的品质最好。除此之外，还有一些经国家鉴定选定的优良株系，如宁红（原称宁红 73-19）、海红（原称宁红 74-3）、石柑（原称石蒲 73-3）。

（2）分级　要对原料进行挑选，将未熟的、腐烂发霉的、有病虫害的果实剔出，未熟的送入低温库中继续催熟。符合要求的原料按大小分级，每隔 5～10mm 分为一级，一般一级为 45～55mm，二级为 55～65mm，三级为 65mm 以上。分级后的果实置于清水槽中洗涤，再投入 0.1%的高锰酸钾溶液或 0.6g/kg 漂白粉溶液中浸泡 3～5min，以减少果实表面微生物的污染。

（3）烫橘剥皮、分瓣去络　可先用热水或蒸汽烫橘子，使果皮软化，易于剥离。但要控制好热烫程度，若热烫过度会导致产品的色泽、风味及品质下降，增加破损率。一般用 95～100℃热水烫 30～90s，皮厚果大的、成熟度低的热烫时间可适当延长。热烫后的橘子要趁热剥皮，一般用手工剥皮。剥皮后立刻分瓣，同时撕去囊瓣上的络丝，注意要撕净，否则会引起橘子罐头汁液出现白色沉淀。

（4）去囊衣　橘子的囊瓣也就是瓤囊，里面含有紧密排列的几百个沙囊，沙瓤中含果汁。每个瓤囊被囊衣包裹，囊衣由外表皮和内表皮组成，中间由果胶物质粘连。内表皮薄而透明并紧紧地包裹着砂囊，加工时一般去除外表皮，无需去除内表皮。

糖水橘子罐头按加工中囊衣是否去除和囊衣去净的程度可分为带囊衣、半去囊衣和全去囊衣三个品种。

去囊衣的方法目前主要有酶制剂处理法和化学处理法。

① 酶制剂处理法。利用果胶酶，在酶作用的最适 pH 和温度条件下，将橘瓣浸入其中，瓤囊内、外表皮之间的原果胶在果胶酶的作用下分解，使瓤囊内、

外表皮间的黏着力减弱，外表皮软化，可用清水冲洗，去除外表皮。此法操作简便，不影响产品风味，但因处理时间长，生产能力低，且存在酶纯度和活力低等问题，所以目前工厂应用不多。

② 化学处理法。利用酸、碱的作用，使内、外表皮间的原果胶分解，囊衣中所含的纤维素部分水解，减弱内、外表皮间的黏着力，而达到去囊衣的目的。化学处理法又分酸法处理、碱法处理和酸碱混合处理三种。

a.酸法处理。将橘瓣放入温度为 80℃、浓度为 15％的硫酸溶液或 10％的盐酸溶液中浸 40～50s，然后取出放入流动水中漂洗以去除橘瓣表面附着物，再置于碳酸钠溶液中进行中和，最后再用流动清水漂洗数小时以除去囊衣。用酸法处理操作简便，维生素 C 的损失少，但处理时间长，脱皮率低。

b.碱法处理。将橘瓣放入沸腾的 1％ NaOH 溶液中 30～40s，当橘瓣凹部呈白色时立即取出放入流动水中进行漂洗，去除碱液，脱去囊衣。必要时可用 1.0％柠檬酸中和余碱。采用此法，要严格控制碱处理的时间，浸碱时间过短，囊衣处理不净；浸碱时间过长，轻则损伤果肉，重则引起果肉组织糜烂，果汁流失。碱法处理时间短，脱皮率高，但操作条件要严格控制，且对维生素 C 破坏多。

c.酸碱混合处理。将橘瓣先用酸溶液浸一定时间，再用碱液浸泡一定时间，再以流动水冲洗去除外表皮。采用此法效果比单纯的酸法或碱法都好，酸液、碱液的浓度都低于它们单独使用时的浓度，节约了酸、碱的用量，便于操作，可防止橘瓣的软烂，降低破损率，产品的品质较好。

酸和碱的浓度、温度及处理时间相互影响，温度高或浓度高，处理时间就相应缩短。如果浓度高，处理时间长，易造成瓤囊内表皮损伤，橘瓣破碎；如果浓度低，处理时间短，橘瓣囊衣去不净，表面不光滑，产品品质差。一般盐酸浓度在 0.02％～0.08％，温度为 20～45℃，时间 20～50min；碱液（NaOH）浓度在 0.02％～0.2％，温度 30～50℃，时间 3～15min。

（5）整理分选　橘子瓤囊的外表皮各部位的厚薄不一致，通常果心部位最厚，果柄部位次之，其余部位相对较薄，因此酸碱处理后的橘瓣在果心和果柄处可能会留有白心，需人工去除。半去囊衣的橘瓣用剪刀将瓤囊的心、衣剪去，同时将核去除；全去囊衣的橘瓣要用钳子将心、衣、核等去除，橘瓣片形完整，无核无橘络。为确保去核彻底，应将去核后的橘瓣置于下有日光灯管的玻璃工作台上进行分批复检，剔除有残核的橘瓣。将检查合格的橘瓣漂洗后按大小分为不同的等级，同时再次去除畸形、断瓣、缺角、软烂和过薄的橘瓣。

（6）装罐注液　经分级后的橘瓣按罐型要求称量装罐，再加入一定浓度的糖液。糖液的温度不宜低于 90℃。对某些品种的橘瓣要进行糖酸比的调节，常采用在糖水中添加柠檬酸的方法，添加的酸量根据橘瓣本身的糖、酸含量而定，使成品的 pH 达到 3.7 以下。

（7）排气密封、杀菌冷却

① 排气密封　全去囊衣：罐中心温度 65～70℃；半去囊衣：罐中心温度 70～80℃。

② 抽气密封　全去囊衣：压力 40～53.3kPa；半去囊衣：压力 50～53.3kPa。

杀菌条件见表 8-3，杀菌后迅速冷却至 38℃左右。

表 8-3　橘子罐头的杀菌条件

罐号	净质量/g	全去囊衣	半去囊衣
781	312	5－(10～13)min/100℃	5－(10～13)min/100℃
8113	576	5－(14～16)min/100℃	5－(15～18)min/100℃
9121	855	5－(23～30)min/100℃	

2. 说明及注意事项

糖水橘子罐头有时会发生汁液浑浊现象，严重时还会有沉淀出现，或橘瓣背部砂囊柄处有白色斑点的现象，影响成品的感官品质。

（1）白色沉淀产生的原因　白色沉淀的主要成分是橘皮苷，其次还有果胶及少量的蛋白质。橘皮苷与果胶存在于柑橘果实中，在橘皮、橘络中含量最多，瓢囊内外皮和砂囊中次之，果汁中最少。橘皮苷难溶于水，易溶于乙醇，溶解度随pH 增高和温度升高而增加。当 pH 或温度降低时，溶解的橘皮苷会重新结晶成白色沉淀析出，在 pH 4 时其溶解度最小。橘皮苷在冷水中的溶解度很低，当罐头溶液中其含量超过 10～20mg/100g 时，便会出现白色沉淀。

（2）预防措施　可采取以下措施防止或减轻糖水橘子罐头白色沉淀的产生。

① 选用橘皮苷含量少、成熟度高的原料。不同原料中橘皮苷含量不同，选用橘皮苷含量少的橘子作为加工原料，如温州蜜橘，制成的罐头一般不产生白色沉淀，而芦柑和蕉柑的橘皮苷含量较高，产品易产生白色沉淀。

成熟度低的原料也容易产生白色沉淀，所以对于成熟度低的原料不宜立即加工，应将其放入 3～5℃贮藏库中进行后熟，待贮藏 15～30 天橘子成熟后再进行加工，白色沉淀可大幅减轻。

② 严格控制酸碱处理及漂洗操作条件。在酸碱处理过程中不仅能去除囊衣，还能除去一部分橘皮苷和果胶物质。据测定，酸碱处理后的果肉橘皮苷可减少30%～80%，可溶性果胶减少 45%，不溶性果胶减少 35%。适当提高漂洗时的水温（20～25℃）也有利于减少橘瓣内橘皮苷的含量。

③ 添加某些高分子物质，以增加橘皮苷的溶解度，如羧甲基纤维素（CMC）和甲基纤维素（MC）。MC 的效果比 CMC 要好，在 312g 装的罐头中只要加入5～10mg/kg 的 MC 就能有很好的效果。但 MC 在糖液中难以均匀溶解，故使用时要严格控制用量。

④ 添加酶处理。可加入橘皮苷分解酶，利用橘皮苷酶对橘皮苷的分解作用减少橘皮苷的含量。但采用酶法来防止白色沉淀还存在着一些问题，如酶制剂的制备和贮藏较困难，而且罐头经 1～2 年的贮藏后会有苦味，添加酶制剂后的罐头杀菌工艺要做相应调整。

实例 6——菠萝汁饮料罐头

1. 生产流程

原料选择→清洗→破碎压榨→调整（包括混合）→装罐→杀菌→冷却→擦罐入库

（洗罐↓ 位于装罐上方）

2. 生产工艺及加工要求

（1）原料选择和清洗

① 从处理工序及时（从处理到压汁不超过 1h）收集未发酵变质的果目、果心，剔除变色、变味、腐烂等原料，淋洗后沥干备用。

② 选用新鲜的刚处理不超过 1h 的碎果肉或由菠萝皮刮下的碎肉，剔除变色、过熟发酵者，经洗净沥干备用。

（2）破碎压榨 按果心、果目、碎果肉均匀搭配，由破碎机破碎后经榨汁机榨汁，先用纱布粗滤后经绢布过滤备用。

（3）调整 先测定果汁的酸、可溶性固形物含量，然后按成品要求的酸、可溶性固形物含量及原果汁加入量计算配制过程应外加的酸、糖量，并加入适量的悬浮剂。

先把水、酸、部分糖加热至沸，然后将悬浮剂和约为其量 10 倍的糖混合均匀，边搅拌边加入以上沸液中直到完全溶解，最后加入原果汁，温度在 85℃以上即可离炉过滤、灌装。

（4）装罐 空罐内涂涂料防酸，按净重要求灌装。

（5）杀菌 杀菌公式 3min－5min/100℃（水）［（水）是指此公式适用于罐头浸于水中进行杀菌］。

3. 注意事项

① 菠萝汁可利用菠萝肉（包括外皮内层刮取的果肉碎）、菠萝心、菠萝目（必须剔除青皮、斑点等原料）榨汁生产，其中尤以皮部刮取的果肉风味最好。另外，也可收集切片、切块工序流下的果汁掺配使用。但须严格注意卫生。

② 卡因种榨出的果汁酸甜味好，但色泽和香味不及菲律宾及毛里求斯等品种，最好适当搭配生产。

③ 各部分原料宜分开榨汁，然后按适当比例混合调整。

④ 如采用果肉为主榨汁，则配方中不必另加果肉汁。

⑤ 菠萝汁调整后，以瞬间杀菌器快速加热至汁温达 93℃以上，趁热装罐密封；倒置 1～3min 后迅速冷却至 35℃左右，其果汁的色泽和风味较装罐密封后再杀菌冷却者好。

实例 7——糖水黄桃罐头

1. 生产流程

原料选择→选果→清洗→切半→挖核→去皮漂洗→预煮冷却→修整装罐→
排气封罐→杀菌冷却→擦罐保温→检验→成品

2. 生产工艺及加工要求

（1）原料选择　选用不溶质的韧肉型品种。要求果形大，肉质厚，组织细致，果肉橙黄色，汁液清，加工性能良好。果实宜八成熟时采收。常用品种有丰黄、黄露、黄金等。

（2）选果、清洗　选用成熟度一致、果个均匀、无病虫、无机械损伤果，用流动清水冲洗 $2\sim3$ 次，洗去表皮污物。

（3）切半、挖核　沿缝合线用刀对切，注意防止切偏。切半后桃片立即浸在 $1\%\sim2\%$ 的食盐水中护色。然后用挖核刀挖去果核，防止挖破，保持核离处光滑。

（4）去皮漂洗　配制 $4\%\sim8\%$ 的氢氧化钠溶液，加热至 $90\sim95℃$，倒入桃片，浸泡 $30\sim60s$。经浸碱处理后的桃片，用清水冲洗，反复搓擦，使表皮脱落。再将桃片倒入 0.3% 的盐酸液中，中和 $2\sim3min$。

（5）预煮冷却　将桃片盛于钢丝箩筐中，在 $95\sim100℃$ 的热水中预煮 $4\sim8min$，以煮透为度。煮后急速冷水冷却。

（6）修整装罐　用小刀削去毛边和残留皮屑，挖去斑疤等。选出果片完整、表面光滑、核洼圆滑、果肉呈金黄色或黄色的桃块，供装罐用。将合格桃片装入罐中，排列成复瓦状。装罐量为净重的 $55\%\sim60\%$。注入糖水（每 75kg 水加20kg 的砂糖和 150g 柠檬酸，煮后用绒布过滤，糖水温度不低于 $85℃$），注到留顶隙 $6\sim8mm$ 为度。罐盖与胶圈在 $100℃$ 沸水中煮 $5min$。

（7）排气封罐　将罐头放入排气箱，热力排气为 $85\sim90℃$，排气 $10min$（罐内中心温度达 $80℃$ 以上）。从排气箱中取出后要立即密封，罐盖放正、压紧。旋口瓶立即旋紧。

（8）杀菌冷却　密封后及时杀菌，500g 玻璃罐在沸水中煮 $25min$，360g 装四旋瓶在沸水中煮 $20min$。杀菌后的玻璃罐头要用冷水分段冷却至 $35\sim40℃$。

（9）擦罐、保温　擦去罐头表面水分，放在 $20℃$ 左右的仓库内贮存 7 天，即可进行打检、贴商标、装箱后出厂。

（10）质量标准

① 成品呈金黄色或黄色，同一罐中色泽应一致，糖水透明，允许存在少许果肉碎屑。

② 有糖水黄桃罐头的风味，无异味。

③ 桃片完整，允许稍有毛边，同一罐内果块大致均匀。

④ 果肉质量不低于净质量的 60%，糖水浓度 $14\%\sim18\%$（开罐浓度用折光计测定）。

此外，家庭也可制作黄桃罐头。选用用过的旋口瓶，以装 500g 的罐为好。原料准备方法如前所述。桃片装罐，注入糖水后放入家用蒸锅加水至瓶颈，加热排气，当罐中心温度达 $80℃$ 保持 $10min$ 即可取出封罐。封罐后用水浸没罐瓶杀菌 $25min$。然后用温水分段冷却至 $40℃$ 取出，利用余热蒸发罐外面水分，继续冷却至室温。罐盖略微凹陷，敲打检验声音清脆者为合格，即可长期保藏。

3. 常见问题及解决途径

（1）胀罐 合格的罐制品其底、盖部中心部位略平或呈凹陷状态（玻璃罐只有盖部略平或凹陷）。当罐制品内部压力大于外界空气压力时，造成罐制品底、盖鼓胀，称之为胀罐或胖听。胀罐分物理性胀罐、化学性胀罐、细菌性胀罐。

① 物理性胀罐 发生原因是内容物装得太满，造成顶隙过小；或排气不足和贮藏温度过高等。桃酱罐头易出现此类胀罐。解决途径是严格控制装罐量，装罐时顶隙大小要合适，控制在 3～8mm；提高排气时罐内中心温度，排气要充分；选择适宜的贮藏温度。

② 化学性胀罐 发生原因是高酸性食品中的有机酸与罐藏容器（马口铁罐）内壁起化学反应产生氢气，导致内压增大而引起胀罐。黄肉桃罐制品加工中多用玻璃罐，且瓶盖用注塑胶密封，使得内容物中的有机酸接触不到马口铁，所以不致发生此类胀罐。

③ 细菌性胀罐 发生原因是杀菌不彻底或密封不严，使细菌重新侵入而分解内容物产生气体，使罐内压力增大而造成胀罐。解决途径是防止原料及半成品受污染，对原料进行热处理，以杀灭致病微生物。再就是封罐要严，杀菌要严格按杀菌公式操作。

（2）罐内汁液的浑浊与沉淀

① 产生原因 加工用水中钙离子、镁离子含量过高，水的硬度大；原料成熟度过高，热处理过度；杀菌不彻底或密封不严，微生物生长繁殖等。

② 解决途径 加工用水应软化处理；原料成熟度适宜，热处理适度，并及时冷却。黄肉桃罐制品加工工艺中碱液去皮时，应注意碱液浓度适宜，温度不宜过高，处理时间不宜过长，且应及时漂洗冷却。

实例8——糖水染色草莓罐头

用草莓、糖水制作而成的罐头，色泽微红，软硬适中，清凉可口，老少皆宜。由于草莓在加工过程中存在果面易褪色、果肉易软烂、果粒易变形等技术问题，所以近年来兴起了糖水染色草莓技术。糖水染色草莓罐头加工工艺在很多方面与清水（或糖水）草莓罐头的加工工艺不同，制成的罐头应果实完整，肉质软硬适度，颗粒大小均匀，果肉和汤汁呈红色至红褐色，汤汁清晰至微浊或红色浸润，具有浓郁的草莓果实芳香味，酸甜适口，无异味。

1. 工艺流程

原料选择、去蒂→护色→清洗→分级→真空染色→挑选、复检、装罐→

沥水、称量→注糖水→封口→杀菌、冷却→成品

2. 要点

（1）原料选择、去蒂 选用鲜度良好、风味正常、成熟度适中、果实尺寸大小符合要求的果实，剔除损伤、腐烂、病虫害、畸形、褪色、色褪变（太熟）、

青果（成熟度低）等不良果实。用小刀去除果蒂、萼叶，去蒂时应注意不能把果蒂周围的果肉破坏掉。

（2）护色　把去尽蒂和萼叶的果实浸于 2% 的盐水中护色，护色时间约 10min。

（3）清洗　经盐水护色后的草莓须用流动清水漂洗，以去除果实上黏附的盐水液以及果蒂萼叶碎片、泥沙等杂质。

（4）分级　使用滚动分级机，按果径尺寸大小分级。

（5）真空染色

① 染色液配方　诱惑红 0.3‰（300mg/kg），乳酸钙 0.8‰。

② 染色液配制程序　诱惑红、乳酸钙先用少量温水（水温 35℃左右）溶解，再倒入 40～45℃ 的温水中搅拌均匀，即可供染色用。

③ 抽真空染色　用 0.06MPa 的真空度连续抽真空 3～5min，染色时间从真空度达到 0.06MPa 开始计。经分级后的草莓应根据果径大小不同，分别进行染色。

（6）挑选、复检、装罐　草莓染色后用清水稍作清洗，再挑选装罐。通过复检挑去软烂、损伤、畸形、染色不良等不符合要求的果实。装罐时要求每罐内果实颗粒大小大致均匀，色泽基本一致。

（7）沥水、称量　经沥水 2min 后再称量。罐型 7113♯，装罐量要求 200～220g，每罐果粒数控制在规定范围内。

（8）注糖水　糖水浓度 24%～30%，柠檬酸添加量 0.1%，诱惑红浓度 0.08‰（80mg/kg）。注意装罐量及糖水浓度、加酸量应根据原料和开罐检验糖酸情况作相应调整。注汤温度 85℃ 以上，净重要求控制在 410～430g。

（9）封口　封罐机真空度为 0.04MPa，封罐后及时杀菌。

（10）杀菌、冷却　采用低温连续滚动式杀菌。罐型 7113♯，杀菌时间 11min，杀菌温度 89℃，杀菌中心温度 83℃。杀菌冷却水余氯浓度 0.5～1.5mg/kg，杀菌后及时冷却，干燥，入库，罐盖朝下叠放保管 7 天。

实例 9——糖水苹果罐头

糖水苹果罐头是苹果经过预处理、装罐及加罐液、排气、密封、杀菌和冷却等工序加工制成的产品。罐头生产原料质量是决定成品质量的主要因素，用于罐头生产的果品原料，要求新鲜饱满，成熟度适中，具有一定的色、香、味，没有虫蛀及各种机械损伤等缺陷。对制作苹果罐头品种的要求，一般以果肉致密、果形整齐、果心小、风味浓、果肉白色、耐煮制、加工不易变色、不发绵为宜。果肉绵软、煮制后肉色淡红色或黄色的品种不宜罐藏。苹果糖水罐头有许多优点：保藏期长，可调节新鲜果品的周年供应，能保持鲜果的风味和状态，因食用方便，尤其对野外作业、登山运动、军需、旅游等方面具有特殊意义。

1. 工艺流程

原料选择→分级→洗涤→去皮护色→切块去果心→真空浸渍→沥水、脱水→
装罐、排气和密封→杀菌、冷却→贴标贮藏

2. 操作要点

（1）原料选择　选用新鲜、良好、脆嫩多汁、成熟度和色泽大致相同、风味正常的果实，要求成熟度在八成左右，无畸形、霉烂、冻伤、病虫害和机械伤等。

（2）分级　去除机械伤、过生、过熟、软烂、病虫害果及干疤畸形果。将选好的苹果以横径 60～67mm 为Ⅲ级、68～75mm 为Ⅱ级、75mm 以上为Ⅰ级分级。按大小分级的目的是便于随后的工艺处理，使加工品能够达到均匀一致，提高产品质量。例如同一大小、形状的果实才能采用机械去皮，同一成熟度的果实才能采用同样的热烫时间。

（3）洗涤　将分好级的苹果用流动清水冲洗干净。可先用洗涤剂（0.5%～1.5%的盐酸溶液或 0.1%的高锰酸钾溶液）浸洗，以去除残留农药。然后在常温下浸泡数分钟，再用清水洗去洗涤剂。清洗时，必须使水流动或使果品振动及摩擦，以提高洗涤效果。

（4）去皮护色　用手工或旋皮机去皮，削去的果皮厚一般在 2mm 以内，可以减少原料的消耗。由于苹果果肉极易变色，因此去皮后应立即进行护色处理。去皮后的苹果立即浸入 1%～2%盐水或 0.1%～0.2%柠檬酸溶液中，防止苹果褐变。

（5）切块去果心　护色后的苹果纵向切成四开或对开，并把四开或对开果块分别放置，挖净籽巢和梗蒂，修去斑疤及残留果皮，用清水洗涤 1～2 次，并放入 pH6～6.5 的稀酸溶液中。

（6）真空浸渍　用 50%淀粉糖浆浸泡果块，真空度 650mmHg（1mmHg=133.322Pa），浸泡 30min 后，缓慢解除真空，再在常压下浸渍 30min。

（7）沥水、脱水　将浸渍完毕的果块放置在滤网上，沥除过多的浸渍液。果心朝上摆入烤箱，恒温 85℃下进行烘烤，期间需视果块干湿程度翻动 2～3 次，要求烘烤后的果块表面稍皱缩，变色轻，有韧性。

（8）装罐、排气和密封　将洗净的罐，用蒸汽进行杀菌 10min，趁热将烘烤好的果块（约 100g）装入罐内，装罐量要求达到净质量的 55%，温度在 85℃以上，糖水浓度为 30%～40%，加盖，排气 10min，密封。

（9）杀菌、冷却　罐头封口要即刻进行杀菌，水果罐头为酸性食品，其 pH 值较低，一般沸水杀菌。杀菌时间与物料的原始温度和罐头的大小有关，杀菌温度为 100℃，持续 15min。杀菌后要立即将罐头冷却，冷却分三段进行，温度分别为 75℃、55℃、35℃，各持续 10min。一般采用流水浸冷却法进行冷却，冷却至 30～35℃。若温度过高，会使内容物过软，颜色变差，糖液浑浊。若冷却至 30℃以下，罐头表面的水分不易蒸发、干燥。冷却所用的水质要符合国家标准，不能使产品受到污染或对容器造成腐蚀。

（10）贴标贮藏　冷却完毕后，将罐身擦净，贴上标签，注明生产日期等内容并贮藏。

制作好的苹果糖水罐头，果肉淡黄色或黄白色，块形大小均匀整齐，具有糖水苹果固有的香味，酸甜适度，糖水较透明，清爽可口，老少皆宜。

实例 10——火龙果罐头

火龙果为仙人掌科三角柱属仙人鞭的果实，由于火龙果形状犹如燃烧着的一团火焰，故名火龙果。火龙果具有很强的抗热、抗旱、抗病虫害的能力，因此其栽培容易，结果快、产量高、经济效益大，近几年在我国南方热带及亚热带地区普遍获得认可并大面积种植。

火龙果果重每个 250～1200g，果皮颜色鲜红亮丽，如剥香蕉皮那样即可将果皮剥下，露出雪白或玫瑰红的果肉。火龙果果肉营养丰富、清甜爽口、滋润解渴，雪白的果肉蕴含着清新的绿草芬芳，而玫瑰红的果肉则散发出阵阵的浓郁芳香。特别是果肉中均匀分布的许许多多犹如芝麻状的黑色小种子，更具丰富的营养成分，除含有碳水化合物、粗纤维，还含有不饱和脂肪酸、抗氧化物质、维生素类等，不愧是极佳的绿色、保健水果。下面介绍几种火龙果加工食品的生产工艺。

1. 工艺流程

（1）糖水火龙果圆片（或碎粒）罐头

剥皮→切片→硬化护色→装罐、密封→杀菌→冷却→成品

（2）火龙果沙司罐头

剥皮→打浆→调配→浓缩→装罐、密封→杀菌→冷却→成品

（3）火龙果果冻罐头

剥皮→打浆→调配→浓缩→装罐、密封→杀菌→冷却→成品

（4）火龙果带肉果汁罐头

剥皮→打浆→调配→脱气→均质→加热→装罐、密封→杀菌→冷却→成品

2. 操作要点

（1）糖水圆片罐头

① 剥皮、切片　预先将火龙果原料洗净，然后从果蒂处将果皮剥除干净，果肉切成 6～8mm 厚的果片。

② 硬化护色　将果片投入预先配制好的含钙稳定凝固剂水溶液中，抽真空渗透 20～25min，捞起，漂洗干净。

③ 装罐、密封　将同样大小的果片，按要求重量装入同一罐头中，并注入预先配制好的热糖水，立即封罐。

④ 杀菌　杀菌公式 3min-10min/100℃。

（2）沙司罐头

① 剥皮、打浆　将去皮果肉投入打浆机中进行破碎处理。

② 调配、浓缩　根据果浆本身的可溶性固形物含量，加入适量的预先配制好的浓糖液，浓缩至可溶性固形物达 18％～20％即可。一般火龙果的可溶性固形物含量为 8％～12％。

③ 装罐、密封　将完成浓缩的沙司趁热装罐密封，并立即转入杀菌工序。

④ 杀菌　杀菌公式 5min-15min/100℃。

（3）果冻罐头

① 剥皮、打浆　与沙司罐头相同。

② 调配、浓缩　按照产品的不同要求，取一定量的带肉果浆，加入一定比例的糖（或糖水）、柠檬酸、果胶（或琼脂）等配料，加热浓缩至可溶性固形物达 65%～70% 即可。

③ 装罐、密封　与沙司罐头相同。

④ 杀菌　杀菌公式 3min-10min/100℃。

（4）果汁罐头

① 剥皮、打浆　与沙司罐头相同。

② 调配　根据生产的果汁品种不同，称取不同量的原果汁（鲜果汁，含原果汁量在 40% 以上；饮料果汁，含原果汁量为 10%～39%）以及适量的浓糖液、柠檬酸、稳定剂和增香剂，调配至成品含糖量为 14%～16%，含酸量为 0.2%。

③ 脱气、均质　欲脱气果汁温度要求约 40℃，均质压力约 130kgf/cm^2（1kgf/cm^2＝98.0665kPa）。

④ 加热、装罐、密封　将脱气、均质好的果汁加热至 75～80℃，趁热快速装罐密封。

⑤ 杀菌　杀菌公式 3min-10min/100℃。

实例 11——青芒果罐头

1. 工艺流程

原料选择清洗→去皮、去核、切分→盐水处理→硬化、护色处理→热烫→装罐、封罐→杀菌、冷却→成品

2. 操作要点

（1）原料选择清洗　挂果 1 个月后到五成熟的采摘果、落果、疏果都可以，果离树不超过 3 天的绿皮芒果，剔除病虫害果、软腐果、机械伤果，用干净清水洗净。

（2）去皮、去核、切分　人工去皮，去掉中果皮即可，要求去皮厚度一致，去皮后的芒果表面光滑。去皮后的芒果放入食盐含量 5%、亚硫酸钠含量 0.1%～0.2% 的溶液中，溶液必须淹没芒果。将芒果切成两瓣除去核仁、核膜，若芒果果核已有硬壳，去除硬壳时，使果肉尽量不带粗纤维。然后将芒果切成厚不少于 0.4cm，宽 0.6cm 左右，长以芒果长度为限的条状。

（3）盐水处理　将切成条的芒果果肉放入 4% 的盐溶液中浸泡 5h，然后用清水漂洗，再用清水浸泡 1h 后漂洗，如此反复 3 次。

（4）硬化、护色处理　硬化、护色液的配制根据芒果有无硬壳而有区别，其配比见表 8-4。

表 8-4　硬化护色液配比

项目	氯化钙 /%	亚硫酸钠 /%	明矾 /%	食盐 /%	硬化时间 /h
无硬壳	4~5	0.5	0.3	1.5	15~17
有硬壳	6~7	0.5	0.4	1	15~17

（5）热烫　将硬化好的芒果果肉取出放入干净冷水中漂洗 2 次，沥干水分，然后放入糖浓度为 10%～12% 的沸腾液中进行热烫。烫漂液与芒果果肉比例为 4:1，芒果果肉放入后煮沸 1min 即可取出，并立即放入冷水中进行冷却到常温，从冷水中取出，沥干水分。

（6）装罐、封罐　将沥干水分的芒果果肉 320～350g 装入经清洗、消毒处理过的玻璃罐中，留空隙 0.6～1cm，糖水温度 90℃左右，糖液浓度 38%～40%，真空度为 600～620mmHg，封口。

（7）杀菌、冷却　封口后立即杀菌。杀菌冷却公式为 5min-20min-8min/100℃。冷却采用分段法。

3.产品质量标准

（1）感官指标

① 色泽　根据是否有硬壳而定，有乳白色和淡黄色，果肉附有淡绿色的内果皮，颜色鲜亮，色泽一致，糖水透明，无引起浑浊的果肉碎屑。

② 滋味和气味　具有未成熟芒果特有的清香味，酸甜适口，无异味。

③ 组织及形态　具有未成熟芒果特有的脆性，条形完整，同一罐中果肉条大小基本一致。

④ 杂质　不允许存在。

（2）理化指标

① 净重　450g，每罐允许公差为 ±0.3%。

② 固形物含量　不低于 50%。

③ 糖水浓度　20%～22%（开罐折光仪读数）。

④ pH 值　3.5～4.0。

⑤ NaCl 含量　≤0.8%。

（3）微生物指标　无致病菌及因微生物作用所引起的腐烂象征。

4.注意事项

青芒果罐头以未成熟芒果特有的脆感和清香为主要品质指标，加工过程的每一工艺都以此为宗旨。加工过程中的保脆、护色和原料是否是绿色果皮至关重要。

如要青芒果罐头色泽鲜亮，外观美好，宜选用果皮绿色的芒果；另外，要防止去皮后的芒果发生褐变。芒果果肉经硬化、护色、热烫处理后，杀菌、冷却按糖水罐头的杀菌冷却操作。

芒果坐果后第八周其可滴定酸含量是3.7%，第十二周是3.9%。青芒果罐头要达到酸甜可口，需脱除部分果酸，切分后用食盐溶液处理，食盐溶液具有很高的渗透压，芒果果肉在较大渗透作用下果酸部分脱除。

青芒果罐头外观色泽受工艺条件影响较大。芒果果皮含果酸、果胶、多酚物质较多，易氧化褐变。绿色芒果皮含有叶绿素，在酸性和加热条件下，镁离子会从叶绿素中分离出来，生成脱镁叶绿素，导致褐变，需进行护色处理。另外，芒果含果胶物质较多且自身含有一定果胶酶，随着成熟度或加工进程，原胶可分解成果胶和果胶酸，使果肉软化，不利于加工成型，且加工品口感不脆，需作硬化处理。食盐溶液能钝化酶的催化作用，尤其是氯化酶类，食盐溶液具有较大的渗透压，可使处理时间缩短。硬化、护色液配成复合液，加入明矾，可使分解生成的果胶酸与明矾中的铝离子结合成不溶性铝盐，使果肉不致软化，果块有一定硬度，成品果肉有一定的脆感和形状。

用10%～12%的糖液作为热烫液，钝化氧化酶类，停止其本身的生化活动，可稳定色泽，改进组织结构，降低芒果果肉中的污染物和微生物数量。另外，坐果后第八周总糖含量为3%，第十二周为1.8%，用糖液热烫可增加芒果果肉的糖含量。热烫糖液浓度对风味的影响见表8-5。

表8-5　热烫糖液浓度对风味的影响

热烫糖液浓度/%	风　味
0	固色不明显，开罐后果肉萎缩较明显，口感味过酸
5	固色不太明显，开罐后果肉萎缩较小，口感味较酸
8	固色较好，开罐后果肉萎缩很小，芒果果肉糖含量增加
10	无硬壳的芒果固色较好，果肉含糖量增加，开罐后酸甜适口，脆感好
12	有硬壳的芒果固色较好，果肉含糖量增加，开罐后酸甜适口，脆感好

实例12——低糖保健型葡萄罐头

成熟的葡萄，酸甜可口，而且含有丰富的人体所需的各种营养物质，我国北方葡萄产量较大，除部分鲜食外，另外一部分被加工成罐头、酒、饮料等。随着健康意识的逐步提高，人们的饮食需求更倾向于低糖、低热、低脂肪。下面介绍一种低糖保健型葡萄罐头。

1. 工艺流程

原料选购 → 清洗处理 → 摘粒 → 去皮 → 去籽 → 护色、硬化 → 灌液 → 排气、密封 →
灭菌、冷却 → 擦罐 → 保温 → 检验 → 包装 → 成品

2. 操作要点

(1) 原料选购　选购七至八成熟的新鲜葡萄。

(2) 清洗处理　先把原料的大枝剪成5～7小枝，然后用清水淋洗2～3次，

常规方法用 0.05％的高锰酸钾溶液浸泡 3～5min，经改进的工艺可选用臭氧水消毒，浸泡 5min，然后于清水中漂洗 2～3 次，此方法可改进高锰酸钾溶液染成红色不易洗且费时的缺点。

（3）摘粒　将消毒清洗后的小枝葡萄一粒粒旋转摘下，并将过小、过熟、烂果、病虫害果等不合格果挑出。

（4）去皮　分人工去皮和碱液去皮两种方法。人工去皮：将摘好的果粒放入温度为 60～70℃的水中，时间约 1～1.5min，至果粒具有一定弹性时捞出，手工剥皮；碱液去皮：在浓度为 3％、90～95℃的 NaOH 溶液中烫漂 1min，立即将果实捞入筛网筐中，放到清水槽内，轻轻转动将皮去掉。

（5）去籽　用不锈钢小镊子的尖端将籽粒夹出，要求去籽要净，同时要防止果粒变形。取籽时不要直接往外拉，而是旋转一下，以防带出过多的葡萄肉。

（6）护色、硬化　将去籽的葡萄果肉立即放入 0.1％VC、0.1％植酸、0.2％柠檬酸、0.2％焦亚硫酸钠混合液中进行护色处理，将经过护色处理的葡萄转入 0.5％$CaCl_2$ 溶液和 0.2％醋酸锌溶液中进行硬化处理。

（7）灌液　汤汁：18％木糖醇、5％麦芽糖，柠檬酸调 pH 值至 3.3～3.4。将预先配好的汤汁烧开、过滤，将处理好的葡萄粒装入空瓶中，然后将汤汁（80℃以上）注入瓶中。

（8）排气、密封　装罐后因罐中温度达不到要求，要对其进行排气。热力排气时，罐中心温度在 75～80℃，立即封盖；抽真空排气时，真空度要保持在0.065MPa 以上。

（9）灭菌、冷却　封口后及时用巴氏灭菌法（85℃，15min）进行灭菌，灭菌后将容器倒置，用冷水阶段性降温至 38℃左右，速度越快越好，这样有助于葡萄果粒硬度的提高。

（10）擦罐、保温　灭菌后的罐头立即擦净表面水分，并在 27℃保温贮存 7天，检验合格即得成品。

3. 注意事项

（1）硬化处理时间，以硬化剂渗透到果实中心为度。时间过短，只有葡萄果粒表层组织硬化，达不到硬化目的；硬化时间过长，也不能起到硬化的效果，反而由于长时间浸泡导致果实软烂、变形。所以控制好适当的硬化处理时间尤为重要，最适时间为 15～20min。

（2）果实软化是导致葡萄罐头品质下降的一个重要方面，也是影响葡萄罐头品质保持的一个重要因素。由于在罐头加工过程中，很容易使葡萄破烂、变形，致使产品口感和质地不佳。为此，可利用葡萄中自身成分果胶酸能与碱土金属钙铝作用生成不溶于水的盐类这一特性来提高葡萄的脆硬度。将去皮、去籽后的葡萄果粒浸泡于 0.5％$CaCl_2$ 溶液，并附加 0.2％$Zn(Ac)_2$ 溶液，进行硬化处理，效果较佳。

（3）本工艺采用木糖醇为主要的甜味剂，并辅以少量的麦芽糖代替蔗糖生产葡萄罐头。木糖醇是糖类代谢的正常中间体，它在没有代谢胰岛素时，也能透过细胞膜被组织吸收利用，即使在人体糖代谢发生障碍时，木糖醇的代谢也十分完全。因此木糖醇作为蔗糖的代用品，既可用来调整葡萄罐头的糖度，又有医疗和保健的功效，使葡萄罐头的食用价值大大提高。

实例13——枇杷果蔬什锦罐头

枇杷是我国南方名贵特产水果，我国产量占世界产量的2/3。枇杷果实营养丰富，甜酸适度，果肉柔软多汁，风味佳美，具有润肺、止渴、和胃、清热等作用，深受人们喜爱。胡萝卜主要营养成分是胡萝卜素，在人体内能变成VA，其含量高达9~13mg/100g。胡萝卜中还含有大量的类胡萝卜素、双歧因子和核酸物质，这些物质对于增强免疫力，减轻氧自由基损伤，抗基因突变，保护肠道黏膜，增殖肠道益生菌有独特的功效。银耳富含蛋白质、脂肪、糖类、树胶等成分，有滋阴润肺之功能，是一种良好的滋补品。阳桃风味独特，富含铁、胡萝卜素、VB，和VC等人体所需的多种营养成分，是一种优质的营养型水果。现以枇杷为主果，以富含β-胡萝卜素的胡萝卜，风味浓郁、果实甜美的菠萝、阳桃、马蹄、银耳等果蔬为原料，开发优势互补、风格独特、品质优良、营养丰富而全面的枇杷果蔬什锦罐头。

1. 工艺流程

枇杷：原料→分选→热烫→冷却→去核去皮→护色及漂洗→待用

胡萝卜：原料→分选→清洗→去皮→预煮软化→冷却→切块→待用

马蹄：原料→分选→清洗→去皮→酸液预煮→漂洗→冷却→切块→待用

菠萝：原料→分选　清洗→切头、去尾→去皮、捅心→修整→切块→待用

银耳：原料→浸泡→去根、撕块→淘洗→沥干→待用

阳桃：原料→分选→清洗→修整→切块→糖渍腌藏→待用

原料处理 → 按配比称重装罐 → 糖水的调配、罐装 → 排气及密封 → 检验 → 杀菌 → 冷却→

擦罐→保温→贴标、包装、入库

2. 操作要点

（1）原料处理方法及要求

① 枇杷。以果大、黄肉的"长红三号""解放钟"等为主要加工品种，选购8~9成熟的枇杷果实作为原料。果实经扭转摘柄后，按大小、成熟度分别于85~90℃热水中烫30~45s，以皮易剥落为宜，急速用冷水将果实冷却至常温。取核、剥皮，注意不伤果肉。剥皮后果肉立即浸于0.05g/kg亚硫酸氢钠溶液中或10g/kg的盐水溶液中护色，经流动水淘洗后迅速装罐。要求果肉色泽黄至橙黄，形态完整，取核洞口整齐，无严重机械伤及扁软果实。按色泽、大小分开装罐。同罐中果的大小、色泽大致均匀。

② 胡萝卜。采用肉质鲜嫩、肉质和心柱呈橙红色、味甜、含纤维素少、色彩艳丽、中心无粗筋、无病虫害及霉烂现象的胡萝卜。清洗干净附着在表面的泥沙，人工去皮或用碱液去皮法去皮。去皮可除去胡萝卜茎皮含有的苦味物质。碱

液去皮法：碱液浓度为2%～4%，温度为70～95℃，煮制时间为1～3min。然后用清水冲洗干净。切成宽12mm左右的条状，再切成3～4mm左右的块状。在1g/kg的柠檬酸水溶液预煮软化，通过酸液的预煮可除去胡萝卜的生闷味，改善口感。清水漂洗冷却、沥干。

③ 马蹄。采用新鲜良好、组织细嫩、无病虫害及机械伤、粗纤维少、含淀粉低、糖分高、无畸形、未抽芽和萎缩的原料，横径要求3cm以上。原料在清水中浸泡20～30min，擦洗洗去泥沙，漂洗干净，以免削皮时被土壤中的细菌污染。去皮时先用小刀削除马蹄两端，以削尽芽眼及根为准。再削去周边的外皮，切削面平整光滑。削皮的同时挑出病虫害或黑斑、损伤、腐败霉烂等不合格的球茎。削皮后马蹄应当立即浸于清水中，目的是为了洗除残余的皮屑及溶出部分淀粉。每粒切成八片或十片，在0.4%的柠檬酸液中煮沸15～20min，马蹄与酸液比为1∶1。预煮可使淀粉糊化，汤汁澄清。每次煮后调酸，每煮三次更换新液。预煮后取出在流动水中漂洗1～2h脱酸，沥干。

④ 菠萝。果实以清水冲洗，洗净果实外表附着的泥沙、杂质，切去果实两端，按级去皮捅除果心，去皮捅心后的果肉，以锋利小刀削去残留果皮，修去果目。按厚度6～8mm切片，并按圆片直径大小，每片切成6～8等分的扇形块。果肉块边缘允许有雕目、修削、缺刻，但无果目、斑点、机械伤等缺点，色泽金黄。

⑤ 银耳。要求银耳呈饱满鸡冠形或花瓣形，淡黄色，无霉变和虫蛀。将银耳在30℃温水中浸泡10～12h，中间换水2～3次，然后剪去黄根，撕小块，洗净沥干备用。要求银耳光洁透明，充分膨胀，形态完整，无黄根等。

⑥ 阳桃。选取七至八成熟，果实翠绿鹅黄，饱满，无杂质、机械伤、虫蛀和霉烂变质的鲜阳桃。先用清水洗去果实表面灰尘、污垢及杂物，再摘去果柄，用不锈刀削去果蒂及背部果棱，按横向切成厚度6～8mm的果块。浸渍在50%的糖水中，在−6℃在冷藏待用。

（2）分选、罐装、排气及密封　各种水果按果肉配比装罐，同罐中同种果（块）的大小、色泽大致均匀。枇杷果肉应无严重机械伤及扁软果实，形态完整，洞口整齐。按不同罐型称重装罐、加入糖水、密封。排气密封的，应使罐中心温度达70℃以上；抽气密封的，应使真空度达340～400mmHg。

按市场及质量需求，加工什锦罐头的原料必须选用三种以上，果肉色泽不少于红、黄、白三种。本工艺以枇杷为主原料，选择富含β-胡萝卜素的胡萝卜和具有浓郁风味特色的菠萝或阳桃及马蹄或银耳原料与之配伍，达到营养与风味互补。如营养成分上可以达到互补和强化，胡萝卜富含VA源，而水果中VC的含量又相当高；菠萝、阳桃的香味更加浓郁，可以改善胡萝卜本身所带来的生闷味和枇杷罐头香气的不足；在色泽上，取胡萝卜的红、枇杷（菠萝、阳桃）的黄、马蹄或银耳的白，果色搭配合理，外观鲜艳诱人。

配比一：枇杷155g，胡萝卜25g，马蹄30g，菠萝25g。

配比二：枇杷 155g，胡萝卜 25g，银耳 25g，阳桃 25g。

（3）糖水配制　在糖水配制前先测定果肉的固形物及酸含量，根据下式计算加入糖水所需的糖的浓度（x）和酸的浓度（y）：

$$x = (s_1 w_1 - \sum s_{2i} w_{2i})/(w_1 - w_2) \times 100\%$$
$$y = (c_1 w_1 - c_2 w_2)/(w_1 - w_2) \times 100\%$$

式中　s_1——平衡糖度，一般为 $14\% \sim 18\%$；

s_{2i}——第 i 种果肉（块）的折光糖度，%；

c_1——平衡酸度，一般为 $0.2\% \sim 0.35\%$；

c_{2i}——第 i 种果肉（块）酸（滴定酸）含量；

w_1——罐头净重，g；

w_2——罐头内第 i 种果肉（块）重，g；

w_{2i}——罐头内果肉（块）的总重，g。

为改善枇杷果肉色泽和增加果肉的硬度，糖水中可加入 $0.01\% \sim 0.02\%$ 的 VC 和 3% 的乳酸钙。加入的糖水必须淹没果肉，防止果肉露出液面变色，顶隙度不宜太大。

（4）杀菌及冷却　净重 450g 杀菌式（排气）：$7 \sim 10\text{min}/100℃$，分段冷却。在 37℃ 保温 7 天，检验、贴标、包装、入库。

实例 14——山楂罐头

1. 工艺流程

清洗→选剔→分级→去核→护色→预煮→装罐→排气→封罐→杀菌、冷却→成品的检验与保存

2. 操作要点

（1）清洗　洗涤可以除去果品表面沾附的尘埃、泥沙及大量的微生物，保证产品清洁卫生，特别是喷过防治病虫药剂的原料，更须注意洗涤干净。

（2）选剔

① 应选大小均匀、形状端正、质量上乘的山楂。剔除霉烂及病虫害、畸形、品种不划一、成熟度不一致等不符合加工要求的果品。

② 采收的成熟度以 8～9 成为宜，若用充分成熟或过熟的果实，果肉组织结构松软，在煮制或加热过程中容易煮烂。

③ 果品的新鲜度。加工用原料愈新鲜，成品质量也就愈好，吨耗率也愈低。

（3）分级　按果实大小形状分为不同等级，以适应机械化操作并按工艺要求进行加工制得形态整齐的产品。

（4）去核　山楂的种子不能食用，其果心比较坚硬，影响糖水的渗入，因此加工时需去核，一般用不锈钢圆筒刀捅去果核。

（5）护色　山楂去核后，放置在空气中，容易变色，所以应及时护色。工序间的短期护色，一般采用 $1\% \sim 2\%$ 的食盐溶液。

（6）预煮　在沸水中煮 $3 \sim 5\text{min}$，以煮透但不煮烂为度，捞出后放入冷水中

冷却 2～3 分钟，再捞出沥干备用。

（7）装罐

① 空罐的准备　原料装罐前，应对空罐检查和清洗，并对瓶、瓶盖、胶圈消毒杀菌。

② 糖液的配制　将糖用少量的水加热溶解成清亮浓厚的糖浆，然后以定量的水稀释到装罐要求的浓度，一般要求浓度为 40%，过滤备用。

③ 装罐　整理好的原料要尽快地进行装罐，装罐量为罐头内容物的 60%。果品原料装好罐后，立即进行注糖液，把配制好的热糖液注入到罐中。需要注意注糖水不能过满，需保留 6～8mm 顶隙。

（8）排气　原料装罐注液后，封罐之前要进行排气。排气的目的是将罐头中和食品组织中的空气尽量地排除掉，使罐头封盖后能形成一定程度的真空状态，防止败坏。排气的方法有加热和抽气两种。

① 加热法　可以装罐之前将原料和糖水加热到 80℃，趁热装罐，在降温之前封罐；也可以在原料装罐后，加上罐盖（不密封），通过加热排气后封罐。

② 抽气法　用机械在密封室中抽气封盖。

（9）封罐　罐头封盖用封罐机密封。

（10）杀菌、冷却　罐头食品杀菌的目的首先是杀灭罐内的微生物，防止微生物引起的败坏；其次是改进食品的风味。将罐头装入篮筐内，连筐放入 30～40℃温水中，迅速加热到 100℃，维持 20min 即可。

玻璃瓶装罐头采用三级逐步冷却（80℃→60℃→40℃），当罐中心温度降至 38～40℃时，取出并擦净。不可一次用冷水降温，以防炸罐。

（11）成品的检验与保存　经检查封口严密即可送 25℃左右的库房保温，观察 5～7 天，发现有密封不良者（胀罐）及时剔除，经检查合格后即可出库。

实例 15——杏罐头

1. 工艺流程

选料→清洗→切分去核→脱皮→修整→预煮→装罐→排气封盖→灭菌、冷却→质检入库

2. 操作要点

（1）选料　选择新鲜、七八成熟、芳香浓郁、粗纤维少、无病虫害、无畸形、无机械损伤、无腐烂的杏果。

（2）清洗　对精选好的杏果使用洁净的软水进行冲洗，清除附着在果实上的杂物，再用浓度为 0.3% 的盐酸溶液洗去果实外皮上的农药残留。

（3）切分去核　沿杏果缝合线把杏果切分成两半，去除杏核。

（4）脱皮　把果块放入浓度为 4%～6% 的氢氧化钠液中，在 95～98℃条件下浸泡 30～60s，取出立即搓洗去皮，然后用洁净清水洗去果皮渣和果实表面的余碱。为加速清洗，可用浓度为 0.1% 的盐酸或 0.3%～0.5% 的柠檬酸中和碱液，并可防止变色。

（5）修整　削平个别残缺不齐的杏块，去除残留果皮、果尖、核尖等残留物，使果面、核窝光滑。去皮和修整过程中，把果块放在浓度为 1.5% 的食盐水中护色。为增进护色效果，可在食盐水中加入 0.1% 的柠檬酸。

（6）预煮　通过预煮可破坏杏果中的氧化酶，防止变色；排除果块中的空气和水分，以免在高温杀菌时发生跳盖和爆裂现象；增加果肉细胞膜的渗透性，使糖水容易渗入果肉内；缩小体积，便于装罐。

（7）装罐　修整过的杏块，用洁净的清水冲洗干净后便可称重装罐（瓶）。同一罐（瓶）内杏块大小应尽量均匀一致。然后注入浓度为 14%~17% 的糖水，等待排气封罐。一般果肉重占罐头净重的 55% 以上，装罐时通常在保留一定顶隙的同时，还应考虑其本身的消耗而多装 10% 左右。

（8）排气封盖　把装好杏块和糖水的罐体放入排气箱，通入蒸汽加热，使罐内中心温度达 80℃ 以上，排气 7~15min，然后取出罐体立即封盖。罐盖要放正、压紧。最好采用真空封盖机封盖。

（9）灭菌、冷却　把装好的罐头放入高压锅内灭菌 10~18min，灭菌温度为 90~95℃。杀菌后分段降温，其降温梯度为：80℃→60℃→40℃，直至冷却。

（10）质检入库　用洁净的软布或棉纱擦去罐体表面水分，在 20℃ 左右仓库内预贮 7 天，然后进行敲盖检查，凡敲盖发出清脆响声的，为密封合格的产品。对合格产品贴上商标，装箱入库。

实例16——无花果罐头

无花果，系桑科榕属植物，因花形隐于囊状总花托内，外观只见果不见花而得名。据《本草纲目》记载："无花果，味甘平，无毒，主开胃，止泻痢，治五痔肿痛。"《常氏方》中称"无花果不拘量……治疗胃幽门癌"，现代医学对无花果的抗癌作用也有相关报道。无花果属沙漠地带的先锋树种，病虫害少，叶、果不施农药，属纯正无公害绿色水果食品。经测定，其含糖量在 20% 左右，其中 2/3 以上为人体能够直接吸收利用的葡萄糖和果糖。此外，无花果还含有丰富的钙、磷、铁、胡萝卜素、维生素等成分和 18 种氨基酸，还含有丰富的酶类及许多有益的微量元素。长时间以来，无花果一直是以果脯、果酱、速冻等形式来满足国内外市场需求的，现开发了一种既保持了无花果的原有风味，且又不失其营养价值的无花果罐头。

1. 工艺流程

原料挑选→清洗、去皮→中和→预煮→修整→装罐→封口→杀菌→入库→检验→包装

2. 操作要点

（1）原料挑选　选择果形完整、新鲜饱满、成熟度在 7~8 成熟的果实；要求无病虫害、软烂、霉烂和干疤，无畸形，无破裂，无机械伤和碰压伤，直径在 30mm 以上。

（2）清洗、去皮　将选好的无花果原料放入清水中清洗，并漂洗去除杂质。

然后捞出放入微沸的 10%～20% 的烧碱溶液中 1～3min，使之浸没，轻轻搅拌，待到果皮变黑并有裂开时捞出，迅速用冷水冲洗，将皮去净。

（3）中和　将捞出的果实用流动水充分漂洗，除去残留的碱液，用 0.1%～0.2% 的盐酸溶液浸泡，进行中和护色。

（4）预煮　预煮时沸水下锅，时间 1～3min，以煮透为宜（软硬适度），预煮时水中加 0.1%～0.15% 的柠檬酸。预煮后迅速用流动水冷却至 30℃ 左右。

（5）修整　预煮冷却后的原料经过修整，去除斑点、果蒂、残皮，剔除软烂、变色、开裂、畸形的果实。

（6）装罐

① 容器。采用罐型为 783# 的素铁罐，镀锡，罐底、盖要求双面涂黄（即罐底、盖使用防锈涂料），用 82℃ 以上的热水消毒后备用。

② 装罐。同一罐内要求大小均匀。优级品每一罐中不超过 10 粒；一级品每一罐中不超过 15 粒。其固形物装罐量为 185～190g。

③ 配汤。30% 的白砂糖、0.5%～0.6% 柠檬酸，经加热煮沸，过滤后备用。

（7）封口　使用真空封罐机封口，要求封口时控制其真空度在 0.035～0.045MPa。

（8）杀菌　采用常压杀菌的方法，杀菌公式为：5min-17min/100℃。

3.产品质量标准

（1）感官指标

① 色泽。无花果呈黄色或淡黄色，同一罐内色泽大致一致。

② 滋味及气味。酸甜适度，具有无花果罐头应有的滋味和香气，无异味。

③ 汤汁。糖水较透明，允许稍有果肉碎屑，糖水内允许有少量种子，但不得有外来杂质。

④ 组织形态。同一罐内形态、大小大致均匀，允许有轻微机械伤，斑点不超过 5 个，优级品每罐中个数不超过 10 粒，一级品每罐中个数不超过 15 粒。

（2）理化指标　可溶性固形物（20℃，折光计法）16%～18%；砷（以 As 计）≤0.5mg/kg，铅（以 Pb 计）≤1.0mg/kg，锡（以 Sn 计）≤250mg/kg；净重应符合表 8-6 中有关净重的要求，每批产品平均净重应不低于规定重量。

表 8-6　净重和固形物含量

罐型	净重		固形物		
	标明重量	允许公差	含量	规定重量	允许公差
783	312g	±3.0%	57.6%	180g	±0.9%

（3）微生物指标　符合罐头食品商业无菌要求。

实例 17——樱桃罐头

樱桃色泽艳丽，风味可口，含有丰富的营养。每百克樱桃中含铁量多达 59mg，居水果首位；其维生素 A 含量比葡萄、苹果、橘子多 4～5 倍。此外，樱桃中还含有维生素B、维生素C及钙、磷等矿物元素，对人体具有调中益脾、滋补开胃的功效，颇受人们喜爱。但由于樱桃皮薄肉嫩，采收季节气温较高，极不耐贮，致使市场供应期短，樱桃罐藏是延长其贮藏期的有效措施。

1. 工艺流程

原料选择、清洗→去梗→硬化→预煮→染色→护色→装罐→配汤→罐汤→排气及杀菌→冷却→检验

2. 操作要点

（1）原料选择、清洗　要求选用果形圆正，果皮强韧，肉质紧密，果色鲜红，成熟度适中，无霉烂、病虫害、机械伤的新鲜樱桃。用清水轻轻淘洗，除去果面上的泥沙、污物。

（2）去梗　对其去梗，需旋转直摘，尽量避免撕破果皮，造成加工中营养成分的损失和生化反应的发生，影响罐头的外观。

（3）硬化　将樱桃浸泡于氯化钙溶液中6h。

（4）预煮　将樱桃置于含0.02%柠檬酸的沸水中，煮好后立即捞出以流动水迅速冷却，务使冷透。预煮水与樱桃质量之比至少为20∶1。

（5）染色　将樱桃沥干水，放入染色液［采用红曲红素＋胭脂红（3∶1）复合染色剂］中，温度为25℃，染色液与樱桃质量之比为2∶1，染色24h。

（6）护色　将樱桃用流动水漂洗2次，去掉浮色，沥干水后浸泡于柠檬酸溶液中，然后加入1%葡萄糖溶液（护色），护色液与樱桃质量之比为4∶1，水温25℃，浸泡24h。

（7）装罐　将樱桃用流动水漂洗2次，沥干水分，装罐。

（8）配汤　将每100kg成品汤中加0.1kg柠檬酸、25kg蔗糖、75kg水，煮沸15min后冷却到75℃，再加入0.1kg柠檬酸。

（9）罐汤　加入的糖水液面与罐顶要保留6~8mm的空隙，封盖后罐顶空隙为3.2~4.7mm，不宜过大或过小。

（10）排气及杀菌　热力排气，温度90℃，时间15min，罐头封盖后能形成53.3~60.0kPa的真空度。温度越高、排气时间越长，罐内和樱桃组织中的气体被排出的越多，从而密封后的罐内真空度则越高。但过高的排气温度易引起罐内食品组织软烂及糖液溢出，同时密封后罐内真空度过高，也易引起瘪罐现象。排气后杀菌。

（11）冷却　杀菌完取出罐头后立即用自来水冷却至37℃左右，冷却方法以淋水冷却较好，冷却水应保持清洁，冷却完后及时擦去罐外水珠，晾干。

（12）检验　将罐头放在37℃的库房内保存5天左右，剔除不合格罐。

3. 产品质量标准

（1）感官指标

① 色泽。果实呈红色，均匀一致，有光泽；糖水呈浅红色至红色，尚透明。

② 滋味及气味。具有糖水樱桃硬化、染色后固有的滋味，无异味。

③ 组织形态。果实完整，组织有脆感，大小一致，无皱缩，无外来杂质。

（2）理化指标　固形物≥57%，糖水浓度为17%，砷、铅、铜未检出，锡（以Sn计）为12mg/kg，SO_2为3mg/kg，胭脂红为0.02g/kg。

（3）微生物指标　符合罐头食品商业无菌要求。

实例18——人参果罐头

人参果属多年生茄科草本植物，果实形状多似人心状。果肉爽甜多汁，风味独特，富含VC和对人体有益的多种微量元素（如钾、磷、铁、锰、钴、铝和硒等）。人参果中的钙含量较高，每100g鲜果中的含钙量高达910mg，是番茄的114倍，黄瓜的36.4倍。人参果以其独特的风味和丰富的营养成分，被加工成人参果口服液、鲜果汁、罐头和饮料等，开发前景非常好。

1. 工艺流程

原料选择、清洗→去皮→护色→灭酶─┐
调配罐液─┼→灌装→排气、封盖→杀菌、冷却→成品
玻璃空罐→清洗→消毒─┘

2. 操作要点

（1）原料选择、清洗　挑选个大、肉厚、无病害、无机械损伤的、成熟度为80%左右的人参果，用流动清水冲洗干净。

（2）去皮　由于人参果的果皮较硬且薄，因此可以采用机械去皮或烫漂去皮的方式进行去皮。若采用烫漂法去皮，烫漂的时间不能超过5min，否则，人参果会产生煮熟味，并导致果肉变软，影响罐头品质。

（3）护色　将去皮后的果块用添加0.3%的柠檬酸和1.5%的食盐作为护色液进行护色。

（4）灭酶　由于人参果肉含酚酶、抗坏血酸氧化酶和过氧化物酶等酶类，因此将其切块、去心后，要立即投入温度为85～90℃的热水中保持2min，进行灭酶处理。

（5）罐液调配　按蔗糖30%、蜂蜜0.5%、柠檬酸0.12%的配比进行调配。

（6）装罐　趁热将果块装入已消毒的玻璃罐中，将加热至温度85℃的罐液与果肉按一定的比例装罐。

（7）排气、封盖　采用加热排气法，使罐中心温度达到80℃，保持5min。

（8）杀菌、冷却　人参果罐头的pH值为4.3左右，属酸性罐头，故采用温度90℃、12min杀菌工艺。杀菌后用分段冷却的方式进行冷却。

3. 质量指标

（1）感官指标

① 色泽。果肉金黄色，纯正，协调。

② 滋味。果肉不烂，略脆，口感好，风味好，甜酸适口。

③ 气味。香味清淡，充分体现人参果的特有香味。

④ 组织状态。品质均匀稳定，无杂质和沉淀。

（2）理化指标　锡（以Sn计）≤200mg/kg，铜（以Cu计）≤5.0mg/kg，

铅（以 Pb 计）≤1.0mg/kg，砷（以 As 计）≤0.5mg/kg。

（3）微生物指标　符合罐头食品商业无菌要求。

实例 19——软包装糖水苹果罐头

1. 工艺流程

鲜苹果→清洗→去皮→冲核→压瓣→修整→抽气处理→切丁、漂烫→

装袋、封口→杀菌、冷却→检验→成品

2. 操作要点

（1）原料预处理　选择新鲜完整、成熟适度的苹果果实，用流动水充分清洗干净后，采用人工去皮、冲核、压瓣，最后将未去净的籽巢、核窝处泛青的纤维、残破的苹果瓣进行修整。

（2）抽气处理　护色液配料选用柠檬酸和 VC，先用温水完全溶解后倒入抽空缸内，配制成柠檬酸 0.30％、VC0.05％的水溶液。将处理好的果块置于抽空缸内，使护色液淹没果面 5cm 以上。真空度 0.06～0.07MPa，时间 5～20min。时间因苹果品种、成熟度、大小而不同，具体以苹果抽透（果块渗透度达 2/3）为准。

（3）切丁、漂烫　苹果丁规格 15mm×15mm×15mm，漂烫 5～10min，捞出之后统一沥水 2min。

（4）装袋、封口　将沥水后的苹果丁装袋，每袋 900g，添加糖水。注意不要污染袋口，若有，需用干净的纱布擦净。封口时注意保持封口面平整，封口后要检查封口情况。

（5）杀菌、冷却　密封后迅速杀菌，杀菌公式：16min/93℃。杀菌完成迅速用冷却水冷却，防止罐头继续受热，冷却至罐头摇匀后罐内温度达 37℃左右较合适。冷却用水应保持清洁。

（6）检验　冷却后及时擦干表面的冷却水，并逐袋检查，剔除不合格产品。产品抽样做保温检测，保温条件：（36±1）℃/10 天。检验合格后即是成品。

3. 注意事项

苹果果肉内含有大量的空气，如国光苹果含 18％～25％。苹果含有空气，不利于加工，其影响如变色、破裂、组织松脆而装罐困难，造成包装低真空、易腐蚀等。因此，果肉在装袋前必须用真空抽气处理。

软罐头中气体残留量影响杀菌中的热传导和内容物的质量。测定软罐头气体残留量有非破坏性和破坏性两种方法。根据日、美有关资料报道，以 130mm×170mm 的袋计，一般每袋的残留气体量应低于 10mL，在这样的气体残留量条件下，常压杀菌过程中，胀袋不明显，不会有破袋情况发生。

为防止袋口污染，影响封口质量，可采用专用工具撑开袋子装袋，必要时用干布擦净袋口。封口时要求封口位置距袋口 1cm 以上（留足热封口位置），真空度 0.07MPa，封口压力 0.6～0.8MPa，封口温度 230～260℃，抽空时间 0.18s，封口时间 0.6s。封口合格的标志为：内袋封口部位两端稍有内层材料挤出，同时用手挤压时袋内无液体流出。封口工序是整个工艺过程的关键环节，应严格检验，谨防漏封。

实例 20——软包装糖水山楂罐头

将山楂制成糖水山楂罐头，既保持了山楂原有的风味，又方便保存，特别是制成软包装山楂罐头，携带方便，成本又较低。

1. 工艺流程

原料选择→去蒂把与果核→检查→洗涤→预煮→装袋→真空密封→杀菌→冷却、包装

2. 操作要点

（1）原料选择　选择新鲜、成熟饱满、色泽正常的果实，果面允许有小干结、轻微干疤和自然斑点，无冻伤、霉烂、萎缩、病虫害及严重机械损伤，果实大小不限，以能去核为准。将原料山楂放到工作台上进行批选，按大小 2 种分级。

（2）去蒂把与果核　采用除核器手工去核。除核器直径按果实大小有区别，每只除核器两头口径不一样，大型除核器大端直径 1.2cm，小端 1.0cm；小型除核器大端直径 1.0cm，小端直径 0.7cm。去核时先用大端从花萼处下刀，切到果核边缘，后用小端从蒂把处下刀，将核顶出。

（3）检查　检查分级是否恰当、去蒂把和果核是否彻底。

（4）洗涤　将去蒂后的山楂用清水反复清洗多次。

（5）预煮　在 80～90℃的热水中浸 5min 左右，见果肉稍变软，及时捞出，沥水 2～3min。

（6）装袋　配制浓度为 35％的糖水，将果肉装入塑料袋内（聚丙烯真空袋或聚丙烯复合真空袋），然后加糖水。装量为 650g，其中果肉重 300g，糖水重 350g。在同一包装袋内，色泽、大小要尽量一致。

（7）真空密封　用真空封袋机将包装袋密封，密封后要求封袋内不得有气泡。

（8）杀菌　规格为 240mm×130mm 的包装袋，在 90～100℃下杀菌 5～10min。

（9）冷却、包装　为了保证袋中山楂的品质，杀菌后要立即进行冷却，防止余热对袋中山楂的过度软化。可直接采用水冷却，待冷却至室温时捞出，为避免对果肉的过度挤压，要马上进行包装。

3. 质量指标

（1）感官指标

① 色泽　袋中果实呈红色或深红色，色泽较一致，糖水较透明，允许含有不引起浑浊的少量碎果屑。

② 滋味及气味　具有本品种糖水山楂应有的甜味与酸味，无异味。

③ 组织形态　果实整个去核，大小大致均匀；无虫害、皱缩及明显的机械

伤；允许有自然斑点及个别小干缩；果肉未煮熟过度；果形整齐，软硬适度。个别破裂果以果实不致分为两半为准，并且每袋数量不超过 6 个。

④ 杂质　不允许存在。

（2）理化指标　净重 650g，允许误差 3%，但每批平均不低于净重；固形物：果肉不低于净重的 45%；糖水浓度：开封时按折光计为 14%～18%；重金属含量：每千克制品中，锡不超过 200mg，铜不超过 10mg，铅不超过 2mg。

（3）微生物指标　无致病菌及因微生物作用所引起的腐败现象。

4. 注意事项

（1）在山楂加工过程中，注意原料山楂的贮藏，最好放在冷藏库内，随用随取，以保证原料山楂不腐烂，品质不降低。

（2）成品在保存过程中，一定要将其放置于阴凉处，以延长保质期。如果发现成品有"胖听"现象，即包装袋内产生气体，使包装袋膨胀，说明此袋产品已变质，不能食用。

第二节　蔬菜罐头

一、蔬菜罐头加工概述

1. 蔬菜原料的前处理

对蔬菜原料的前处理，首先要严格控制投料时间，蔬菜采收后的呼吸作用仍然很旺盛，若不及时加工，蔬菜组织就会老化，风味变劣，如芦笋；有的则容易转入腐熟期，使色、香、味及营养价值等迅速下降，甚至丧失食用价值，如番茄；有的则会变形、变色（如蘑菇开伞、芦笋尖变绿等），而不再适合用于罐头加工等。因此在生产中必须根据蔬菜原料的性质及产品的要求控制好原料的贮存时间，及时加工。

蔬菜原料的清洗要比水果困难，因其携带泥沙多、表面凹凸不平。特别是根菜类及块茎类蔬菜，如马铃薯、胡萝卜、荸荠、莲藕等，在清洗时，应先浸泡再刷洗、喷洗。而对于叶菜类蔬菜，清洗时要避免造成组织损伤。

2. 分选和装罐

各种蔬菜装罐前要按产品质量标准要求进行分选，将不同色泽、大小的蔬菜进行分选装罐。每罐装入的蔬菜量应根据产品要求的开罐固形物含量，结合原料品种、老嫩、预煮程度及杀菌后的失水率等进行调整。装罐时汤汁要求加满，防止因罐内顶隙度过大，罐内壁产生氧化圈和蔬菜露出液面变色。

蔬菜罐头绝大部分虽属低酸性食品，但有些品种（青刀豆、蘑菇、花椰菜等）对镀锡薄板的腐蚀及硫化物污染较严重。应根据各品种对镀锡薄板腐蚀或硫化物污染程度，有针对性地选用抗蚀、抗硫性能好的镀锡薄板制罐。如番茄酱、香菜心等对铁皮腐蚀严重的品种，必须采用防酸涂料；花椰菜、甜玉米等含硫蛋白高的品种，必须采用防硫涂料铁。

3. 排气和密封

注入汤汁后，应迅速加热排气或抽气密封。

加热排气时，应注意排气的温度和时间。整番茄、青豌豆等品种，若排气温度太高，易引起罐面物料软烂破裂，净重不足等。排气不充分，罐内真空度太低，容易引起罐头凸盖、假胖罐及罐内腐蚀等质量问题。一般要求排气至封口，中心温度达70~80℃为宜。

对热传导慢的品种，如整装笋类，应采取装罐前预煮后趁热装罐，并加入沸水再排气。整番茄、整装花椰菜等品种，除加入90℃以上的汤汁外，还应注意适当延长加热排气时间，排气后立即密封。为防止密封时汁水溢出污染罐外，密封后必须用水洗净罐面，及时杀菌。

凡在排气过程中须防止蒸汽冷凝水滴入罐内的品种，如四川榨菜等，则宜采用抽气密封或预封后排气密封。采用真空封口抽气密封，应根据罐号品种及加入汤汁温度等控制抽真空程度。带汤汁的品种，真空度太高了，汤汁易被抽出，太低了往往造成罐内真空度太低，一般控制真空度为300~500mmHg为宜。

4. 杀菌和冷却

蔬菜类罐头除番茄、醋渍、酱（盐）渍等几类产品外，均属低酸性或接近中性的食品，且原料被土壤中耐热性芽孢菌污染的概率大，故大部分产品必须采川高温杀菌，才能达到长期保存的目的。但蔬菜类组织柔嫩，色泽和风味对热较敏感，稍高的温度或较长的时间，极易引起组织软烂和风味、色泽的劣化，严重影响制品的品质。

杀菌条件，应根据蔬菜原料品种、老嫩、内容物的pH、罐内热的传导方式和速度、微生物污染程度、罐头杀菌的初温、杀菌设备的种类等条件而定。在不影响产品风味和色泽的前提下，适当降低pH，可缩短杀菌时间。原料新鲜度高、工艺流程快（特别是装罐密封后至杀菌）、微生物污染程度轻、罐内热的传导快的产品，杀菌时间可以适当缩短。对罐内汤汁易于对流传热的产品，如刀豆、蘑菇等，可采用高温短时杀菌。杀菌时，严格执行杀菌规程，若采用反压降温冷却，则应考虑适当增加杀菌时间。

杀菌后必须迅速冷却，防止内容物继续受热而影响产品的色、形、味，并严防嗜热性芽孢菌的发育生长，一般冷却至罐内中心温度至38℃左右为宜。冷却方式以在杀菌锅内用压缩空气或水反压降温冷却较好，特别是采用高温短时杀菌及大罐型的产品，反压冷却不仅冷却速度快，而且可防止罐盖凸角，减少次废品率。反压冷却，进入杀菌器的冷却水压力以稍高于器内压力即可，防止太高，以免冲力太大造成瘪罐。

5. 常见的质量问题

蔬菜罐头在生产或贮运时，要注意防止内容物变色、罐内腐蚀及硫化物污染、酸败变质及胀罐等现象。

（1）蔬菜类罐头的胀罐　有些蔬菜类罐头在贮运期间，常发生罐头两端或一端罐盖凸起膨胀的现象，即胀罐。从罐头外表看，可分为软胀及硬胀两种。软胀包括物理胀罐及初期的氢胀或初期的细菌性胀罐。硬胀主要是细菌性胀罐，也包括产品的氢胀罐。

① 物理胀罐。罐头两端或一端的罐盖凸起，若施压于盖，凸起处可恢复平坦，除去压力，又可凸起。这种情况下，罐头内容物一般没有变质，主要是装罐时装填太满、排气不足或装罐温度不够引起的。如香菜心、整番茄、杂色酱菜、番茄酱等产品经常发生这种现象。要防止这种现象发生，除了适当控制装填度，提高排气或装罐温度外，还应注意罐盖用铁厚度及膨胀圈的抗压强度。仓库温度太高或海拔太高的地区也易引起罐头物理胀罐。杀菌冷却时降压太快及罐头严重碰撞也会引起物理胀罐。

② 氢胀罐。氢胀罐多发生于水果类罐头，但荸荠、香菜心、番茄酱等蔬菜类罐头也会发生氢胀罐。氢胀的罐头，两端罐盖肿胀，与细菌性胀罐很难区别，开罐后虽然内容物有时尚未失去食用价值，但是不符合产品标准。主要通过抑制罐内壁的腐蚀及防止涂层脱落来防止氢胀罐。

③ 细菌性胀罐。罐头两端肿胀凸起，严重者罐头发生爆破，内容物败坏变质，完全失去食用价值。要防止这种现象发生，主要措施如下。a.采用新鲜度高的原料，严格注意加工过程卫生条件，控制原料半成品的微生物水平。b.在保证罐头产品质量的前提下，对原料的热处理及罐头杀菌必须充分，使对罐头有危害的微生物彻底被杀灭。c.罐头密封性能要好，防止泄露。杀菌后的罐头冷却要快，防止嗜热菌的繁殖。冷却水保持清洁，采用经氯化处理的水冷却。d.罐头生产过程及时抽样进行保温（37℃，保温 7 天）及细菌检验，并对原料、半成品、工具设备进行嗜热菌芽孢的检验，以指导生产。

（2）蔬菜类罐头的酸败变质　蔬菜罐头在贮藏、运输、销售期间，也会发生内容物酸败变质的现象。这是由嗜热性酸败菌（或称平酸菌）所引起的，它属于兼性厌氧细菌，能分解碳水化合物而产生酸类如乳酸、甲酸及乙酸等，但不产生气体。酸败的罐头，外形和真空度一般正常，从罐头的外表很难识别罐头的好坏，但开罐后内容物酸败，汁液浑浊，不能食用。如嗜热脂肪芽孢杆菌是经常引起低酸性罐藏食品酸败的一个典型菌类，这种细菌最适宜的生长温度为 $45\sim55℃$，最适生长 pH 为 $6.8\sim7.2$，它主要来源于土壤，糖、淀粉等配料中也存在。

大部分罐头酸败的原因，主要是原料及半成品被污染、积压或杀菌不足引起的。要防止酸败现象的出现，应注意原料的新鲜卫生，加工前原料要洗涤干净，尽量缩短工艺流程，严防半成品积压和被污染。严格执行卫生制度，对加工用的器具、机械设备及管道、泵及冷却池等必须严格消毒，防止嗜热性细菌的滋长。

二、蔬菜罐头的加工实例

实例1——青豆罐头

1. 生产流程

原料验收→去荚与大小分级→盐水浮选→预煮→冷却、漂洗→选豆→装罐→排气、密封→杀菌、冷却

2. 生产工艺及加工要求

（1）原料验收 青豆又称豌豆、荷兰豆、雪豆，青豆的品种、成熟度、新鲜度等对罐头成品的色泽、风味、组织及形态非常重要，而且还决定着加工工艺和原料的利用率。

① 品种。青豆的品种很多，但只有白花种能作为罐藏原料，红花种制成罐头后，豆粒呈褐色，故不适用于罐藏。加工罐头用的青豆要求高产、抗病、荚中豆粒多、豆粒大小整齐一致、色均匀、能抗机械加工而不破碎、糖分及维生素含量高。目前我国青豆罐藏品种主要有大青荚、小青荚、宁科百号等。

国外也培育出许多优良的加工品种，英、美等国多采用阿拉斯卡种。近年来为发展机械采收，又育成了一些成熟一致的品种。

② 成熟度。青豆在幼嫩时酶的活性主要趋向于分解作用，此时组织中的糖分含量多，淀粉含量少。随着成熟度的增加，酶的活性则逐渐由分解转向于合成，组织中的淀粉含量随之增多，而糖分含量相应减少。尤其是在气温较高的情况下，合成作用的进行极为迅速。因此，供加工用的青豆，为获得甜嫩的品质，必须在幼嫩时进行采收，采收后应迅速加工，这是保证青豆罐头品质的关键之一，参见表8-7及表8-8。

表 8-7 青豆的成熟度与成分含量

成分	未成熟	适熟期	过熟期
水分/%	82.37	82.17	77.08
碳水化合物/%	8.60	9.31	11.87
粗蛋白质/%	5.41	4.30	6.35
叶绿素/(mg/100g)	3.50	5.00	5.30

表 8-8 青豆开花后不同时间采摘对原料及其制品品质的影响

项目	开花后18天	开花后20天	开花后22天	开花后24天	开花后26天	开花后28天	开花后30天
出豆率/%	35.85	41.76	43.86	50.50	54.99	56.46	68.64
子实直径/mm	6.43	8.17	8.17	8.51	8.08	8.03	8.03
子实比重	1.031	1.056	1.055	1.045	1.078	1.130	1.140
淀粉/%	0.19	12.56	14.74	17.82	20.99	22.60	24.87
总糖/%	1.82	2.03	1.36	1.31	1.26	1.29	1.20
淀粉/总糖	5.05	6.18	10.86	13.71	16.65	17.13	20.73
液汁清浊	清	清	清	清	清	清	清
子实色泽	鲜绿	鲜绿	鲜绿	鲜绿	绿	绿	绿

项目	开花后 18 天	开花后 20 天	开花后 22 天	开花后 24 天	开花后 26 天	开花后 28 天	开花后 30 天
破粒/%	2.30	4.40	2.60	0	0	0	0
子实软硬	软	软	软	软	硬	硬	硬
成熟度	未熟	适熟	适熟	适熟	稍过熟	过熟	过熟
风味	淡	良	良	良	良	不良	不良

实践证明，青豆采收过早，则豆粒太小、水分多、含糖分低、质软味差。作为护色豆用时，成熟度较低的豆粒由于叶绿素含量少亦难以护色。但若采收过迟，豆粒过分成熟，质地粗糙，淀粉含量高，风味不佳。制成罐头后，汁液浑浊，并有黏性。作为护色豆时，豆皮上蜡质厚，护色困难。因此青豆应严格控制采收时间，适时采收。

③ 贮藏。青豆在贮藏过程中，由于呼吸作用旺盛，极易发热变质，因此必须注意通风和快速加工，严防呼吸热和发酵。

采收后的豆荚应用有间隙的木箱盛装，每箱重量不超过 15kg，严防雨淋和日晒。不能及时加工时，应摊开置于干燥洁净阴凉通风的地方，或进冷库贮存。

（2）去荚与大小分级　去荚一般在脱粒去荚机上进行。去荚后的豆粒经过滚筒的筛孔落入倾斜的收集器中，而碎壳等残渣由传送带送出。

青豆出豆率依品种及成熟度不同而异，一般达 41%～48%。

青豆大小分级采用圆筒式分级机。一般按豆粒直径分为五级：一级豆 5～7mm，二级豆 7～8mm，三级豆 8～9mm，四级豆 9～10mm，五级豆 10mm以上。

青豆罐头有时出现豆粒大小不均匀的现象，主要是分级机上各级筛子长短不合理，小级跳大级所致的。故青豆分级时应根据具体情况改进分级机。

（3）盐水浮选　青豆在生长过程中，成熟速度快，罐头用的原料，采摘时成熟度不尽相同。不同成熟度的青豆，淀粉和糖分的含量也会有所不同，若混在一起采用同样的操作条件进行生产，罐头内容物质量就不一致，导致在同一罐中有老嫩不均现象。此外，成熟度较高的青豆，淀粉含量较高，可能会由于预煮处理不同，而引起汤汁浑浊，甚至凝冻。

如果生产护色青豆，则不同成熟度的青豆对于护色液（如硫酸铜）的浓度和处理时间的要求各有不同。豆粒成熟度越高，豆皮上的蜡质越厚，豆粒表面吸附铜离子能力差，叶绿素不能充分与铜离子接触，不易护色。成熟度较低的豆粒，由于叶绿素含量少，也难于护色。因此若不将它们分开，成品的色泽就不能达到一致。

青豆成熟度不同，淀粉和糖分的含量不同，密度就不同。成熟度高的密度大，用盐水浮选时沉入池底；成熟度低的密度小，豆粒浮在水面上。故用不同浓度的盐水浮选，就能按原料的成熟度对青豆进行分级。

（4）预煮和漂洗　青豆预煮的主要目的是除去豆粒中一部分可溶性含氮物质、果胶和淀粉，避免汤汁浑浊，除去豆粒中的空气，破坏豆粒中的酶类，防止罐头胀罐。

预煮的温度和时间，应根据原料品种、豆粒大小和老嫩而定。甜种豆粒可用沸点以下的温度煮几分钟即可；而含淀粉高及稍老的豆粒，预煮时间必须适当延长，防止预煮不足，杀菌后破裂，引起汤汁浑浊。

预煮后，需迅速冷却漂洗，时间应根据原料品种及老嫩而异。甜种豆煮后稍冷即可装罐；含淀粉高的豆粒，则漂洗时间相对较长。

3. 说明与注意事项

叶绿素是青豆的主要色素。在一般情况下，叶绿素在碱的作用下，发生皂化而生成叶绿素的碱盐。但这种碱盐还保存完整的中心核结构与叶绿素的颜色。利用叶绿素在碱性条件下较稳定的特性，生产中可改变介质 pH 来进行青豆的护色。

青豆在高温高压处理后，有时产生紫褐色。如果反过来以镁离子、锌离子、铜离子取代氢离子的话，那么又可重新获得绿色。根据这个原理，可以用镁、锌、铜等盐类来进行青豆的护色。

目前青豆的护色主要有如下几种。

① 采用金属盐护色。试验证明，青豆在 0.03％硫酸铜溶液中预煮 3～7min，杀菌后就能保持很好的绿色，但因铜盐对人体有害，已被禁用。青豆护色可采用镁盐，方法是将豆粒在沸水中预煮 3min 后再置于 0.74％碳酸钠和 0.12％醋酸镁混合液中浸 30min，温度维持在 70℃，浸泡后再经充分漂洗装罐。这样处理后，青豆的颜色虽不及硫酸铜处理的颜色，但其色泽却接近于青豆的本色。

② 采用碱性缓冲剂热烫护色。青豆在碱性缓冲剂中热烫处理能保持青豆天然的绿色，一般采用的碱性缓冲剂有氢氧化镁、氢氧化钙、硫酸镁、谷氨酸二钠、六偏磷酸钠，等等。试验证明，pH 为 6.8～7.2 时，青豆色泽的稳定性最佳；pH 高于 8.5 时，青豆因组织中酰胺的水解作用而产生氨味，且组织内少量脂肪的水解及氧化而哈败，而且 pH 提高，有滋长肉毒梭状芽孢杆菌的危险，因此碱化条件应控制在适宜范围内。

③ 采用高温短时间杀菌护色。也有人不用添加剂或化学药品处理青豆，而采用改变杀菌条件的方法护色。试验证明，杀菌温度愈高，时间愈短，对青豆护色效果愈好。

实例 2——蘑菇罐头

蘑菇中含有丰富的氨基酸、矿物质和各种维生素及多糖类，加工后味道鲜美，因此蘑菇罐头是一种深受消费者喜爱的蔬菜罐头品种。

罐藏蘑菇品质的好坏，主要是由菇色、菇体大小均匀性、嫩度、风味及汤汁清晰度几个方面决定的。菇色淡黄、大小均匀一致、味道鲜美、质地嫩脆、汤汁清晰的是上品。

1. 生产流程

原料验收→护色→预煮、冷却→分级、拣选、修整→装罐→排气、密封→杀菌、冷却→擦罐入库
　　　　　　　　　　　　　　　　　　　　　↑
　　　　　　　　　　　　　　　　　　　注汤

2. 生产工艺及加工要求

（1）原料验收　蘑菇是一种食用真菌，品种较多，世界上现有品种主要有白蘑菇、棕色蘑菇、大肥菇等。我国栽培的是白色双孢蘑菇（简称白蘑菇）。子实体是供食用的部分。菌盖呈白色，幼菇为球形，随成熟逐渐展开呈伞形，菌柄支撑在菌盖下面的中央，白色。优质菇菌柄短粗，组织结实，生长不良时，呈细长形，组织疏松且带有空心。在菌盖和菌柄相连处，有一层菌膜，当蘑菇成熟开伞时，菌膜破裂，残留在菌柄周围形成"菌环"，开伞后，可见到菌盖下面呈片状的部分称为"菌褶"，初期呈粉红色，后期呈棕褐色。蘑菇原料品质好坏、产量高低与选种、育种、制种、栽培条件、技术管理、采收方法、贮运条件等有直接的关系。

由于蘑菇的原料娇嫩，后熟作用强，包装材料常采用衬有稻草、棉花的篮或筐，蘑菇经纱布包裹后放入其中，可防止日晒、光线及振动。

（2）护色　蘑菇最常见的问题就是蘑菇所含有的酚类物质在多酚氧化酶催化下发生氧化变色，即酶促褐变。蘑菇中的多酚氧化酶常以多种复合的分子形式存在，它不仅能催化单元酚羟基化，而且能催化邻二酚氧化成相应的邻二醌，呈淡黄色。因此蘑菇中含有的某些黄酮类化合物及酪氨酸等都是多酚氧化酶适宜的底物，它们在酶的催化下被氧化，然后再形成棕黑色的聚合物。

为了减轻和预防变色作用，生产上常需要进行护色处理，利用控制酶催化作用的条件，如氧、pH、温度、底物等，来削弱酶促褐变的程度。一般采用的护色方法有以下几种。

① 稀盐溶液。蘑菇采摘经分级后浸入浓度为 0.6%～0.8%食盐溶液中运入加工厂。从食盐对酚酶的钝化作用来说，需要 20%的浓度才行，但这会严重地影响蘑菇的风味与品质。使用低盐溶液，可减少水中氧的含量，且氯离子也可阻止酚酶对底物的作用，从而减缓酶变。要求从浸泡到加工厂加工，不得超过 4～6h。

② 亚硫酸盐溶液。常用的有亚硫酸钠、焦亚硫酸钠等。亚硫酸盐作果蔬半成品保藏剂是人们所熟知的，欧美等国在早期生产蘑菇罐头时，曾用它作蘑菇护色的漂白剂，因它对多酚氧化酶有很强的抑制能力，当 SO_2 浓度达 10mg/kg 时，酶的活性几乎完全被抑制。从食品卫生上应要求 SO_2 在食品中的残留量越低越好，如目前有些国家规定食品中 SO_2 的残留量不得超过 30mg/kg。

（3）预煮、冷却　蘑菇预煮的目的主要是破坏多酚氧化酶的活力，抑制酶促褐变，同时赶走蘑菇组织内的空气，使组织收缩，保证固形物的要求，还可增加弹性，减少脆性，便于装罐。当采用亚硫酸盐护色时，通过预煮可起到脱硫的作用。为了减轻非酶促褐变，常在预煮液中添加适量的柠檬酸，以增加预煮液的还

原性，改进菇色。

预煮时，水与菇的比例为 3：2，预煮水中加入 0.07％～0.08％柠檬酸调整酸度。预煮时间视蘑菇大小而异，一般 5～8min，以煮透为好。但预煮时间不宜太长，以免组织太老，失水过多，失去弹性。为了防止菇色变暗，预煮液酸度应经常调整并注意定期更换，预煮后应迅速将蘑菇进行冷却。

（4）分级、拣选、修整　采用滚筒式分级机（图 8-1）、机械振荡式分级机进行分级。对分级好的蘑菇，按级剔除不合格菇，如斑点、泥根、畸形、薄菇等。然后按整菇、片菇、碎菇的要求进行分档。

一般整菇与碎片菇间的比例为（3：2）～（7：3）。根据原料的新鲜度、泡水时间的长短、原料的采收期及连续化操作程度而不同，中期采收的原料较初期、末期采收的原料含整菇比例大。

（5）装罐　配汤中盐含量为2.5％左右，柠檬酸为 0.05％左右。加入汤汁后，要求罐中心温度不低于 50℃。装罐时应做到同一罐中大

图 8-1　滚筒式蘑菇分级机

小均匀，不得混级。装罐量的多少常常取决于蘑菇的收缩率，这与菌种有关。固形物越高，收缩率越低。加热杀菌时的收缩率与预煮时间成反比。用连续式预煮器预煮时收缩率约为 47.5％，间歇式预煮时收缩率约为 50％。杀菌时的失水率为 1.3％～4.0％。罐藏蘑菇贮藏过程中的收缩率随盐分浓度的增加而加大，但最终达到平衡。

（6）排气、密封　采用加热排气法排气时罐中心温度要求达到 75～80℃，对于 15173 罐号要求罐中心温度达 70～75℃。除 15173 罐号外，真空封口时真空度达到 350～400mmHg。

（7）杀菌、冷却　人工栽培蘑菇易从菌床粪肥中感染耐热芽孢菌，该菌最适生长温度为 45～55℃，pH6～7（以 pH＝7 为最适宜），在制订蘑菇罐头杀菌条件时应以该菌为杀菌对象菌设置杀菌规程。

冷却方法对杀菌效率有直接的影响。一般采用反压冷却时，冷却阶段的杀菌效率占总杀菌效率的 0～10％；若不采用反压冷却，冷却降温时间长达 15～20min，杀菌效率可达 20％～40％。但冷却降温慢会导致蘑菇组织软烂，色泽加深，不宜采用。

3. 说明及注意事项

在蘑菇生产过程中，常会出现以下现象。

（1）异味　异味的来源有几个方面的原因：①蘑菇本身含有对苯二酚类物质，被氧化成相应的醌类后，散发出刺激性气味；②水中若含有大量的游离氯

时，也会有强烈氯臭；③使用亚硫酸盐护色时，SO_2 残留量较高是引起异味的主要原因之一。为此在生产中必须严格控制水质、原料新鲜度，并尽量采用连续化生产线，缩短加工时间，减少杂质污染，尽量不使用或少使用亚硫酸盐护色，以杜绝异味的产生。

（2）汤汁呈黄绿色，鲜味不足　这类情况主要发生在使用亚硫酸盐护色时。由于护色液浓度过高或浸泡时间过长，为了脱硫就需要延长漂洗和预煮时间，从而导致鲜味不足。并且当 SO_2 残留量达 $50mg/kg$ 以上时，菇柄中央及汤汁中还会出现淡黄绿色，并伴有异味。

要防止这种现象出现，最根本的方法就是不采用亚硫酸盐护色，而采用添加适量的 L-抗坏血酸或 D-异抗坏血酸及其盐类等。并尽量减少水质中铁离子含量，以保证使用效果。在尽量保持原料新鲜的情况下，改进杀菌工艺及方法。采用高温短时杀菌可使蘑菇色泽、风味良好；同时尽量采用素铁罐包装，利用贮藏过程中罐内产生的亚锡离子及其他的强还原性物质，对蘑菇的色素物质起还原作用，改善菇色及风味等。

实例3——番茄酱罐头

1. 番茄浓缩制品的种类

主要有以下几种。

（1）番茄浆　为番茄经处理后，经细孔筛板打浆，去净皮和种子，不加盐和其他调料，经浓缩而制成的产品。目前，生产的番茄浆是指干物质含量 20% 以下（包括 20%）的产品。

（2）番茄酱　加工方法与番茄浆相同，但浓缩的浓度不同，所含的干物质比番茄浆高，其干物质含量一般为 22%～30%。

（3）番茄沙司　一般由番茄打浆后的原浆或浓缩至干物质含量达 12%～14% 的番茄浆，加入果醋、精盐、糖和多种香辛调料，浓缩制成。一般按其浓度的不同分为干物质含量不低于 33%、29%、25% 三种。

下面以高浓度番茄酱罐头为例，介绍生产中应注意的几个问题。

2. 番茄酱罐头生产流程

原料验收→洗果→挑选→破碎→预热→打浆→真空浓缩→加热→装罐→称重→
封口→杀菌→冷却→成品

3. 生产工艺及加工要求

（1）原料验收　番茄制品的色泽是评定产品等级与衡量产品质量的主要条件之一，其色泽的好坏取决于原料本身的色泽。番茄所含的色素有番茄红素、胡萝卜素、叶黄素及叶绿素等。各品种番茄的色泽，决定于各品种色素的相对浓度和分布。加工番茄酱应选用色泽大红、番茄红素含量高的原料。

番茄原料所含可溶性固形物的多少，直接影响制品的成品率。新鲜番茄含可溶性固形物多，番茄酱在浓缩过程中，能节约燃料，又能提高劳动生产率和设备利用率，因此应选用可溶性固形物含量高的品种。

此外，生产番茄酱应选择成熟度适宜的原料，以保证产品的黏稠度；还应选择新鲜、无霉烂的果实，并彻底清洗果实，以减少微生物的数量。

（2）预热、打浆　番茄打浆前需经预热处理，其目的主要有三个方面：①抑制果胶酶的活性，防止产品发生汁液分离现象；②使破碎的果肉软化，增加产品的黏稠度；③排除果实组织中的空气，避免在加热浓缩时产生泡沫。

在番茄加工过程中，当番茄破碎去籽后，由于番茄中含有果胶酶，若不采取措施钝化，浆体中果胶酶迅速分解果胶物质而产生低甲氧基果胶和半乳糖醛酸，会使浆体黏稠度迅速降低，影响产品品质。因此破碎去籽后的番茄，应迅速加热升温至80℃以上，以抑制果胶酶的活性。

为了去除果皮、种子等取得均匀细腻的原浆，一般利用打浆机进行打浆处理。打浆所产生的废渣为3.5%～4%。若渣过湿，则原料损耗率增大，出浆率低；但也不能过干，太干会造成种子在打浆机中被刮板挤擦破碎，从而影响产品的风味和形态。

（3）真空浓缩　番茄汁液一般含有大量水分，而可溶性固形物只占4.0%～7.0%。通过浓缩除去汁液中大量的水分，不但可以提高产品的浓度，而且可以节约包装，便于贮藏及运输。

浓缩操作可以在常压或减压下进行。在减压下进行的浓缩操作称为真空浓缩。由于果蔬汁液是热敏感性很强的物质，所以进行浓缩时要慎重考虑食品原有的色、香、味成分。为此，力求使浓缩在低温、短时的条件下进行。因为液体的沸点与外压有关，外压越小，沸点越低，因此番茄汁液的浓缩多采用真空浓缩法，这样有利于降低物料的沸点，从而提高产品的质量。

4. 说明及注意事项

番茄酱（特别是高浓度的酱）是典型的高酸性食品，对镀锡薄板罐的腐蚀性很强，一般的耐酸涂料或空罐制作过程中涂层机械伤均易引起集中腐蚀及涂料脱落等质量问题，故目前采用防酸内涂料罐及高锡带罐（HTF罐）作为容器。

高锡带罐在涂料罐接缝处用纯锡代替常用的Sn-Pb合金来焊接，并使溶锡深入锡缝形成一条锡带（宽0.3～1mm，厚0.3mm），它对于铁具有阴极保护作用（高锡带作为牺牲阳极），以防止涂料损伤处的露铁或露合金层的腐蚀，目前应用于腐蚀性较强的番茄制品等罐头中，取得了很好的效果，但耗锡量较大。

浓缩好的酱，加热至90～95℃后，必须快速装罐密封，密封酱温不能低于85℃，以提高罐头真空度。密封后应立即杀菌（以采用连续常压杀菌器为好）、冷却，以提高杀菌效果，减少色泽深暗。另外，为提高番茄酱质量，生产过程应避免与铜、铁工具接触。

番茄酱生产成套设备见图8-2。

(a) 提升机　　(b) 浮洗槽　　(c) 检果机　　(d) 受料槽及输送泵　　(e) 破碎泵　　(f) 冷/热破预热器

(g) 双道打浆精制机　(h) 浓缩蒸发器　(i) 套管式杀菌机　(j) 闪蒸式杀菌机　(k) 无菌灌装机　(l) 生产线主控室

图 8-2　番茄酱生产成套设备

实例4——芦笋罐头

1. 生产流程

　　　　　　　　　　　　　　　　　　　洗罐　配汤
　　　　　　　　　　　　　　　　　　　　↓　　↓
原料验收→浸泡清洗→刨皮→切段修整及分级→预煮冷却→装罐→灌汤→封口
　　　　　　　　　　　擦罐入库←杀菌、冷却←┘

2. 生产工艺及加工要求

（1）原料验收

① 芦笋收购要求装箱时笋尖相对朝内排列，保护好笋尖不被折断，不同级别的笋一般分开盛放，定量装箱（15kg/箱）。

② 采用塑料箱装运芦笋，保持通风良好，收购和运载中避免日晒雨淋。

③ 原料进厂后依据有关标准验收数量和质量。

④ 为保持新鲜度，从收购后到进厂总时间原则上掌握在 6h 内，特殊情况最多不得超过 8h。

⑤ 高峰期生产不完的原料要及时进冷库冷藏，进冷库前原料每箱都要喷水，控制冷库温度为 1~4℃，相对湿度 90%~95%，存放时间尽可能短，先进先出，最长不应超过 48h。

（2）浸泡清洗　为保证卫生，严禁在车间内洗涤芦笋。原料先倒入含氯 3~10mg/L 的水中浸泡 3min 消毒，然后用流动水漂洗 10min 以上洗净泥沙、余氯等。不得浸泡过久以免营养成分流失，影响风味。洗净的芦笋装入塑料箱送往处理桌。

（3）刨皮　绿芦笋可不刨皮，白芦笋正常均需刨皮处理，去皮多用人工去皮法。人工去皮时应由嫩尖向基部方向进行，刨去表皮粗老部分，尽量去除粗纤维，刻除裂痕及虫蛀等，除了带泥沙或有锈斑、过老的鳞片需刨去以外，对于那些包紧、干净的鳞片可以不刨去。刨皮要均匀干净，不宜过厚，不成棱角。

（4）切段修整及分级　切段时挑选比较直或微弯曲、嫩尖完整紧密者供生产条状整装白芦笋，其长度按罐型（较罐高少 10mm）切成合适的长度。不能生产整装的次品笋切成 35～60mm 的段条。每一种规格均应按要求分为巨大、特大、大、中、小（以基部 127mm 处或 127mm 以下的基部位取长短径的平均值计）等几级，以便于控制预煮时间。

（5）预煮冷却　将芦笋装在一定规格的预煮笼中，整条的笋尖一律朝上，放在热水中预煮。不同级别芦笋预煮见表 8-9。

① 预煮水温 90～95℃，时间随不同级别的直径大小而异。

表 8-9　不同级别芦笋预煮条件

级别	特大	大	中$_1$	中$_2$	小	小小
直径范围/mm	21～26	16～21	12～16	10～12	7～10	4～7
热烫时间（条）/s	120	110	80	60	30～40	带皮 50，去皮 40
热烫时间（尖段）/s	65	60	50	45	25～30	

条笋身先预煮，即笋尖要露出水面，待笋身预煮时间到，再将笋尖沉入沸水中烫煮 5～7s。因芦笋原料娇嫩，笋尖更嫩，整条芦笋预煮时，常因芦笋尖易烂，出现成品中笋尖烂、花蕾松散以及汤汁浑浊的现象，而使成品品质下降，故应采用分段预煮法。预煮程度：从外表看，笋肉由白色变成乳白色，微透明，冷却时能慢慢沉下，或弯曲 90°仍不能折断。

② 在预煮水中加入 0.1%～0.3% 的柠檬酸或加适量的明矾调节 pH 至 5.4±0.2，水的 pH 为 6.1 以上将影响色泽。

③ 预煮后立即用流动水冷透（笋中心温度 30℃以下）。

（6）装罐、灌汤

① 整条装其笋尖一律朝上，长度不得超过空罐内高，同一罐中必须长短、粗细大致均匀，切口整齐；段装要求粗细搭配均匀，每罐搭入 20% 以上笋尖，其中白尖数不少于全罐的 10%，笋尖一律放在上面。

② 各罐型装罐量按开罐固形物要求确定，通常装罐量要略为多装 5～10g。

③ 空罐罐身、底、盖全部采用芦笋专用铁，罐身用 214 二涂二烘涂料铁，底、盖用三涂二烘加乙烯涂料铁（解决汤汁发黑现象）。

④ 配汤——盐 2.4%～2.9%，柠檬酸 0.03%。

（7）封口

① 罐盖代号打法以产品或客户标准要求为准。

② 真空封口者封口真空度 0.047～0.05MPa。

③ 封口后各工序要防止罐头倒置，以免破坏嫩尖。

（8）杀菌　各罐型按以下要求控制杀菌条件：

① 杀菌式（卧式）。

597、5133、6100：10～16min-反压/121℃。

7114：10～18min-反压/121℃。

8160、9121：10～21min-反压/121℃。

② 采用立式杀菌锅，各罐型的杀菌恒温时间可相应缩短 1min。

3. 生产中主要存在的问题

(1) 色泽变化　芦笋中含有一定量的色素物质芦丁，芦丁在室温下溶解度变大，冷却后会有结晶沉积。如与金属离子（锡、铁）相遇则形成黑色的络合物。控制措施如下。

① 经试验沸水预煮 3min，芦丁含量可减少 22%，所以生产过程可适当延长漂洗时间。

② 不能采用铁质工器具，生产用水的铁含量应为 2mg/L 以下。

③ 预煮水、汤汁中添加 0.05% 柠檬酸，柠檬酸的作用是降低溶液的 pH 或螯合铁离子。

④ 采用高锡带罐或高抗硫乙烯基涂料铁罐。

(2) 酸败　控制措施如下。

① 芦笋罐头易发生酸败变质，必须十分重视原料的洗涤，充分洗除土壤中带来的嗜热菌，对工艺过程的卫生和杀菌式的选择，也应严格要求。

② 从预煮到杀菌不超过 2.5h，其中从封口到杀菌要求掌握在 0.5h 内，最长时间不得超过 1h。

③ 严格控制半成品、工器具、封口后杀菌前罐头的细菌数和耐热菌芽孢数，应每星期进行检查，必要时抽验金黄色葡萄球菌数。

(3) 组织形态　芦笋在预煮冷却、装罐、杀菌、擦罐等工艺过程中，必须轻拿轻放，严防花蕾松散、嫩尖折断，影响产品质量。

实例 5——荸荠罐头

荸荠，属莎草科荸荠属，富含粗蛋白质、粗脂肪、淀粉、胡萝卜素、钙、磷、铁、B 族维生素、维生素 C 等营养成分。其肉质白嫩，甘美爽口，生熟食用均可，是老少皆宜的保健食品。还具有生津止渴、清音润肠、消积食、去湿热等功效，可防治由于饮酒过度及感冒引起的声音嘶哑等疾病。

荸荠罐头生产工艺及加工要求如下。

(1) 原料验收与预处理

① 原料。原料收购标准：组织脆嫩、色泽洁白，淀粉含量少，含色素少，利于加工；去皮干净，形态完整，上下两端面平行，厚薄均匀，果肉直径在 2.5cm 以上，果肉无斑疤、黑心、黄衣、芽、病虫害等不良缺陷，无杂质，无异味。收购后原料应及时浸没在 1.0%～1.5% 盐水罐内护色。

② 预处理。

a. 预煮、冷却　采用连续式预煮机预煮，在预煮水中加入 0.4% 柠檬酸，预煮时间为 10～12min，温度 95℃ 左右（以荸荠煮透为准，切开后内部呈半透明状态），每隔 2h 补加柠檬酸量为前次的 50%，每处理换水一次。预煮后及时冷却，一定要冷透，切不可热焖，以防酸败。

b. 分级　预煮冷却后的荸荠进入滚筒式分级机，根据果肉直径均匀分为 2.5cm、2.8cm、3.2cm、3.5cm 4 个等级。

（2）切片　分级后的原料分别放进相应的切片机切片，将碎片率降到最低程度。

① 直径 $\Phi > 3.5$cm 的大果采用横向转盘式切片机；

② 3.2cm $< \Phi \leqslant 3.5$cm 的大果采用大果径向切片机；

③ 2.8cm $< \Phi \leqslant 3.2$cm 的中果采用中果径向切片机；

④ 2.5cm $\leqslant \Phi \leqslant 2.8$cm 的小果采用小果径向切片机。

（3）改善内容物色泽　荸荠罐头常常会产生内容物，（马蹄片）出现色泽发黄、红心和蓝心现象，影响产品质量，这主要是由于荸荠本身所含有的花黄素和无色花色素造成的。花黄素在碱性条件下会由无色变为黄色，无色花色素在长时间受热时会产生红色。因此，采取必要的改进措施是关键。

① 预煮。采用连续式预煮机预煮，使得荸荠色泽较白，预煮熟度一致，节约时间（一般为 10~12min），更重要的是可以避免预煮槽内因酸度不均匀而造成酸度较低部位的荸荠颜色发黄。

② 漂洗。由于荸荠中所含的色素都是水溶性的，所以荸荠预煮后在流动水中漂洗 4~6h 可以漂去一部分色素，使荸荠成品色泽较白，同时也可以漂去一部分可溶性淀粉，使荸荠成品汤汁清晰。

③ 配汤。因为花黄素在碱性条件下会生成明显黄色，所以在汤汁中加入少量柠檬酸（0.1%），使成品 pH 值保持在 5.3 左右，对改善成品色泽，防止出现发黄现象十分重要。同时注意，配汤时要避免使用铁锈水而造成荸荠成品蓝心现象。

④ 排气和杀菌。荸荠罐头在排气和杀菌过程中，要注意时间不宜过长，杀菌后一定要冷透（38℃左右），以防止荸荠中所含色素在长时间内受热产生红色。

（4）高热杀菌

① 高温杀菌。加热杀菌可以延长罐头食品的保质期。加热不足则杀菌不完全，加热过度则会破坏色、香、味及营养成分，特别是破坏了其中的维生素。

高温短时杀菌可以达到完全杀菌及保存维生素的目的。荸荠属低酸食品，必须采用高温杀菌，才能达到商业无菌及长期贮存的目的。

② 初温。罐头在杀菌前的中心温度（初温）与杀菌效果有着密切关系。例如：两组同罐型的甜玉米罐头，一组初温为 70℃，另一组初温为 20℃，前组加热 40min 中心温度即可达到 115℃，而后者则要加热到 80min，中心温度才可达到 115℃。因此，就杀菌的充分性而言，初温与杀菌时间和温度同样重要。

但在实际操作中，罐头的初温要等于或大于所用杀菌条件规定的初温，就荸荠而言最好控制在 80~85℃左右。

③ 排冷空气。杀菌锅内的冷空气会降低加热效果，而且在杀菌初始时会使其存在区域内的温度低于杀菌温度。所以，排气必须充分，时间约为 5~6min，排气温度为 105℃左右较适宜。

④ 杀菌前装篮。金属或玻璃罐装篮不得过满而凸出于篮筐上部边缘，且最

好把罐头以卧式摆放在篮筐内，这样可以使全部载荷取得良好的蒸汽对流。如果要立式放于篮筐内，最好在各层罐头之间加垫一层金属网（Φ1.3～1.8mm），这样就增加了上层罐底与下层罐盖之间蒸汽的自由流通。

⑤ 反压降温操作工艺。在经过一定时间稳压杀菌后，停止输入蒸汽，关闭所有阀门，进行反压降温。

a.压缩空气→贮气罐→压缩空气管道→杀菌锅→稳定杀菌锅内压力（0.2MPa 左右）。

b.冷却水→冷却水输入管道→杀菌锅→锅内压力和温度逐渐降至所需要的范围，同时开大排水阀，保证锅内冷却水的流通。

c.停止输入压缩空气和冷却水，打开放气阀门排出剩余蒸汽。

实例6——竹笋罐头

竹笋是竹子膨大的芽和幼嫩的茎，营养丰富、肉质细嫩，为菜中珍品，含有丰富的蛋白质、脂肪、糖类、钙、磷、铁、胡萝卜素、维生素 B_1、维生素 B_2、维生素 C 等。食用竹笋能促进胃肠蠕动，消除油腻，减少体内脂肪，并有延年益寿、给儿童补血的功效。竹笋素有"寒土山珍"之称，是传统的蔬菜之一，不仅有很好的保健价值，而且有一定的药用价值。

1. 工艺流程

原料笋选择→切除笋根→剥壳→蒸煮→冷却→切片→沥干→盐渍→脱盐(漂洗)→硬化处理→漂洗→沥干→切丝→亚硫酸氢钠溶液处理→压干→配料、调味→称重→装罐→杀菌、排气→加食用植物油→封口→自然冷却→检验　　黄豆→ 筛选→ 浸泡→ 清洗→ 煮熟(加盐)

2. 操作要点

（1）原料笋选择　竹笋质量卫生指标符合标准，选择新鲜、无蛀虫、无病斑、无腐烂的原料。由于竹笋采收后生命活动旺盛，笋内组织极易老化，从采收到加工的时间一般不超过 16h。

（2）蒸煮、冷却　将山竹笋用清水洗净，装入蒸锅中，加盖煮沸 40～50min，捞起后用冷水急速冷却。笋一定要预煮透、冷却彻底，否则很容易引起笋肉红变的现象。

（3）切片、沥干、盐渍　沿笋纵向切半，自然控干或采用离心式脱水机甩干。按竹笋重加入 25% 的食盐进行腌制，注意翻缸、压石。

（4）脱盐、硬化处理　用流水漂洗脱盐，沥干后进行硬化处理，用 0.6%～1.0%$CaCl_2$ 溶液浸没 1～2h。

（5）切丝　人工或机械切丝，长 30～50mm，宽 10mm 以内。

（6）亚硫酸氢钠溶液处理、压干　将笋丝倒入质量浓度为 2～3mg/L 的 $NaHSO_3$ 溶液中浸没约 1h，以抑制多酚氧化酶活性（经预煮后的竹笋大部分酶失活，但竹笋内部仍可能存在少量酶具有活性，切丝后暴露，可能引起褐变），同时将笋丝微漂为淡黄色（在质量分数为 0.06%～0.08% 的柠檬酸溶液中侵 0.5～1h）。手工或机械压水。

（7）配料、调味　成分为山竹笋、高山辣椒、黄豆、食盐、白砂糖、味精，按一定比例配制。其中选择颗粒饱满、无杂质、无虫蛀和霉变的黄豆，配料前至少用清水冲洗 3 次（以除去大豆表面附着的尘土和微生物）。用 3 倍大豆重量的 $0.15\%NaHCO_3$ 溶液浸泡，可防止产生豆腥味，缩短浸泡时间。大豆浸透后漂洗 3 次，沥干后，倒入质量分数为 5% 的食盐溶液中煮熟，沥干。

（8）杀菌、排气　用 100℃ 水蒸气杀菌、排气，时间 45～65min。

（9）加食用植物油、封口、自然冷却　加食用植物油（拌有 0.2g/kg 的茶多酚，加工中在食物表面覆盖食用油，能隔绝食物与空气里的细菌接触，这样可增加食物的保质期，即配料食用植物油起油封的作用），后趁热封口，待自然冷却后形成较好的真空度。

（10）检验　检查玻璃瓶、标贴（日期已打码）等完好情况，剔除不合格品。置于 37℃ 的培养箱（保温室）内保温 7 天，剔除不合格品（发生胀罐），然后进行装箱。检测产品相关理化、微生物指标。

实例 7——茭白罐头

茭白又称茭瓜、茭笋等，是禾本科菰属多年生宿根草本植物，含有丰富的蛋白质、糖、钙、磷、铁、粗纤维和无机盐，此外还含有维生素 B_1、维生素 B_2、维生素 C 等，具有降血压、清湿热、解酒毒等保健作用。茭白不仅营养丰富、外型规则，而且价格较低廉，适合于加工罐头食品。一般生产清渍茭白罐头，为充分利用清渍茭白罐头加工中的不标准原料和下脚料，本着综合利用的原则，还可生产油焖茭白罐头，以提高原料利用率和降低产品成本。

1. 清渍茭白罐头加工方法

（1）工艺流程

原料挑选→清洗、切根、刨皮→切条、漂洗→预煮、冷却→分选、整理→
　　装罐、注汤汁→排气、密封→杀菌、冷却→保温、检验→成品

（2）操作要点

① 原料挑选。挑选新鲜柔嫩，肉质洁白，无黑心、斑点，嫩茎完好，成熟度适中（不宜过老，不采用青茭），无霉烂、无病虫害、无机械伤的茭白原料。

② 清洗、切根、刨皮。合格的原料经清洗后，用刀具或蔬菜切头机切去根基部粗老部分，再用刨刀刨去外表皮。

③ 切条、漂洗。去皮后的原料用蔬菜切割机先切成长 10cm 左右的鲜嫩段，再切成边长约 1cm 的正方条。经漂洗后送去预煮。

④ 预煮、冷却。切条后的原料放入沸水中热烫 2～3min 并及时冷却至室温。

⑤ 分选、整理。预煮、冷却后的原料经挑选，剔除断裂、破损等不完整者，整理后送去装罐。

⑥ 装罐、注汤汁。

a. 容器。采用玻璃罐为宜（消费者可直接看到整洁、美观的内物）。

b. 装罐。把合格的茭白条整齐地竖立在玻璃罐内，装罐量控制在净重的

65%以上。如采用中号玻璃罐，净重为380g，其固形物装罐量250～260g，汤汁120～130g。

c.配汤汁。按清水96%、食盐2%、白砂糖2%、柠檬酸0.05%的比例配制汤汁。经加热煮沸、过滤后备用。

⑦ 排气、密封。采用加热排气法，要求密封时罐中心温度达75℃以上；采用抽气密封法，控制真空度为39.9～53.3kPa。

⑧ 杀菌、冷却。采用高压杀菌法，如对前述净重380g的玻璃罐，其杀菌式为15～20min/121℃，并反压冷却至38℃。

⑨ 保温、检验。杀菌、冷却后置于37℃保温箱中，保温7天，检测产品相关理化、微生物指标。

（3）产品质量标准

① 感官指标。

a.色泽。固形物呈白色或乳白色，汤汁清晰。

b.滋味及气味。具有清渍茭白罐头应有的滋味及气味，无异味。

c.组织及形态。固形物为边长约1cm的去皮正方段条，刀口切面平整，每罐长短、粗细大致均匀，汤汁清晰，允许有极轻微的碎屑。

② 理化指标。净重：允许公差13%；固形物含量：为净重的60%～65%；氯化钠含量：0.8%～1.5%。

③ 微生物指标　符合罐头食品商业无菌要求，无致病菌及因微生物作用所引起的腐败象征，产品保质期常温下两年。

2.油焖茭白罐头加工方法

（1）工艺流程

原料验收→切片、漂洗、沥干→焖煮、调味→装罐、注汤汁→排气、密封→
杀菌、冷却→保温检验→成品

（2）操作要点

① 原料验收。选用清渍茭白罐头加工中的不标准原料和下脚料，剔除黑心、斑点、霉烂、病虫害等不合格原料。

② 切片、漂洗、沥干。借用刀具或蔬菜切片机把原料切成宽1～1.5cm、厚0.3～0.5cm的片状，经漂洗除去碎屑，沥干后送去焖煮调味。

③ 焖煮、调味。

a.配方见表8-10。

表8-10　焖煮调味工序生产配方

原、辅材料	配比/kg	原、辅材料	配比/kg
茭白片	100	酱色液	0.3～0.4
白砂糖	2.5～3.0	熟生油	9.0～9.5
食盐	0.85～0.90	味精	0.05
生抽	1.0～1.5	清水	100

b.焖煮调味方法。按上述配方先把砂糖、食盐、生抽、酱色液等加入部分清水，搅拌均匀后，倒入夹层锅内与茭白片混合，加热煮沸后焖35～45min，加入熟生油（生油经180℃熬炼10min），加盖再焖10min后起锅。焖煮液经过滤后加入味精，再把焖煮液定量到50kg，并撇出浮油。焖煮液可作为汤汁，应保温备用。

④ 装罐、注汤汁。

a.容器。采用玻璃罐或蒸煮袋。

b.装罐量。控制固形物为净重的75％，汤汁20％，浮油5％。如采用小号玻璃罐装罐，净重为230g，其装罐量为：固形物173g，汤汁46g，浮油11g。

⑤ 排气、密封。采用加热排气法，要求密封时罐中心温度达75℃以上；采用抽气密封法，控制真空度为41.3～53.3kPa。

⑥ 杀菌、冷却。采用高压杀菌法，如前述净重230g的玻璃罐，其杀菌式为15～30min/118℃，并反压冷却至38℃。

⑦ 保温检验。杀菌、冷却后置于37℃保温箱中，保温7天，检测产品相关理化、微生物指标。

（3）产品质量标准

① 感官指标。

a.色泽。固形物呈浅金黄色，汤汁较清晰，呈浅黄色。

b.滋味及气味。具有熟生油、生抽、砂糖、食盐、酱色液、味精等调味制成的油焖茭白罐头应有的滋味及香味，无异味。

c.组织及形态。固形物为薄片状，肉质脆嫩，汤汁较清晰，允许有轻微浑浊。

② 理化指标。净重：允许公差13％；固形物含量：为净重的75％；氯化钠含量：1.5％～2.0％；重金属含量：符合GB 11671的要求。

③ 微生物指标。符合罐头食品商业无菌要求，无致病菌及因微生物作用所引起的腐败象征，产品保质期常温下两年。

实例8——甜玉米罐头

甜玉米又称水果玉米、水果型菜玉米，营养丰富、风味独特。甜玉米鲜穗籽粒中含蛋白质13％以上，粗脂肪9.9％，糖10％以上。每100g鲜玉米含维生素C 0.7mg、烟酸（维生素B_1）0.22mg、核黄素（维生素B_2）1.70mg，还含有2-乙酸基-1-吡咯啉、2-乙酰基-2-噻唑啉等多种挥发性芳香物质，多种矿物质以及膳食纤维、谷维素、甾醇等，具有降低血液中胆固醇含量、减轻动脉硬化、延缓衰老、预防癌症的功效。

甜玉米生产季节性强，不耐贮藏，但其风味良好、耐煮，种粒柔嫩、含糖量高、色泽金黄、香嫩可口，可加工成罐头，以延长供应期。

1. 工艺流程

准备原料→预煮→选粒→修整、清洗→装罐→排气→封罐→杀菌→冷却→擦罐、保温、贴商标

2. 操作要点

（1）准备原料

① 原料的采收。甜玉米种粒幼嫩时采收（此时含糖量最高，加工品质最佳），防止雨淋和暴晒，并最大限度地降低机械损伤。甜玉米采收后存放于通风阴凉处，不可堆积。

② 剥皮、检验。采用人工剥皮，剥开甜玉米的苞片，规模生产采用滚动式机械剥皮。在去须机内去须，同时除去丝、壳的碎片和虫子，并切除甜玉米棒的头尾，剔除太嫩的青棒及不完整、严重脱粒、干瘪、畸形、有病虫害的果穗。

③ 清洗。将玉米棒在流水中洗净表皮污物、农药。清洗后喷淋 83～93℃热水，不仅可降低污染，也可使玉米粒升温。

④ 烫漂。烫漂是甜玉米加工过程中最关键的工序。在 95～100℃的 0.04％柠檬酸和 0.06％异抗坏血酸钠溶液中热烫 10min，可使酶失去活性，排除甜玉米内的空气，减轻原料的氧化程度，以利于保持产品的色泽及营养成分，防止甜玉米加工产品老化，也可杀死附着在果穗表面的微生物以及虫卵，以确保食品的卫生与食用安全。烫漂 4000 穗甜玉米棒更换 1 次溶液。

⑤ 冷却。经过漂烫后的甜玉米应立即冷却，以确保产品色泽和品质。为节约用水，可采用分段冷却法，但最末端冷却池中甜玉米棒的中心温度应低于 30℃。

⑥ 沥干。将甜玉米棒置于网带上沥水 10min 左右。

⑦ 脱粒。采用玉米脱粒机脱粒，切下玉米粒。根据玉米果穗的大小适当调整刀距，切刀以调节至能切出大部分的玉米粒但未伤及玉米穗为宜。切刀必须锋利，否则玉米粒会被挖出、结成团，大大影响成品质量。

⑧ 速冻。脱粒后的甜玉米粒应立即进行速冻处理，在 −35℃条件下通过速冻生产线，在 5～15min 内完成冻结全过程，并且使玉米粒中心温度达到 −18℃以下。

⑨ 包装。将速冻甜玉米粒装入塑料袋中，称重、封口、装箱，并标注生产日期、批号、产地、品种等产品信息。

⑩ 贮存。将速冻甜玉米粒存放于 −18℃以下的冷冻库内，保质期 12 个月。

（2）预煮　在 95～100℃热水中预煮 4～8min，解冻玉米粒，以煮透为好，煮后迅速在冷水池中冷却。同时准备空罐，用 100℃沸水或蒸汽消毒 30～60min，罐盖和胶圈在 100℃沸水中煮 5min 进行消毒处理。

（3）选粒　将煮好的玉米分批选粒，剔除杂质、残粒、瘪粒、病虫粒，选用饱满、无病虫、无破损的玉米粒。

（4）修整、清洗　将选好的玉米粒再次修整，再用自来水漂洗，去除粘在玉米粒上的杂物。

（5）装罐　重量不低于净重的 60％，每罐装 210g（435g 的易拉罐），注入糖水（汤汁浓度按糖液：糖 = 430：300 配制，或每 75kg 加砂糖 20kg，再加柠檬酸 150g，煮后用纱布过滤，保持糖水透明，糖水温度不低于 85℃）180g，保证开罐时糖水浓度为 14％～18％。最后加入煮沸的 0.7％～2％浓度的盐液，留空隙 3～8mm。

（6）排气　罐内中心温度在 85℃以上，放入排气箱内排气 10min。可采用装罐前预热和加热排气箱，使排气充分。

（7）封罐　从排气箱中取出后立即密封，罐盖放正、压紧。

（8）杀菌　密封后及时杀菌。将封好的罐头放在大篓中，集中放在立式灭菌锅中进行高温高压灭菌，温度 121℃，杀菌 20min。

（9）冷却　杀菌后的罐头应立即用冷水冷却。采用 3 段式冷却法，每段水温相差 20℃，冷却至 38℃左右。

（10）擦罐、保温、贴商标　用擦罐机擦去罐头表面的水分，擦亮罐体表面，放在 20～35℃的仓库内贮存 7～10 天即可敲检。沉闷有微生物污染则不合格，清脆则表明合格。贴商标，装箱出厂。罐壁有较深较明显的凹陷则应淘汰。

实例 9——圣女果原汁罐头

圣女果又叫樱桃番茄、水果番茄、小番茄等。既可作为蔬菜也可作为水果食用，味清甜，无核，口感好，营养价值高且风味独特，食用与观赏两全其美，深受广大消费者青睐。

圣女果中的番茄红素具有很高的营养价值，且对心血管具有保护作用，另外也可以减少心脏病的发作，并具有抗氧化、清除自由基、阻止癌变过程及改善机体免疫等作用。国内外的专家经过研究证实圣女果对前列腺癌具有预防作用，也能减少喉癌、直肠癌、乳腺癌等病症的发病率，同时具有健胃消食、清热解毒、降低血压等功效，是高血压及肾病患者的首选食物，其中含有维生素 PP，可以抗衰老，使皮肤白皙，并维持胃液的正常分泌。其中还含有许多汁液，可以利尿，其含有的一种食用纤维，对便秘有很好的治疗作用。

1. 工艺流程

原料选择→清洗→烫漂（温度为 100℃）→去皮→硬化→装罐（固形物占净重 50％）→
排气→杀菌（中心温度为 80℃以上）→密封→冷却→成品

2. 操作要点

（1）烫漂对罐头品质与保藏性的影响　烫漂对于圣女果的去皮及圣女果罐头的品质影响较大，去皮有利于渗糖，烫漂可破坏氧化酶的活性，稳定罐头的色泽，防止酶褐变。较优的烫漂条件为沸水中漂烫 1min。

（2）硬化工艺条件对圣女果罐头品质的影响　硬化处理是为了获得良好的成品形状，其工艺关键是硬化剂种类、质量分数及硬化时间。由于圣女果的质地较软，通过对现有硬化剂筛选，氯化钙效果最佳。硬化后的果实较柔软，口味较好，颜色较深，其适宜的硬化时间为 5min。

（3）不同杀菌温度对圣女果罐头的影响　杀菌的目的是杀死罐内有害微生物，保持罐内的无菌状态。由于圣女果属酸性食品，故采用常温常压杀菌。通过实验确定，在杀菌时间为固定的 15min 时，杀菌温度在沸水条件下最合适，在此条件下得到的成品品质最佳。

（4）不同比例的 CMC 对汁液感官的影响　由于在原汁溶液中果实会出现沉淀现象，为使溶液美观与原汁色泽均匀，在原汁中加入 CMC-Na（羧甲基纤维素钠）作为增稠剂。CMC-Na 是高亲水性分子，是最好的常用溶剂，在水中溶解后，为独特的细腻糖聚状，可使产品口感特好、更爽口，具有良好的取代均匀性，保证了产品的稳定性，使保存时间更长。此外，可改善食品物理性质，使原汁溶液外形美观、透明适中、色泽均匀，增加食品黏度，并可辅助性地起到稳定作用。通过实验确定，稳定剂所占比例为 0.45％时产品口感适中，色泽鲜红且状态均匀。

（5）装罐　罐藏食品原料经处理加工后，应迅速装罐。装罐是罐头生产过程中的一个重要工序，直接关系到成品的质量。罐装时注意合理搭配，圣女果的形状、色泽、成熟度应基本保持一致。

（6）排气　在本工艺中，应该注意到空气中的氧对罐盖的腐蚀，较多的氧会引起内壁腐蚀。尤其在本工艺中，因含酸量较高，氧的存在会加速铁皮的腐蚀甚至造成穿孔。

实例10——软包装即食蕨菜罐头

蕨菜属凤尾蕨科蕨属多年生草本植物，又名龙爪菜、鸡脚爬、拳头菜、蕨鸡苔等，广泛分布于我国山区阴湿地区，是纯天然无公害绿色食品资源，在国外享有"山珍之王"的美誉。

蕨菜几乎全株是宝，具有较高的食用价值、营养价值和保健功能。每 100g 蕨菜可食部分中含蛋白质 1.6g、脂肪 0.4g、糖类 10g、胡萝卜素 1.6mg、抗坏血酸 35mg、铁 6.7mg、钙 24mg，并含有多种维生素。蕨菜叶柄残基含有黄酮类、生物碱等有效成分，具有清热解毒、利尿镇痛、止血杀虫之功效。近来，还有蕨菜抗癌的报道，经常食用可对软化血管、降低胆固醇、预防心脏病起到一定的辅助效果。当前，人们的膳食结构和消费观念正在发生巨大变化，纯天然、富营养、具有保健功能的食品愈来愈受到人们的欢迎。由于山野菜生于山野，无化学、环境污染，且其味道独特、营养丰富，许多山野菜兼有长寿、美容、防病治病等效用，深受国内外消费者所喜爱。

1. 工艺流程

原料预处理→烫漂、冷却→护色→腌渍→脱盐→钙盐硬化→脱水→
拌料调味、装袋、封口、杀菌→冷却、抹袋、贴标签

2. 操作要点

（1）原料预处理

① 分选与清洗。原料应新鲜、嫩绿、无腐烂、无明显病虫害，依据色泽、鲜嫩度、粗细及顶梢部情况进行分级分类。将分选好的原料剔除过老或纤维较多的部分，流水冲洗泥沙尘埃、虫卵等，沥干。

② 切段处理。将已清洗原料按不同规格切成长 1～2cm 的小段。

（2）烫漂、冷却 将处理好的原料倒入加有 0.25％柠檬酸的沸水中烫漂 4min，取出迅速用流动水冲洗，使蕨菜迅速降温，达到护绿、质脆及软硬适度。

（3）护色 将烫漂冷却后的蕨菜用 0.3g/L 的醋酸锌在室温下浸泡 30min，原料与护色液的比例为 1∶1.5（质量比）。

（4）腌渍 将烫漂好的蕨菜放入 8％（质量比）食盐水中腌渍 5 天，腌渍后的蕨菜护绿效果较好，其色泽、组织状态、维生素 C 和叶绿素含量均优于干腌法。

（5）脱盐 将腌渍后的蕨菜用流动水冲洗后，使食盐含量为 7％～8％（质量分数）沥干。

（6）钙盐硬化 用氯化钙溶液浸泡蕨菜，使钙离子渗入到蕨菜组织细胞中，与果胶形成钙桥或加强细胞壁的纤维结构而使蕨菜变得脆而硬。

（7）脱水 将沥干后的蕨菜放入烘箱中，定温 60℃脱水 10h。进行脱水后的蕨菜在包装后能进行水分重新吸收，使袋内的蕨菜不至于汁液过多，既增加了美观，又由于水分减少而延长了保存期。温度过高，蕨菜失水过快，其组织状态不佳；温度过低，则达不到脱水效果。

（8）拌料调味、装袋、封口、杀菌 将拌好的蕨菜及时装入耐高温塑料复合薄膜袋内，包装时注意不污染袋口外壁。装量为每袋蕨菜 50g、调味汁 5g，总重量不低于 55g。采用真空充气包装机进行真空热合封口。封口后于常压沸水中杀菌 10min。

（9）冷却、抹袋、贴标签 将杀菌好的成品立即用流动清水冲洗冷却至 37℃以下，取出，擦净袋外的水珠，贴上标签，即为成品。

3. 产品质量标准

（1）感观指标

① 色泽。制品呈蕨菜的天然黄绿色，汤汁清澈透明，无浑浊。

② 滋味及气味。具有蕨菜天然滋味及特有的清香味，无异味。

③ 组织形态。组织脆嫩，形态饱满、不软烂，切段长度为 1～2cm，排列整齐，外形美观。

（2）理化指标与微生物指标

① 固形物。不低于净重的 90％。

② 重金属含量。每千克制品砷不超过 0.5mg，铜不超过 50mg，铅不超过 1mg，亚硝酸盐不超过 20mg。

③ 微生物指标。大肠杆菌不超过 30MPN/100g，致病菌（沙门氏菌、志贺氏菌、金黄色葡萄球菌等）不得检出。

实例 11——酸辣椒罐头

辣椒具有很好的健胃功能，少量的辣椒即可促进胃液分泌，增加胃肠蠕动，从而增进食欲，有利于消化。这也是辣椒诱人喜食的原因之一。《食物本草》中概括了辣椒的保健功能，说辣椒能"消宿食，解结气，开胃口，辟邪恶。"另外，辣椒还有温中散寒，加速血液循环，使皮肤血管扩张，提高皮肤温度，驱风行血之功。

现辣味调味料在市场上的销售已日益增长，发展辣椒调味料罐头生产是大有可为的，特别在辣椒产地，将大大提高辣椒的经济价值。

1. 工艺流程

原料整理、浸泡、清洗→切碎→拌料→发酵→装罐→加热排气→封口→杀菌→
冷却、保温检查→成品

2. 操作要点

(1) 原料整理、浸泡、清洗　采用色泽鲜红、成熟度好、肉质较厚、无虫蛀、无伤痕的优质原料。原料用清水冲洗 3～4 次，洗净泥沙、杂质，摘除蒂柄。然后浸泡于 5％的盐水中 20min 驱虫，再以清水洗涤两次。大蒜剥衣干净，清水淘洗一次。

(2) 切碎　用斩拌机把辣椒斩成 0.5cm 左右的碎块。按每 100kg 辣椒加入 6kg 大蒜的比例把蒜瓣与辣椒一起斩碎。

(3) 拌料　按每 100kg 碎辣椒加入 10kg 食盐、200g 白矾、500g 黄酒、100g 冰糖与碎辣椒拌和均匀。

(4) 发酵　拌合好的辣椒装入瓷质容器内密封，让辣椒在容器内常温密闭发酵。可添加适量的酵母加快发酵速度。一般夏季 7 天，冬季 12 天，发酵成熟。发酵好的酸辣椒，能闻到清新辣椒味，无鲜辣椒的刺鼻辣味，无腐烂及异味。

(5) 装罐　发酵好的酸辣椒启封后取出，加入 0.05％的 $CaCl_2$ 拌和均匀后装罐。罐上部必须留出一定空间，切不可装量过多，使罐内空间太小。

(6) 加热排气　由于酸辣椒在发酵过程中产生大量的二氧化碳气体留于酸辣椒中，所以装罐后的辣椒必须经加热排气，使罐中温度达到 65℃以上，即可进行封口。

(7) 封口　经加热排气后的酸辣椒罐头，封口时仍宜采用抽空封口，要求真空度达到 53.33kPa。

(8) 杀菌　封口后的罐头应尽快杀菌。玻璃瓶装杀菌式为：5～15min/100℃。

(9) 冷却、保温检查　杀菌后的罐头冷到 38℃左右时取出，擦干水分，涂上防锈油，于 25℃恒温处理 120h，敲检出废次品，合格的正品包装出售。

3. 注意事项

(1) 酸辣椒发酵时必须是密闭发酵，装入容器要彻底消毒，装好后，容器口必须认真密封，否则极易被霉菌污染，使酸辣椒腐败发臭。

(2) 装罐时，称量必须准确，装入酸辣椒后均余 1/6 的空间，在封口时经抽真空使杀菌过程中酸辣椒有一个膨胀空间，否则装入酸辣椒太多，所留空间小，极易发生物理性胀罐。

（3）酸辣椒装罐后，必须先经排气，再采用抽空封口，否则极易产生物理性胀罐，甚至在杀菌时炸听。这是由于酸辣椒在发酵时产生大量的二氧化碳，未经排出，杀菌时急速膨胀所致的。

4. 产品质量要求

① 色泽。呈鲜红色，允许存在少量黄色辣椒籽。

② 滋味及气味。具有酸辣椒的特殊气味及添加调味料的应有风味，无异味。

③ 组织形态。辣椒块大小均匀，块形清晰，组织不软烂，固形物与汁液无分层现象。

④ 杂质。不允许存在。

⑤ 规格。玻璃瓶装，净重500g，每瓶允许公差±3%，但批重平均不低于净重。

⑥ 氯化钠含量。为净重的8%～10%。

⑦ 重金属及微生物指标。同其他罐头。

实例12——酸甜青椒罐头

青椒是含 VC 较多的蔬菜之一。采收后随着成熟过程的进行，组织中的原果胶含量逐渐下降，叶绿素降解，类胡萝卜素积累，果实变软，色泽逐步由绿转红。由于其特殊的生理变化及较高的含水量，VC 极易损失，因此保鲜期短，若将青椒加工成酸甜青椒罐头既可延长保质期，又可提高商业经济价值。

1. 工艺流程

原料选择→去蒂、籽及切条→漂烫→硬化→分选装罐→注汤→排气、密封→杀菌、冷却→保温、检验

配汤汁

2. 操作要点

（1）原料选择　根据罐藏容器选用大小合适的新鲜青椒，要求成熟度适中，肉质厚，硬度好，颜色青绿，不辣稍甜，择除萎缩伤烂的，并充分清洗干净。

（2）去蒂、籽及切条　纵切对开，修去蒂把、籽、白筋，再均匀切成宽度约1cm、长度比容器短约2cm的椒条。

（3）漂烫　在0.17%NaHCO$_3$和3%NaCl中烫1～1.5min后，再在0.2%NaHCO$_3$中冷浸2～3min，并冲洗。

（4）硬化　在0.2%的CaCl$_2$溶液中浸泡20min，硬化组织，保持脆性，并冲洗。

（5）分选装罐　分选后装罐，装罐容量以青椒互相依靠，且注汤后不倒为准。装罐时尽量保持片形完整，大小均匀，使椒面全部向外围成一圈。

（6）配汤汁　汤汁配料及用量按质量百分比分别为1%丁香、1.25%花椒、1.25%桂皮、1.5%胡椒粉、0.6%草果、0.8%八角和93.6%的水。将香料加入水中，小火煮制30～60min，同时补充因挥发失去的水分，调味料过滤后加入

糖、酸及盐溶解待用。

（7）注汤　在装好椒条的罐中注入汤汁，汤汁占罐头净重的60%，罐头净重为250g。汁温85℃以上，以利于排气，顶隙高度6～8mm，并预封罐盖。

（8）排气、密封　用热力排气法，使罐中心温度达75℃，取出趁热密封。

（9）杀菌、冷却　沸水杀菌15min，然后分段冷却到40℃为终点。

（10）保温、检验　罐头擦干后，在5～15℃、通风条件良好的库内贮藏7天后，进行感官和理化检验。

3. 产品质量标准

（1）感官指标

① 色泽。椒片呈黄褐色，整体色泽均匀；汤汁较透明，呈黄褐色。

② 滋味及气味。具有青椒加糖、酸及香辛料制成的酸甜辣椒罐头应有的滋味和气味，无异味。

③ 组织形态。椒片组织软硬度适中，无虫害及斑点，允许有个别残留种子，椒片均匀整齐地排放在罐内。

（2）理化指标　可溶性固形物含量为12%；pH为4.3；VC含量13.8mg/100g。

实例13——糖水甘薯罐头

甘薯，又名甜薯，旋花科薯蓣属缠绕草质藤本。性味甘平、无毒，可补脾胃，养心神，益气力，通乳汁，除宿瘀脏毒。在具有防癌保健作用的12种蔬菜中，甘薯名列榜首，被誉为"抗癌之王"。甘薯营养丰富，富含糖类、蛋白质、维生素、纤维素以及各种氨基酸，是非常好的营养食品。甘薯的食用方法很多，按其形式来分，可分为主食、副食两种类型。作为副食，主要是经过简单加工可以制成各种食品及食品添加剂，其中，甘薯糖水罐头在有些国家也很畅销。

1. 工艺流程

原料验收→浸泡清洗→消毒→去皮→切块→修理、大小分级→热烫→制糖水→装罐→
排气、密封→杀菌、冷却→成品

2. 操作要点

（1）原料验收　用于加工罐头的甘薯要求新鲜饱满、肉质紧密（呈浅黄色或白色）、果形小，以直径为2.5～4.0cm、长度为5～17cm的为最好。原料要耐煮制，不易软烂，无严重的木栓化现象。

（2）浸泡清洗　先用清水浸泡1～2h，然后用毛刷洗去泥沙、土壤和杂质等。

（3）消毒　将洗净后的甘薯，放入0.10%～0.15%的高锰酸钾溶液中浸泡5～7min消毒，再用清水冲洗2～3次，待水无红色方可。

（4）去皮　用去皮刀将甘薯外皮去除干净，去皮后立即放入1.0%～1.5%的盐水中护色。条件具备时也可采用碱液去皮法。

（5）切块　检查、修整除去变色的、纤维化的、病或虫侵蚀的甘薯。切去两端粗纤维部位，横切成 6.0～8.0cm 的薯段，纵切成 6.0～8.0cm、宽为 1.0～1.5cm 的长条薯块。也可直接切成 3.0～5.0cm 的碎块。

（6）修理、大小分级 用小刀修净残皮及斑点等，保持表面光滑。按薯块大小及色泽分级。上述工序应用稀酸溶液护色。

（7）热烫 将甘薯在 80℃ 左右的热水中热烫 1～3min，以利于增加罐头的内容物温度，提高真空度。热烫后的产品应立即装罐，以防止变酸。

（8）制糖水 糖水浓度按折光计要求为 34%～36%。一般采用蔗糖，在糖水中应加入 0.3%～0.4% 的柠檬酸及 0.2%～0.3% 的氯化钙，可提高其风味和硬度。糖水经过煮沸过滤后使用。

（9）装罐 一般可采用玻璃罐，净重为 500g 的罐头薯肉一般为 270～280g。

（10）排气、密封 装罐完毕后必须加热排气，中心温度达到 80℃ 以上，排气 6～10min 即可。排气完毕，立即密封。

（11）杀菌、冷却 从密封到杀菌间隔不应超过 30min。净重 425g 罐的杀菌公式为：5min 升温到 100℃，保温 60～65min 后冷却。

实例14——糖水芦荟罐头

芦荟含有数十种营养物质如维生素 B_2、维生素 B_6、维生素 B_{12} 以及 8 种人体必需的氨基酸和矿物质等，所以被作为天然保健食品。坚持服食芦荟，可有清热通便、杀虫消痔、生肌治伤、抗菌消炎等功效，具有调节身体功能的作用，因此，芦荟得到了很多关注和认可。芦荟可以生食，也可煮熟后食用，而且其对人体有益的药效成分耐热，不会因加温而被破坏。研究开发糖水芦荟罐头，无论对开发芦荟资源，还是提高其商品价值都具有十分重要的意义。

1. 工艺流程

原料验收→原料预处理→热烫→切块→清洗→装罐→加汤→排气→封口→杀菌、冷却→擦罐入库

2. 操作要点

（1）原料验收 进厂原料经验收合格后方可用于生产，合格率要求在 95% 以上，否则应拒收或剔除不合格原料。

（2）原料预处理

① 清洗。原料在喷淋槽或水槽中被逐条洗净泥沙和杂质，水应保持流动、清洁，必要时彻底更换。

② 切端、修边。将清洗干净的叶片切除叶两边尖刺和尾端不可利用部分。

③ 去皮。将修边切端后的芦荟叶片横切成 10～20cm 的段，再将叶片背面朝上，底部贴紧砧板，先修去背部皮，再修去底部（正面）皮，要求将青皮、二层皮去干净，去皮后肉表面允许有少量青绿丝络，但不得有未去净的二层果皮存在。

（3）热烫 去皮后的芦荟果肉在质量分数为 0.1% 的柠檬酸溶液中于 95℃ 以上温度热烫 3min，而后快速冷却。

(4) 切块　经热烫冷却后的芦荟肉段切成 12mm 的正方形块或 30mm×12mm×12mm 的长方形块，对于边端较薄的果肉再集中切成形状不同的小粒。

(5) 清洗　将切好的肉块用清水快速清洗一遍，洗净杂质。

(6) 装罐　对包装完好的空瓶应先检查，剔除次品瓶并清洗后，倒放在干净的塑料筐中备用。洗净后的果块应尽快装罐，加汤、封口，流程应在 45～60min 内完成。装罐量：314mL 四旋瓶装果肉 190g。

(7) 加汤　配汤用水须符合饮用水标准，白砂糖、柠檬酸应符合原辅料质量要求。汤汁配制按糖 29％、冬蜜 6％、柠檬酸 0.26％、无水氯化钙 0.06％，加水到 100％，每锅测定一次糖度和酸度并做好记录。汤汁经煮沸后再用 200 目绢布过滤备用。

(8) 排气　产品加汤后需经加热排气，排气结束，要求罐中心温度不低于 75℃。

(9) 封口　排气结束后应立即封口，旋盖力度适中，旋爪置于旋纹的 2/3～3/4 处，尽量避免封盖不足或过头。

(10) 杀菌、冷却　瓶装产品采用常压水浴杀菌，进锅前热水温度要求 50℃ 以上。

杀菌公式：314mL 玻璃瓶罐头为 5min/100℃～15min/100℃。

杀菌完毕须采用分段冷却方法，避免瓶罐破裂，冷却过后应及时擦干罐外水分，而后装箱入库。

3. 产品质量标准

(1) 感官指标

① 色泽。果肉呈浅白色或淡黄色，色泽一致，有光泽。汤汁较清晰，允许有少量果肉碎屑。

② 滋味及气味。具有糖水芦荟特有的滋味及气味，酸甜适口，无异味。

③ 组织形态。果肉软硬适度，果粒大小较均匀，稍有纤维感，呈丁状。

④ 杂质。无肉眼可见外来杂质

(2) 成品理化指标

① 净含量及误差。应符合《定量包装商品计量监督规定》。

② 固形物含量。≥50％。

③ 可溶性固形物（20℃，折光计）。12％～15％。

④ 总酸（以柠檬酸计）。0.10％～0.16％。

⑤ 重金属含量。锡（以 Sn 计，mg/kg）≤200，铜（以 Cu 计，mg/kg）≤5，铅（以 Pb 计，mg/kg）≤1.0，砷（以 As 计，mg/kg）≤0.5。食品添加剂应符合 GB 2760 的规定。

(3) 成品微生物指标　应符合罐头食品商业无菌要求。

实例 15——糖水银杏罐头

银杏树又名白果树、公孙树，我国白果资源丰富，占世界 70％。白果果仁富含淀粉、蛋白质、脂肪、氨基酸等 10 多种营养成分，味道甘美，具有杀菌、降压、促进血管渗透性增强的功能，有化痰、止咳、补肺、通经、止浊、利尿及润肤防皱等功效。我国开发出的糖水银杏罐头，产品已销往东南亚一带，反映甚好。

1. 工艺流程

原料→杀青→冷却、去壳→护色→浸泡、漂洗→装罐→封罐、杀菌、冷却→
检验、贴标、装纸箱→成品

2. 操作要点

（1）原料　原料贮存于－18℃的冷库中，如果是新果，生产前可将原料晒于太阳下 1～2 天，这样可以降解果仁部分叶绿素，使成品更富光泽。

（2）杀青　原料分装于铁笼中，在 90℃的热水中杀青 5min，杀青过程要不断搅拌，并除去上浮果仁。杀青目的是使去壳更容易且去壳时损伤率低，对护色也有一定的作用。热水中加 0.1％VC 护色效果更佳。

（3）冷却、去壳　将杀青完毕的白果连铁笼一起捞起，放于冷水槽中浸泡 1～2min，不断搅拌，除去上浮果仁。

白果的去壳分为机械去壳和人工去壳，机械去壳可用普通的果仁去壳机或专用的白果去壳机。白果内膜可用 0.3％ NaOH 溶液在 70～80℃下搅拌 6～8min 去除。后在清水中漂洗数次，以除去 NaOH 残液。

（4）护色　已去除内膜的果仁可暂放于 0.1％VC 溶液中，以待集中处理。

（5）浸泡、漂洗　接着要将果仁浸泡于 1％$CaCl_2$ 溶液中 30min，目的是使成品肉质更富弹性，也可大大降低因高温杀菌而造成的果仁破裂。将经过 $CaCl_2$ 溶液处理的果仁在冷水槽中浸洗约 1h，去除 $CaCl_2$ 残液，也除去果仁胚芽所具有的苦涩味。

（6）装罐　将浸洗完毕的果仁捞起，滴干水分，装于 7113 型罐（净重 425g），每罐装量为 190g（±5g），然后注入糖水。糖水配制方法为：将 2666g 白砂糖（视厂家或客户可接受程度而定量）、40g EDTA-2Na、10gVC 依次溶于 10kg 大约 60℃的热水中，过滤备用。

（7）封罐、杀菌、冷却　罐头初温应大于 38℃，杀菌公式为：7min-20min/ 121℃。后于 2h 内冷却至约 38℃。

（8）检验贴标、装纸箱　罐头通过外观检查、感官鉴定、理化测定和微生物试验合格后，可贴标、装箱。

3. 产品质量标准

（1）感官指标

① 色泽。果实呈黄色或橙黄色，富有光泽，色泽大致均匀；糖水透明，基本无果肉碎屑。

② 滋味。甜度适口，具有白果罐头良好风味，无异味。

③ 组织形态。果实完整，软硬适度，同一罐中大小大致均匀。

（2）理化指标

① 糖度。开罐后，按折光计约 20％。

② 固形物重。225g（±5g）。

③ 杂质。无肉眼可见杂质。

（3）微生物指标　符合罐头食品商业无菌的要求。

实例16——酸甘蓝罐头

酸菜风味独特，营养丰富，并有开胃理气、降低胆固醇的功效。国外用现代工业化工艺生产的酸甘蓝、酱黄瓜罐头就是在中国酸菜的基础上发展起来的。将甘蓝发酵制成酸菜，除保存了本身大部分的营养成分外，还产生乳酸，不仅可增进产品风味，而且还具有保健作用。

1. 工艺流程

甘蓝→清洗→切分→配料→装坛→发酵→烫漂→装罐→密封→杀菌→冷却→成品

2. 操作要点

（1）发酵液配制及发酵　发酵液与菜质量比为 1∶1。发酵液由 20％食盐、20％白砂糖和 0.8％的混合香辛料加水配制而成。甘蓝装坛后在 20℃条件下发酵 4 天，总酸达 5.4g/L；或在 15℃条件下发酵 6 天，总酸达 5.3g/L。均达到适宜酸度，即可终止发酵。此时，酸甘蓝咸酸适口、风味协调，菜体质地、色泽均较好。若含酸量过高则酸味重，菜体易发黄变软；含酸量过低，则酸味淡，甚至有生菜味。

（2）总酸测定及杀菌　总酸测定采用酸碱滴定法。发酵期间每天测定 1 次发酵液总酸。将发酵达到终点的酸甘蓝在加热到 75℃的发酵汁液中烫漂 3min，然后捞出趁热装入 250mL 玻璃瓶中，注入热发酵汁立即密封，在 90℃热水中保持 20min 或沸水（98℃）中保持 10min 杀菌，冷却后于 37℃条件下保温 7 天，对质量正常的产品进行感官质量评定。杀菌时若温度不够或时间不足，均出现不同程度的胀罐或内容物腐败变质的现象，说明杀菌不足，生产中不宜采用。而若杀菌时间过长，则内容物脆性会明显下降，质地变得柔软，甚至体积收缩，制品质量差，生产中也不宜采用。

实例17——盐析菜罐头

盐析菜又名平卧碱蓬或角碱蓬，属双子叶一年生草本植物，藜科碱蓬属。其幼株茎叶鲜嫩，营养价值较高。盐析菜中含有多种维生素、蛋白质、钙、磷、铁等，全株均可食用，其吃法也是丰富多样，大部分是热水烫后进行凉拌或炒食。常食可以调节人体膳食平衡，也能提高人体的抗逆力和免疫力。盐析菜生长在自然状态下，适应性很强，能够进行自我繁衍，不占用耕地，无化肥、农药等污染。

近年来，人们在"崇尚自然，讲究营养，强身保健"心理的影响下，对野菜的需求也在不断增长，野菜走上了大宾馆、大饭店的餐桌，与山珍海味、生猛海鲜相媲美。由于盐析菜保鲜时间短，且不耐贮存，为此，可将其制成罐头，以满足人们的需求。

1. 工艺流程

原料采收整理→清洗→碱液浸泡→清洗沥干→烫漂护色→装罐→灌汁→排气封罐→
杀菌→冷却→检验→成品

2. 操作要点

盐析菜本身较脆，烫后不易软烂，所以盐析菜罐头的技术关键是保绿防变黄和合理杀菌防胀罐。

（1）原料采收整理 采集野外生长旺盛、新鲜幼嫩、味道鲜美的盐析菜作为原料。取长约 7～10cm 的幼嫩茎叶，弃去发黄褐变的部分，按原料的颜色、嫩度、粗细以及茎梢部等情况进行分级、归类。

（2）清洗 将分选好的原料分别放在流动水中冲洗，使尘埃、泥沙残渣、昆虫及部分微生物等杂质去除。

（3）碱液浸泡 用 1％碳酸钠溶液浸泡已洗好的盐析菜 20min。通过碱液浸泡可使盐析菜表面的蜡质除去，有利于护色液中锌离子的渗透，促使锌离子渗透更快，同时还可除去表面残留的部分微生物。

（4）清洗沥干 用清水（流动水）冲洗盐析菜表面残留的碱液，沥干水分后待用。

（5）烫漂护绿 将上述沥干的盐析菜放入已配制好的并已加热到 100℃的氯化锌溶液中烫漂 60s，加速使锌离子向盐析菜组织内渗入，取代叶绿素中的镁离子。

（6）装罐 将热烫好的原料趁热装入罐中，采取热灌装方式，每罐原料约为70g，注意整齐美观程度。

（7）灌汁 将 0.2％的氯化钙溶液和 2％的氯化钠溶液及其他调味料，加热煮沸降至温度为 80℃左右，灌入罐内。

（8）排气封罐 将装好罐的盐析菜放入 95～100℃的水浴锅内加热排气约10min，当罐内中心温度达 70℃以上即可封罐。

（9）杀菌 将罐头放在高压灭菌锅内 115℃杀菌 15min，然后冷却，取出。

（10）冷却 采用分段冷却，每次温差不超过 20℃，冷却至 37℃左右，用洁净的干布擦净罐外的水珠，并贴上标签。

（11）检验 抽样进行感官检验。标准为：菜体整齐，色泽深绿，质地较脆，口感良好，菜体不上浮，汤液清亮不浊。

实例18——香辣蒜酱罐头

从大蒜的营养成分中可以看出，大蒜中碳水化合物和蛋白质含量较高，营养成分种类多，含有多种合成、分解酶系。近几年，随着人们生活水平的提高，饮食品种日益丰富，鲜蒜及其制品作为一种开胃调味品，越来越被众多的消费者所喜爱。

香辣蒜酱罐头的加工以传统蒜酱的配料和调味方法为基础，可实现工业化生产，开发大蒜资源，提高转化率，为广大消费者提供具有食用、贮藏、携带方便、符合卫生要求的产品。产品具有外观红褐色，鲜蒜风味浓郁，其中蒜、白芝麻、红椒分明，油润光泽等特点，适合与水饺、白切肉、海鲜、凉拌蔬菜、粉丝等食品搭配食用。

1. 工艺流程

选料→去皮清洗→浸腌→切粒→过油、调配→冷却装罐→杀菌、冷却→装箱→成品

2. 操作要点

（1）选料　选用果大、肉厚、无霉烂、无病虫害的鲜蒜，同时除去其中杂物。

（2）去皮清洗　以手工方法脱去大蒜表皮，将脱皮去柄后的鲜蒜和红辣椒用清水洗涤，并除去其中所含异物、杂物。

（3）浸腌　先调配浓度为10％的盐溶液，将清洗后的鲜蒜浸腌4～6h，保持大蒜原有的颜色并防止氧化。

（4）切粒　将鲜蒜腌制后，用菜刀切成大小均匀一致的条粒状，或采用粗孔板绞肉机进行绞碎即可，同时将红辣椒也切成条丝状。

（5）过油、调配　先将色拉油加热至沸腾，随后关火稍冷却，将切好的蒜粒放入油锅中过油，与辣椒拌匀。最后在搅拌状态下按一定的比例将其他调料、食盐等放入锅里，并使混合料搅拌均匀。

（6）冷却装罐　为了便于装罐，将混合料温度降低到50℃左右。而后把混合好的蒜酱装入洗净且干燥的玻璃罐内，装罐时注意物料上面要盖一层油，这便于观察产品色泽，以防止氧化和变质。

（7）杀菌、冷却　装罐后要立即进行杀菌与冷却，杀菌温度为80℃，时间10min，然后迅速冷却至室温。

（8）成品检验　将成品放到（37±2）℃的培养箱内7天，观察其质量变化，保持原色、均匀、无褐变即为合格。

3. 注意事项

（1）大蒜浸腌　浸腌处理的目的是防止褐变，使得产品感官上符合质量要求，还可使大蒜脱臭、防腐，延长成品贮藏性。

（2）配比确定　蒜粒与其他辅料必须合理搭配，这样才能使产品达到最佳口感和发挥最佳功效。还应把握鲜蒜与色拉油的配比，将其比例控制在1∶0.9为宜。如果植物油量过多，会造成产品口感油腻并影响其质量；而植物油过少，作为载体起不到保护内容物及防腐和抗氧化的作用。食盐的添加量应控制在2.5％～3.0％左右，一般咸味偏重为好，因为食盐有防腐、杀菌作用，能有效地延长产品贮藏期。配料比例（％）：蒜50、色拉油45、食盐3.0、干辣椒0.6、白芝麻1.0、胡椒粉0.2、姜粉0.2。

（3）过油温度和时间的确定　过油温度高、时间过长会使鲜蒜中有效成分严

重破坏，且失去其特有的风味。为此，锅中油沸腾后立即熄火，将温度降到75～80℃时放入蒜粒，热油中浸烫1～2min即可，并防止产生褐变，影响产品质量。

4. 产品质量标准

（1）感官指标

① 色泽。呈红褐色，油里蒜、芝麻、红辣椒分明，油润光泽。

② 香味。蒜香味浓郁，无异味。

③ 滋味。鲜辣味柔和适口，无苦涩异味。

④ 形态。均匀浓酱状，固体料浸于清油中。

（2）理化指标　食盐（以NaCl计，mg/100g）≥3.0；总酸（以挥发性脂肪酸计，g/100mL）＜2.0；砷（以As计，mg/kg）≤0.5；铅（以Pb计，mg/kg）≤1.0。

（3）微生物指标　大肠菌群（每100g中）≤30个；致病菌不得检出。

第三节　果酱类罐头

一、工艺流程

原料预处理(选果、去皮、去核等)→加热软化→打浆(泥状酱)或取汁(果冻)→
配料浓缩→装罐密封→杀菌冷却→检验→包装→成品

二、原料的选择

生产果酱类制品用的原料要求果酸和果胶含量高，芳香浓郁，成熟度较高，品质优良。各种果实原料根据其果胶和果酸的含量，可分为以下5种。

（1）含果胶和果酸丰富的原料　如山楂、杏、苹果（含酸量高的品种）等。

（2）含果胶量高、含酸量低的原料　如无花果、甜樱桃、桃子、香蕉、番石榴等。

（3）果胶和果酸含量中等的原料　如葡萄、枇杷、成熟度高的苹果等。

（4）含果胶量少、含酸量高的原料　如酸樱桃、菠萝、杨梅、芒果等。

（5）含果胶和果酸均少的原料　如成熟的桃子、洋梨、草莓等。

当采用含果胶量和果酸量少的果实生产果酱类制品时，要外加果胶和果酸，也可通过加入另一种富含果胶的果实来弥补不足。

三、操作要点

（1）原料预处理　剔除霉烂的、成熟度低的等不合格果实。对果实按照成熟度进行分选清洗，再进行去皮、去核、切块，最后进行修整，彻底修除斑点、虫害等部分。去皮切块后易变色的水果，应及时浸入食盐水或其他护色液中，并尽快加热软化，以破坏酶的活性。

（2）加热软化　处理好的果块根据需要加水或加稀糖液进行加热软化处理，也有一小部分水果无需软化而可直接浓缩（如草莓）。加热软化的主要目的有：破坏酶的活性，防止变色和果胶的水解；软化果肉组织，便于打浆和糖液的渗透；使果胶溶出；脱去一部分水分，缩短浓缩时间。

加热软化时升温要快，沸水投料，注意控制每批的投料量，不宜过多。加热时间根据原料的种类及成熟度进行控制，防止加热时间过长影响风味和色泽。

（3）打浆或取汁　生产泥状果酱的果块，软化后要趁热进行打浆。打浆机孔径一般为 0.5mm。生产果冻的果块软化后需先榨果汁，再经过滤、澄清处理。柑橘类一般使用果肉榨汁，残渣再用少量的水加热软化，抽取果胶液与果汁混合使用。

（4）果酱的配方　果酱的配方中，一般果肉（汁）占总配料量的 40%～50%，砂糖占 45%～60%（其中可用淀粉糖浆代替 20% 的砂糖）。当原料的果胶和果酸含量不足时，应添加适量的柠檬酸和果胶或琼脂，使成品的含酸量达到 0.5%～1%，果胶含量达到 0.4%～0.9%。

所有的固体配料使用前均需先配成浓溶液，过滤备用。

① 砂糖。配成 70%～75% 的溶液。

② 柠檬酸。配成 50% 的溶液。

③ 果胶粉。果胶粉不易溶于水，可先与 4～6 倍果胶粉重的砂糖粉充分混合均匀，再加入 10～15 倍的水加热搅拌溶解。

④ 琼脂。琼脂是果酱类制品生产常用的一种增稠剂，使用时应先用约 50℃ 的温水软化，再加入 20～24 倍的水加热溶解，过滤后备用。

（5）果酱的浓缩　生产泥状果酱时，在处理好的果浆中加入浓糖液即可加热浓缩。若生产块状果酱，应先将果肉加热软化 10～15min，使果肉软化透，再加入浓糖液加热浓缩。待浓缩至接近终点时，再依次加入果胶液或琼脂液、淀粉糖浆、柠檬酸等，充分搅拌均匀，使可溶性固形物含量达到 65% 即可。

目前常用的浓缩方法主要有以下两种。

① 常压浓缩。将物料置于夹层锅中，于常压下加热蒸发水分，以达浓缩目的。此法的浓缩温度较高，产品质量较难掌握。

② 真空浓缩。将物料置于真空浓缩装置中，在减压条件下进行蒸发浓缩。真空浓缩由于浓缩温度较低，产品的色、香、味等品质都比常压浓缩的好。浓缩过程中，当真空度达到 53.33kPa 时开启进料阀，用锅内的真空吸力将物料吸入锅内，物料温度最好控制在 70℃ 以上，以利于蒸发。锅内真空度保持在 86.65～95.99kPa，加热蒸气压保持在 0.098～0.147MPa，蒸发温度控制在 50～60℃。

（6）装罐密封　酱类制品为热装产品，出锅后必须迅速装入事先清洗消毒好的空罐中，即刻密封。每锅酱自出锅到分装完毕不得超过 30min，以 20min 为佳，封口温度不得低于 80℃。在装罐过程中，要注意果酱不得污染罐边或瓶口，若有污染应以消毒湿布及时擦净，以免造成产品发霉变质。

酱类制品大多均采用玻璃瓶或抗酸涂料罐。当采用玻璃瓶时，要注意防止遇热炸裂。

（7）杀菌冷却 果酱经加热浓缩，其中所含的大部分微生物已被杀死，且由于酱体的糖度高，pH 低（pH3～4），一般装罐密封后残留于罐内的微生物很少，也不易生长繁殖。因此在卫生条件好的情况下，果酱密封后只需倒罐或倒瓶数分钟进行罐盖消毒即可，不需再进行杀菌处理。但为确保罐头质量，密封后的果酱罐头还需再进行常压杀菌处理。杀菌条件根据品种及罐型来定，一般为 100℃杀菌 5～15min。杀菌后的罐头应迅速冷却至 38℃左右。玻璃瓶罐头应采用热水分段冷却，并严格控制好各段的温度，以防瓶炸裂。

四、果酱类罐头生产常见的质量问题

1. 糖结晶析出

酱体中的糖重新结晶是果酱中生产中的常见质量问题之一。其主要原因如下。①含糖量过高，酱体中的糖过饱和。生产中应控制总糖的含量，一般不应超过 63％。②转化糖量不足。应保证转化糖的含量不低于 30％，可添加适量的淀粉糖浆代替砂糖，但用量不得超过砂糖总量的 20％。

2. 果酱的变色

引起果酱颜色变褐变暗的原因同前述水果罐头变色的原因。

3. 果酱的霉变

果酱污染霉菌而发霉变质的主要原因有：原料本身被霉菌污染且加工中又没能杀灭；加工操作和贮藏过程卫生条件恶劣；操作不当，装罐时酱体污染罐边或瓶口而又没有及时采取补救措施，尤其是玻璃瓶罐头；装罐后密封不严造成二次污染。

要防止果酱发霉应该注意以下几点：

① 贮藏原料的库房应用过氧乙酸等消毒（浓度 0.2g/m³），以减少霉菌的污染。霉烂的原料严格剔除。

② 原料必须彻底清洗，必要时进行消毒处理。

③ 生产车间所用设备、工器具等要用 0.5％过氧乙酸及蒸汽彻底消毒，操作人员保证个人卫生，尤其是装罐工序的工器具及操作人员更应严格卫生管理。车间不得有霉菌污染，必要时对原料进行霉菌数检验。

④ 装罐容器、罐盖及胶圈严格按规定清洗和消毒。

⑤ 保证密封温度在 80℃以上，严防果酱污染罐口，并确保封口的密封性。

⑥ 合理选用杀菌、冷却的方式，玻璃瓶装果酱最好采用蒸汽杀菌和淋水冷却，并严格控制杀菌条件。

五、果酱类罐头的加工实例

实例1——桃酱

1. 工艺流程

原料选择→原料处理→细碎软化→添加配料→果浆浓缩→灌装密封→灭菌、冷却

2. 操作要点

(1) 原料选择　选择充分成熟、含酸量较高、芳香味浓的黄肉桃作原料。

(2) 原料处理　将原料中的病虫果、腐烂果剔去。把好的桃子放在0.5%的明矾水中洗涤脱毛，再用清水冲洗干净，切半、去皮、去核。

(3) 细碎软化　将修整、洗净后的桃块用绞板孔径为8~10mm的绞机绞碎，并立即加热软化，防止变色和果胶水解。

(4) 添加配料、果浆浓缩　按果肉25kg、白砂糖24~27kg（包括软化用糖）、柠檬酸适量配料。先将果肉25kg加10%的糖水约15kg，放在夹层锅内加热煮沸约20~30min，使果肉充分软化，要不断搅拌，防止焦糊。然后加入规定量的浓糖液煮至可溶性固形物含量达60%时，加入淀粉糖浆和柠檬酸，继续加热浓缩，至可溶性固形物达66%左右时出锅，立即装罐。

(5) 装罐密封　将桃酱装入经清洗、消毒的玻璃罐内，留8~10mm顶隙。在酱体温度不低于85℃时立即密封，旋紧瓶盖，将罐倒置3min。

(6) 灭菌、冷却　杀菌公式为5min-15min-反压/100℃，然后分段冷却至40℃以下。成品呈现红褐色或琥珀色，均匀一致，具有桃子酱风味。

实例2——苹果酱

1. 工艺流程

果品处理→清洗→整理切块→加热软化→机械打浆→添加配料→
果浆浓缩→果酱灌装→灭菌、冷却

2. 操作要点

(1) 果品处理　苹果的好坏直接影响果酱的质量和风味。除腐烂果外，果表有一般污点或缺陷，如虫眼、小痂斑点、外形机械损伤等对果酱影响不大。但是太生的未熟小果则带有涩味和生苹果的味道，应剔除不用。注意，清洗前应把虫蛀部分和干痂削去，腐烂部分要多挖去些。

(2) 清洗　把处理好的苹果一起倒入有流动清水的槽内冲洗，注意清洗时间要短，随放随洗。洗净立即捞出，以免清洗时间过长，可溶性果糖果酸溶出。

(3) 整理切块　把洗净的苹果削皮，挖去核仁，去掉果柄，再切块。注意这一过程一定要在清洁环境中进行，工作人员必须按照食品卫生法的要求，穿工作服，戴工作帽，手要洗净。

(4) 加热软化　把切好的果块倒入沸水锅中（水要尽量少），最好用不锈钢的夹层锅，用蒸汽加热，若无夹层锅，用大锅熬煮时要用文火，以免糊锅。加热

$15\sim20$min，致使苹果充分软化。

（5）机械打浆　把软化好的果块放入筛板孔径 $0.7\sim1$mm 的打浆机内打浆。

（6）添加配料　每250kg果块加入15kg白糖、20g柠檬酸，也可根据产品销售地区消费者的口味调节果浆的酸度和糖度。

（7）果浆浓缩　先将滤好的糖液倒入果浆中，边倒边搅拌，加热浓缩，当浓缩至固形物达65％时即可出锅。若散装果酱应在出锅前加0.05％的山梨酸钾，加时先将山梨酸钾用少量水溶化，与果浆搅拌均匀。

（8）果酱灌装　采用250g的四旋盖瓶装，装瓶前将瓶内外壁及瓶盖均洗净、消毒、晾干。当酱液温度下降至85℃时，即可装瓶，灌装后应立即拧紧瓶盖。

（9）灭菌、冷却　果酱装好瓶后再在沸水中维持20min灭菌，然后在65℃和45℃水中逐步冷却，最后取出擦干瓶体，贴好标签即可装箱，可保存1年。

实例3——草莓杏复合低糖果酱

传统工艺生产的果酱大多是高含糖制品，为达到感官品质和延长保鲜的目的，其含糖量一般都在60％～65％，因产品口感过于甜腻，近年来这种产品的销量呈下降趋势，人们开始更多地选择低糖果酱。

低糖果酱的优点是突出了原果风味和清爽的口感，是营养丰富、老少皆宜的佐餐佳品和方便食品，具有良好的市场潜力。而以不同原料研制的复合低糖果酱，不仅改善了风味和色泽，也丰富了品种花色。但由于低糖果酱难以形成高糖果酱那样稳定的凝胶状态，酱体易析出水分，影响商品外观，解决这一问题的关键在于选择适宜的增稠剂和确定凝胶条件。现将草莓和杏按一定的配比，将果酱的含糖量控制在30％～35％制成复合低糖果酱。

1. 工艺流程

杏→清洗→加热破碎软化→打浆——
　　　　　　　　　　　　　　　　├→热装罐密封→冷却→成品
草莓→清洗去蒂→加热破碎→打浆——

2. 操作要点

（1）选料　草莓果实要相当成熟并富有良好的色泽；杏则以果大、色泽美、味甜汁多、纤维少、核小、有香味者为佳，一般应以皮色黄泛红、具有本品特色者为佳。

（2）预处理　草莓需要摘除萼片，用清水洗涤除去泥污、干叶等杂物；杏则需要去核，然后清洗干净。原料水洗后沥干，然后根据原料配比加工（全部用草莓，其成本较高；全部用杏肉的则口感较差，酱体的感官差，质地粗糙；而杏肉的比例太大其感官评定也不好，其口感及质地都达不到预期。试验表明，草莓与杏肉的最佳比例为2：1）。

（3）软化　草莓称量后在100℃下预煮10min，充分软化后便于打浆。杏则在100℃下预煮20min，杏肉煮烂充分软化，便于打浆。

（4）打浆　把充分煮烂软化的草莓及杏按配比混在一起用榨汁机打成浆状，

然后过胶体磨细磨。过胶体磨的目的是为了使果酱更加细腻均匀。

(5) 浓缩与调配　将调配好且已过胶体磨的果酱放入锅中进行常压浓缩。根据复合浆料可溶性固形物（测糖仪）的含量，搅拌的时候慢慢加入适量的砂糖，分3次加入（在复合果酱工艺中，有两种加糖方法：一是熬煮开始时糖全部加入；二是沸后慢慢加并不断搅拌。经研究分析，两种不同的加糖方法均可产出复合果酱，而且刚生产出来的产品无明显的区别，但是在保存期间第一种方法生产的产品上层会发生褐变并有流糖现象，这是由于在熬制一开始就把糖全部加入，使糖的整个熬制时间加长，在酸性条件下加热而造成的，所以糖应该在沸后慢慢加入），使可溶性固形物含量在18%～20%，并调节 pH 值至 3.5，进行常压浓缩。至含糖量接近要求时加入琼脂，在常压下继续浓缩至含糖量达 35%（加琼脂过多，产品质地成了凝胶状态，口感粗糙；不加琼脂，易出现脱水现象；而适量的琼脂不仅可以改善产品的状态、质地、口感、风味，还可以降低成本。改变加糖量，调节糖度以及酸度，可使产品酸甜可口，不腻口。试验表明，糖量占35%、琼脂占 0.2% 时最佳）。在浓缩过程中为了防止锅底原料焦化，加热的时候应不断搅拌，加热时间 30min 左右，以免影响色泽、风味和凝胶能力。

(6) 热灌装、灭菌、冷却　浓缩完成的果酱，冷却至 85～90℃，装于玻璃瓶中并密封。不需要专门杀菌，在 85℃ 以上装填，倒立静置 5min 左右。

传统果酱中加入大量糖分，主要起防腐作用，结合巴氏杀菌就可达到长期保存的目的。低糖果酱要达到规定的保质期，就必须采取相应的保质措施：一是严格按照良好的食品生产规范进行设计和生产；二是灌装温度要求大于 60℃，并少留顶隙，这样杀菌后，等罐冷却，水蒸气冷凝，顶部会形成一定的真空，控制好气性微生物引起产品腐败变质的可能；三是用柠檬酸将果酱 pH 值调整到 3 以下，在这种低 pH 值环境下，即便是细菌孢子也是极不耐热处理的，这样一来就可提高加热杀菌的能力。

实例4——低糖沙棘果酱

沙棘是胡颓子科沙棘属植物，沙棘是成熟果实，又名酸刺、醋柳等。沙棘含有多种维生素、丰富的蛋白质、氨基酸、有机酸、甾醇和微量元素，是一种营养丰富的野生水果，具有十分重要的食用、药用价值。近年来，沙棘产业发展迅速，沙棘果酱的研制可以丰富沙棘产品的种类，也可为消费者提供一款营养丰富的新型果酱。

1. 工艺流程

原料清洗→打浆→调配与浓缩→杀菌与热灌装→冷却→成品

2. 操作要点

(1) 原料清洗　取成熟、无霉烂沙棘果，用清水洗干净。

(2) 打浆　用打浆机将清洗干净后的沙棘果打成粗浆，再通过胶体磨磨成细腻浆液。

（3）调配与浓缩　将一定量的白砂糖、维生素 C 加入浆液中，采用低温真空浓缩。浓缩条件为：45～50℃，10～13kPa。以浓缩后浆液可溶性固形物含量达到 40%～45% 为宜。浓缩到即将达到设计糖度要求时，调节浓缩罐内气压为常压，再加入增稠剂（沙棘果酱最适增稠剂为果胶。预先预留一部分白砂糖与增稠剂混匀，用少量温水溶解调匀）、酸味剂等，继续浓缩至设计的糖度要求。

由试验可知，影响沙棘果酱感官品质的主要因素主次顺序为：沙棘汁＞白砂糖＞柠檬酸。最优组合是沙棘汁 400g，白砂糖 250g，柠檬酸 0.12g。

（4）杀菌与热灌装　将调配浓缩好的酱体迅速加热至 95℃，维持 30s，进行杀菌，然后趁热（酱体温度不低于 85℃）灌入预先用热水烫洗好的玻璃罐中，为不影响罐头真空度，灌酱时适当满灌。封罐时，温度在 80℃ 以上，剔除密封不合格的产品。

（5）冷却　由于沙棘果酱的包装容器为玻璃罐，所以杀菌热灌后应立即采用分段冷却，使得罐体在较短的时间内冷却到室温。擦干罐外水分，即得成品。

实例 5——低糖西瓜翠衣柠檬果酱

西瓜翠衣为葫芦科植物西瓜的外层果皮，又称西瓜青。经现代科学分析检测，西瓜翠衣富含蛋白质、糖、纤维素、维生素 C、锌、铝、镁等多种营养成分。西瓜翠衣有着优于瓜瓤的利尿作用，具有解热去暑、消炎降压、促进人体新陈代谢、减少胆固醇沉积、软化及扩张血管的功能，含有丰富的纤维素，是糖尿病人和肥胖者的理想食品，是生产保健食品的理想资源。

柠檬是有药用价值的水果之一，它富含维生素 C、糖类、钙、磷、铁、维生素 B_1、维生素 B_2、烟酸、奎宁酸、柠檬酸、苹果酸、橙皮苷、柚皮苷、香豆精、高量钾元素和低量钠元素等，对人体十分有益。柠檬能增强血管弹性和韧性，可预防和治疗高血压和心肌梗死，国外研究还发现，青柠檬可以使异常的血糖值降低。

充分利用西瓜翠衣资源，依据合理的配方和加工工艺，用甜味剂蛋白糖代替部分蔗糖，制成可溶性固形物含量在 40% 以下的低糖果酱，突出其天然风味和清新口感，营养健康。同时将西瓜皮废物利用，可收到很好的经济效益，具有很好的市场前景。

1. 工艺流程

西瓜→清洗→切分→除去瓜瓤→刮去青皮层→打浆→浆体浓缩→按比例加入白砂糖、低甲氧基果胶、黄原胶→加热、搅拌→冷却→加入柠檬汁→搅拌→装罐→杀菌→成品

2. 操作要点

（1）原料选择　选用新鲜、八九成熟的西瓜，要求果肉脆嫩，皮厚 1.5cm 以上。柠檬要求无病虫害，色泽均匀富有弹性，表面光滑有光泽。

（2）清洗、去皮（瓤）　先洗净附着在西瓜上的泥沙等杂质，然后去除西瓜表皮青色含有蜡质的青皮层以及内部的瓜瓤。以 0.1% 稀盐酸溶液浸泡 10min，

使其变软，并通过稀酸的作用，将原果胶变成可溶性的果胶，然后用清水多次漂洗干净。

（3）破碎、打浆　清洗好的西瓜翠衣，用刀切成小块，放入搅拌器中搅拌成泥浆状。

（4）浓缩　果浆先入锅加热煮沸数分钟，然后将煮沸的热糖液分 2～3 次加入，每次加入后需搅拌煮沸数分钟，当浓缩到可溶性固形物 45％左右，再按配方要求（果酱的最佳配料参数为：白砂糖 26.62％，柠檬汁 0.16％，混合胶 1.00％），加入白砂糖、柠檬酸和适量增稠剂（本工艺采用由低甲氧基果胶和黄原胶复配的复合增稠剂，黄原胶与低甲氧基果胶质量比为 2：5），并及时搅拌均匀。

（5）装罐、密封　果酱出锅后应迅速装罐，使装罐后酱体中心温度不低于 80℃。趁热密封，使罐内形成一定的真空度。

（6）杀菌、冷却　果酱为酸性食品，采用常压杀菌，杀菌公式为 5min-15min/100℃。杀菌后应迅速冷却，如为玻璃罐应采用分段冷却，最后冷却到室温，取出用洁净干布擦干瓶身，检查有无异常现象，若一切正常，则贴上标签即成。

3. 果酱成品指标

（1）感官指标　果酱酱体呈草绿色，有光泽，均匀一致。具有西瓜翠衣果酱特有的风味，无焦糊味及其他异味。酱体呈半胶黏状，具有一定的流动性，无糖的结晶，且无可见杂质。

（2）理化指标　可溶性固形物 36.8％；总糖 33.9g/100g；总酸 0.64g/100g；重金属含量：锡（Sn）≤200mg/kg，铅（Pb）≤2mg/kg。

（3）微生物指标　菌落总数≤10000CFU/g；大肠菌群≤30MPN/100g；致病菌不得检出。

实例 6——低糖香蕉果酱

香蕉的营养价值高，每百克果肉中含蛋白质 1.2g、脂肪 0.6g、碳水化合物 19.5g、粗纤维 0.9g、Ca 9mg、Fe 0.6mg、P 31mg、胡萝卜素 0.25mg。经常食用香蕉，可以清热解毒、利尿、消肿、通便，还可预防高血压，缓解疲劳，防治胃溃疡、癌症，解郁，增强人体免疫活性。本工艺以香蕉为主要原料，添加适量白砂糖、柠檬酸以及复合增稠剂等辅料制作低糖果酱。

1. 工艺流程

原料选择及预处理(去皮除丝络)→微波灭酶→混合打浆→配料准备→
常压浓缩→分装→杀菌、冷却→产品→评价

2. 操作要点

（1）原料选择及预处理　选择成熟度大致相同、新鲜、无腐烂、无病虫害、无机械损伤的西贡蕉。将西贡蕉迅速去皮除丝络并称重，然后立即将整根香蕉浸泡在浓度为 0.2％的柠檬酸溶液中进行护色。

（2）微波灭酶　捞出整根香蕉，沥干表面水分，然后将香蕉平铺置于陶瓷盘中，置于微波炉中，热烫灭酶 3min。

（3）混合打浆　微波热烫后的香蕉切段，长度约为 3cm。香蕉果肉与水按一定的质量比［料水比为 1∶2（g/mL）］放入高速组织打浆机中，并添加护色剂进行混合打浆，打浆 3min 得到组织均一的香蕉果浆。

（4）配料准备　称取 $CaCl_2$ 和增稠剂（CMC-Na、海藻酸钠和黄原胶）备用，将增稠剂与白砂糖按质量比 1∶10 拌匀，然后分多次加入热水中，边加热边搅拌，直至得到组织均匀的溶胶。

（5）常压浓缩　将打浆后的果浆倒入蒸煮锅，加热至沸腾后改用文火加热，边加热边搅拌以防止烧焦。按实验比例依次添加 $CaCl_2$、柠檬酸、增稠剂（CMC-Na、海藻酸钠和黄原胶）及白砂糖，并一直搅拌，记录浓缩时间并在接近浓缩结束时调节可溶性固形物含量到所需量。

（6）分装　将浓缩后的果酱趁热分装到高压灭菌后的玻璃瓶中，容器顶部留 3mm 距离以形成一定的真空度。

（7）杀菌、冷却　密封后的低糖香蕉果酱采用沸水浴灭菌 10min。分段冷却到室温，擦干玻璃瓶外残留的水分，放置于 4℃冰箱贮藏。

实例 7——光皮木瓜低糖果酱

木瓜在我国分为两种：一种是蔷薇科木瓜属植物木瓜；另一种是热带水果香木瓜科木瓜。前者味涩果肉较硬，不能直接使用，但是具有很好的药用价值，又称光皮木瓜、北方木瓜或真木瓜。光皮木瓜果呈长椭圆形，深黄色有光泽。

光皮木瓜中的甾体类化合物、三萜类化合物、木脂素类化合物、黄酮类化合物等成分对抗癌、保肝、调节免疫具有一定的功效。本工艺以光皮木瓜为原料，在以往果酱工艺和配方研究的基础上，制成的产品感官品质良好、价格低廉、易于被消费者接受，具有一定的开发价值和广阔的发展前景。

1. 工艺流程

原料的挑选、清洗→去皮，除核、蒂、萼，切片→预煮脱涩、灭酶→高压蒸煮软化→
打浆→加料配比→浓缩→装罐密封→杀菌、冷却→成品

2. 操作要点

（1）原料的挑选、清洗　成熟度较高的光皮木瓜中纤维含量少、涩味较轻且香味浓。因此，选择八成熟的光皮木瓜为原料，清除表面杂质，用清水洗净。

（2）去皮，除核、蒂、萼，切片　光皮木瓜削皮后，用刀剔除软烂部分及表面的锈斑，从果的中央纵切为四瓣，手工去核籽、果蒂、萼，再切成厚度约为 1cm 的果条。

（3）预煮脱涩、灭酶　称取适量光皮木瓜，按 1∶4 的比例加入到浓度为 0.2％的柠檬酸溶液中，煮沸 25min，捞出后用清水冲洗，沥干表面水分。

（4）高压蒸煮软化　将脱涩好的光皮木瓜以 1∶1.5 的比例加入到 0.2％的柠檬酸溶液中，于 120℃的条件下蒸煮 25min，可软化木瓜，减轻木渣感。

（5）打浆　将软化后的光皮木瓜倒入孔径为 1mm 的打浆机中进行打浆。

（6）加料配比　白砂糖不能直接加入到果浆中，必须先配成溶液，否则由于溶解速度较慢易造成糊锅。因此将蔗糖、蜂蜜按照一定的比例（2.5∶1）配成浓度为 70% 的糖浆，用 200 目筛网过滤，分批加入到果浆中。

（7）浓缩　木瓜果浆煮沸后，依次加入柠檬酸、乙基麦芽酚和部分糖浆，搅拌均匀防止糊锅。待接近浓缩终点时，加入豌豆淀粉溶液和剩余的糖浆，并不停搅拌，当果酱中可溶性固形物含量达到 50% 左右即可。

（8）装罐密封　将玻璃罐清洗干净，用高压蒸汽灭菌，罐温保持在 40℃ 以上，当果酱温度下降到 85～90℃ 时立即灌装密封。

（9）杀菌、冷却　密封后的玻璃罐在 95℃ 的条件下保持 30min，杀菌完毕后将玻璃罐倒置 6min。采取分段式冷却法，70℃-50℃-30℃，直到罐温降至 30℃ 为止。

3. 果酱成品指标

（1）感官指标　颜色：酱体呈淡红褐色，有光泽；风味：有光皮木瓜水果香味和蜂蜜味，酸甜适口；组织形态：酱体细腻均匀，不流散，无分层析水，无结晶，无肉眼可见杂质。

（2）理化指标　总糖含量：40%～45%；可溶性固形物：45%～55%；铅含量：≤0.5mg/kg；砷含量：≤1.0mg/kg。

（3）微生物指标　细菌总数（CFU/g）≤100；大肠菌群（MPN/100g）≤10；致病菌不得检出。

实例8——蓝莓果酱

蓝莓属于杜鹃花科越橘属植物，学名越橘。其果实为浆果，呈深蓝色，色泽美丽悦目、披白霜，近圆形，皮薄籽小。蓝莓单果重 0.5～2.5g，最大的重 5g，其果肉细腻，既可以直接食用，也可作为加工品原料。其口感酸甜，具有香爽宜人的香气，鲜食效果最佳。蓝莓含有丰富的营养物质，据测定，每 100g 蓝莓鲜果中花青素含量高达 163mg，蛋白质 400～700mg，脂肪 500～600mg，碳水化合物 12.3～15.3mg，维生素 A 高达 81～100IU，维生素 E2.7～9.5μg，超氧化物歧化酶 5.39IU，各种维生素都高于其他水果。蓝莓的微量元素含量也很高。蓝莓富含花青苷，低糖、低脂肪，抗氧化能力强，因此被国际粮农组织列为人类 5 大健康食品之一。由于蓝莓中花青苷的独特保健功能，近年来，蓝莓野生浆果越来越受到食品、保健品界的关注。研究证明，经常食用蓝莓制品，具有缓解眼睛疲劳、改善视力等功效，对眼干、眼涩、见风流泪以及老年性老花眼具有改善作用；还能延缓脑神经衰老，增强记忆力，清除体内有害自由基，增强自身免疫力；还具有改善心血管机能，减少胆固醇积累，保护毛细血管及抗氧化的作用，以及增强胶原质等功效。

近几年来蓝莓及制品备受人们青睐，但由于采收季节短，保藏困难，导致市场供不应求，因此，蓝莓的深加工已成为解决果农保藏与销售蓝莓难题、促进蓝莓产业健康发展、满足人们需求的必由之路。蓝莓果肉含量高，果胶质丰富，鲜果口感好，可将其直接加工成可食食品，也可与其他材料混合加工成其他类型产品，如蓝莓果酱等产品。

1. 工艺流程

$$白砂糖 \leftarrow 加水溶解$$
$$原料选择 \rightarrow 清洗 \rightarrow 打浆 \rightarrow 配料 \rightarrow 浓缩 \rightarrow 装袋、密封 \rightarrow 杀菌、冷却$$
$$柠檬酸$$

2. 操作要点

（1）原料选择　选择成熟度较好的无腐烂、无病虫害蓝莓。因为如果蓝莓成熟度太高，果胶含量较低，就会影响果酱的凝胶性，从而影响果酱最终的涂抹性；成熟度太低，也会缺少蓝莓应有的风味和滋味。

（2）清洗　将选择好的蓝莓倒在果盘中，用水冲洗，洗去表面的杂物。

（3）打浆　根据不同的料液比适度打浆，得到可食部分并保留较全的原果浆。

（4）配料　糖浆现配现用。柠檬酸用量较少，可直接与糖浆混用。同时柠檬酸可作为护色剂和酸度剂使用，因为适量的酸度在后期保藏中可防止果酱的流汤现象发生。

（5）浓缩　准备好所有的原辅材料，先将原果浆加热至沸，然后将配好的糖浆分一次或多次加入。在浓缩过程中需不停地搅拌，防止烧焦结糊，当果浆浓缩至快成型时加入柠檬酸。浓缩到终点的标志可选下列任一项来加以判断：

① 可溶性固形物达到 32％左右；

② 用玻璃棒挑起果酱后果酱呈片下落；

③ 果酱的中心温度达到 $104 \sim 106℃$ 时出锅。

（6）装袋、密封　浓缩达到终点后，应在酱体温度降到 $80℃$ 左右时，将其装入真空包装袋中，袋中应留有一定空隙，以免包装袋在杀菌时因受热膨胀而涨破。

（7）杀菌、冷却　将密封好的果酱放入杀菌锅中杀菌，杀菌后应立即进行冷却处理，将其冷却至 $30 \sim 45℃$。

（8）保存与检验　将产品放在干燥通风的地方保存，7 天后随机进行抽样，检验其各项理化指标。

3. 产品品质指标

（1）感官指标

① 色泽。深蓝紫色。

② 滋味和气味。酸甜可口，具有蓝莓原本独特的香味，无异味。

③ 组织形态。呈胶黏状，有明显的果肉感，不流散，无杂质且涂抹性佳、

稳定性好。

（2）理化指标　对放置 7 天后的果酱进行各项理化指标检验，参考标准如下：可溶性固形物含量 35%～45%；总酸（以柠檬酸计）0.8%～1.8%；杂质不允许存在；重金属含量：砷（As）≤0.5mg/kg，铜（Cu）≤5.0mg/kg，铅（Pb）≤1.0mg/kg。

（3）微生物指标　细菌总数≤100CFU/mL；致病菌、大肠杆菌不得检出。

4. 主要注意事项

（1）结果表明，将蓝莓加工生产成酸甜适口、色泽好看、风味独特、涂抹性佳、稳定性好的果酱制品是完全可行的。通过试验，采用 40% 原果浆 40g、40% 糖浆 10mL、0.10g 柠檬酸得到的果酱品质最好。

（2）在打浆过程中应控制好料液比，这样既能保证蓝莓果酱的黏稠度，还能增大蓝莓的利用率。

（3）在浓缩过程中，应注意经常用玻璃棒搅拌，防止结焦糊锅而产生异味。同时，还要掌握好火候，控制一定的浓缩时间，通常以 30～45min 为好。浓缩时间过长，容易造成成品颜色过深，酸分解及其他营养物质的损失。在浓缩过程中防止凝胶过快和凝胶不均，因为局部凝胶形成过快容易造成酱体持水力下降，出现酱体脱水现象。若能够采用真空浓缩，则成品的品质会更佳。

（4）柠檬酸应在果酱快要成型时加入，适量的酸度可以减少转化糖的生成，在后期保藏中也可防止果酱的流汤现象发生，但酸过量，就会影响果酱的风味与滋味。柠檬酸在试验过程中同时作为护色剂和酸度剂使用，柠檬酸的加入不仅可以增添风味，也可以起到防止褐变、抑菌等作用。

实例 9——猕猴桃果酱

猕猴桃属于猕猴桃科猕猴桃属，又名藤梨、猴子桃、狐狸桃。不仅富含多种维生素，而且其他的营养成分也很丰富，食用价值相当高，故而深受各国人士的喜爱。但是猕猴桃的生长环境苛刻，且果实经不起长途运输，所以常将其加工为饮料、果脯、果酱等食用。

1. 工艺流程

果品挑选→清洗→去皮→破碎打浆→离心→去籽→调配→加热浓缩→
装罐密封→杀菌、冷却→成品

2. 操作要点

（1）离心　将打浆的果料放入离心杯中，在转速 3500r/min、时间为 8～10min 的条件下离心。离心后的猕猴桃浆液分为三层：第一层上清液为猕猴桃汁，第二层为待用原料猕猴桃果肉，第三层为籽。上清液用于制作饮料。

（2）去籽　取汁后，离心沉淀物倒入盘中，去掉猕猴桃籽后直接得到猕猴桃果肉。

（3）调配　调配工序需要加入糖（白砂糖的用量为 30%）、增稠剂（选用琼脂作为增稠剂，琼脂用量为 0.5%）以及柠檬酸（柠檬酸量为 0.3%），按先后顺序加入，其中增稠剂需用热水溶解再加入。

（4）加热浓缩　浓缩温度一般在 80～90℃，温度过低易发生褐变，温度过高容易产生焦糊。同时浓缩过程中也要不断搅拌，加热浓缩时间为 120min。

（5）装罐密封　包装材料最好使用玻璃容器，可根据市场需求选择不同容量的玻璃瓶。装瓶前，须彻底清洗玻璃瓶，再以 95～100℃的蒸汽消毒 5～10min，瓶盖用沸水消毒 3～5min。果酱出锅后迅速装罐，酱温保持在 85℃以上，尽量减少顶隙，严防果酱沾染瓶口和外壁，采用真空旋盖封口。

（6）杀菌、冷却　以温度 100℃、时间 20min 的杀菌条件对产品影响最小，而且保存效果也较好，故以此条件作为最佳杀菌条件。杀菌完后需立即冷却。

实例 10——木糖醇低糖柿子果酱

柿子为柿树科植物柿树的果实，具有较丰富的营养，人体易于吸收消化。同时，柿子味甘、性寒，具有清热、润肺、生津、止渴、祛痰、止咳等功效。除鲜食外，柿子主要用于加工成柿饼。由于柿子采收期较为集中，容易软化腐烂，每年有大量柿子腐烂变质而浪费，给果农造成了很大的经济损失。柿子果酱保质期长，能较好地保持柿子的天然风味及营养成分，适用于食品厂、糕点房、宾馆、家庭、酒吧等直接使用，具有较高的经济价值。

1. 工艺流程

① 选果→清洗、消毒→漂烫→配料；

② 配制糖浆→配料；

③ 配制食品添加剂溶液→配料。

　　①＋②＋③→打浆、过筛→精磨→真空浓缩→灌装容器消毒后灌装、封盖→
　　　　　　　　　杀菌→冷却→检验→成品

2. 操作要点

（1）选果　选择橙红色、成熟、味甜不涩、无虫害、无霉变、无损伤的新鲜柿子。

（2）清洗、消毒、修整　先用清水洗净，再以 0.02％二氧化氯溶液浸洗 5～10min，去蒂，剥去褐变或未洗净部位的柿子皮，备用。

（3）烫漂　将柿子倒入沸水烫漂 1min，起到抑制酶促褐变、杀菌以及软化组织以利于打浆的作用。

（4）溶液配制　将白砂糖和木糖醇加水煮沸溶化（注意不断搅拌以防焦糊），配成质量分数为 70％的糖浆，经 100 目筛网过滤，备用；柠檬酸、D-异抗坏血酸钠配成质量浓度为 0.1g/mL 的溶液，EDTA-2Na 配成质量浓度为 0.01g/mL 的溶液，备用。

（5）配料、打浆、精磨　将柿子、糖浆、柠檬酸、D-异抗坏血酸钠、ED-TA-2Na 按一定比例（总用糖量为预处理后柿子质量的 40％，其中木糖醇占总用糖量的比例为 40％，柠檬酸用量 1.4g/kg，D-异抗坏血酸钠用量 1.4g/kg，ED-TA-2Na 用量 0.02g/kg）加入打浆机，打浆后经 50 目筛网过滤以除去未破碎的皮和果肉粗纤维,然后用胶体磨进行精磨。

(6)真空浓缩 设置旋转蒸发仪水浴温度为50~60℃,控制真空泵使真空度为0.08~0.09MPa,当蒸发出的水达到总料液浓缩前质量的20%时(经测定,此时果酱可溶性固形物为45%~47%)关闭真空泵,破除真空,继续搅拌,迅速将果酱加热到88~90℃,立即进行热灌装。

(7)灌装、封盖、杀菌、冷却 玻璃罐及盖子需经清洗、消毒(沸水加热10min),果酱装罐量为170g(顶隙0.5cm左右),要趁热迅速装罐,封口温度不低于80℃。采用92~95℃水浴杀菌10min,然后分别置于70℃、50℃、30℃的水中,分三段迅速冷却至罐温40℃以下。

实例11——山楂葡萄复合果酱

"水晶明珠"是人们对葡萄的爱称,因为它果色艳丽、汁多味美、营养丰富,果实含糖量达10%~30%,并含有多种微量元素,有增进人体健康、治疗神经衰弱和缓解过度疲劳的功效。适当多吃葡萄,能健脾和胃。红葡萄皮中富含一种多羟基酚类化合物——白黎芦醇,具有降血脂、抗血栓、预防动脉硬化、增强免疫能力等作用。山楂味酸、甘,性温,归脾、胃、肝经,具有消食化积、活血化瘀的功效,同时含有丰富的钙,为鲜果之冠。现以葡萄(保留葡萄皮)和山楂为主要原料,制成复合果酱,以实现营养的优势互补,提高果酱的保健功效。

1. 工艺流程

山楂→挑选→清洗→蒸煮→去籽去蒂→打浆→山楂浆→调配→搅拌→浓缩→杀菌、冷却→成品

葡萄浆制备

2. 操作要点

(1)原料选择及预处理

① 山楂浆的制备 选择色泽深红、无病虫害、未受污染的成熟山楂果实,用流动水清洗干净。山楂经选料、清洗等预处理后,置于夹层锅中,加入山楂重量0.3倍的水,加热至水开,保持3~5min(软化至易于打浆),除去果梗、果核等不可食部分,然后连同汁液倒入打浆机打浆1~2次,即可得到组织细腻的山植果浆。

② 葡萄浆的制备 选择新鲜饱满、八九成熟的巨峰葡萄(含糖量15%)为原料,剔除霉烂、干疤、黑斑点、虫害、机械伤的果粒。将洗净的葡萄剥皮去籽,把籽丢掉,将葡萄皮和果肉分开,备用。将葡萄皮放进耐酸的锅中,加入葡萄重量一半的水,用中火煮沸,再改小火继续煮到汁液呈紫红色。用滤网取出葡萄皮,再将皮中的汁液压出,并将压出的汁液连同葡萄果肉一起倒入锅中,再用中火煮沸。

(2)配料 将山楂浆、葡萄浆按一定比例混合。用70℃以上的热水将白砂糖溶解,混合配成一定浓度的糖浆。待糖浆温度降到30℃以下时,将糖浆与山楂葡萄复合果浆按一定比例混合(山楂浆为固定的100g,葡萄浆添加量15%,

白砂糖添加量46％）。

（3）**浓缩** 调配均匀后开始加热浓缩，浓缩过程要不断搅拌，防止焦糊。当浓缩至可溶性固形物含量接近40％时，加入果胶（果胶添加量0.5％），搅拌均匀，继续浓缩至可溶性固形物含量为42％左右时出锅，迅速装罐，封盖。

（4）**杀菌、冷却** 预先用开水烫洗玻璃罐，吹干。灌装果酱时，酱体温度不低于85℃，并适当灌满，剔除密封不合格的产品。

制成的山楂葡萄果酱为紫红色，组织均匀细腻，呈黏稠状，不流散，无结晶，甜酸适口，具有轻微的山楂的天然风味和葡萄特有的香味，无焦糊味及其他异味。

实例12——无花果苹果复合果酱

无花果属浆果树种，可食率高达92％以上，果实皮薄无核，肉质松软，风味甘甜，具有很高的营养价值和药用价值。首先，无花果具有很高的营养价值，它的果实富含糖、蛋白质、氨基酸、维生素和矿物质。据测定，成熟无花果的可溶性固形物含量高达24％，大多数品种含糖量在15％～22％之间，超过许多一、二代水果品种的一倍。果实中含有18种氨基酸，其中有8种是人体必需氨基酸。其VC含量是柑橘的2.3倍，桃子的8倍，梨的2.7倍。其次，无花果具有极高的药用价值。它的果实中含有大量的果胶和维生素，果实吸水膨胀后，能吸附多种化学物质。所以食用无花果后，能使肠道各种有害物质被吸附，然后排出体外，能净化肠道，促进有益菌类增殖，抑制血糖上升，维持正常胆固醇含量，迅速排出有毒物质。无花果含有丰富的蛋白质分解酶、酯酶、淀粉酶和氧化酶等酶类，它们都能促进蛋白质的分解。另外，无花果还含有补骨脂素、佛手柑内醋、β-香树脂醇、蛇麻脂醇等活性抗癌物质，具有显著的抑癌抗癌之功效，对无名肿瘤、胃癌、食道癌、皮肤癌、肝癌等都有明显效果。因而无花果被誉为21世纪人类健康的"守护神"，备受人们青睐。

无花果属于浆果类，其果酱加工适应性较强，然而单纯的无花果酱在风味、口感等方面都有不尽人意处。根据苹果芳香味浓、配伍性好的特点，将无花果与苹果复合加工，可制成一种酸甜可口，色、香、味俱佳的无花果苹果复合果酱。

1. 工艺流程

干无花果→挑选→去梗→清洗→切块→预煮打浆
苹果→挑选→清洗→去皮去心→切块→护色→预煮打浆
无花果浆与苹果浆按比例混合→调配→搅拌均匀→高温浓缩→灌装→杀菌→冷却→成品

2. 操作要点

（1）**原料精选** 选择成熟度较高的无花果和苹果，剔除病虫果及腐烂果。

（2）**去梗清洗** 小心仔细地将果梗去除，用清水将无花果和苹果反复冲洗干净，除去杂物，滤出水，再切成小块，以便于打浆。

（3）**护色、预煮、打浆**

① 干无花果。将果实少量分批倒入沸水中（果水比以2∶1为宜），煮沸3～

5min，使果实软烂（切忌用铁锅）。趁热用打浆机将果实与水一起进行打浆 1～2 次，得到均匀一致的无花果粗浆。

② 苹果。选择新鲜、无病虫害、无变质的苹果，用流水洗净后去皮去心，在水中浸泡片刻，取出后于沸水中预煮 2～4min，趁热用打浆机打浆 1～2 次，得到均匀一致的苹果粗浆。

（4）混合果浆　将无花果浆、苹果浆按比例混合（无花果浆∶苹果浆为 4∶5），充分搅拌，使果浆混合均匀。

（5）加糖调配、浓缩　在制得的混合果浆中加入一定量的白砂糖（加糖量为 14％），充分搅拌使物料完全溶解。然后进行浓缩，浓缩条件为温度 60～70℃，为了便于水分蒸发，柠檬酸预先用少量的温水溶解，当固形物含量为 40％左右时，将柠檬酸加入（50∶0.0575 的糖酸比）。继续浓缩至固形物含量达到要求时，停止浓缩。

（6）灭菌　预先将四旋瓶及盖用沸水杀菌，保持浆体温度在 85℃以上装瓶，并稍留顶隙，封盖后置于常压沸水中保持 10min 进行杀菌，完成后逐级分段冷却至 37～38℃，擦干罐体外水分，即得到成品。

3. 产品质量指标

（1）感官指标

① 色泽。黄褐色，黏稠，色泽协调，有光泽。

② 组织状态。均匀一致。

③ 滋味。甜酸适口，口感细腻，风味纯正。

④ 香气。具有无花果特有香味和淡淡的苹果香味。

⑤ 杂质。不允许存在。

（2）理化指标　可溶性固形物≥45％；总糖：40％～45％；总酸：0.45％～0.50％；铅≤1mg/kg，铜≤2mg/kg，砷≤0.3mg/kg。

（3）微生物指标　细菌总数≤100 个/mL；大肠菌群≤10 个/100g；致病菌不得检出。

实例13——杨梅雪梨复合果酱

杨梅和雪梨是深受广大消费者喜爱的两种水果。杨梅具有很高的药用和营养保健价值，含有多种有机酸，食之可增加胃中酸度，帮助消化食物，促进食欲。杨梅同时含有丰富的维生素 C、B 族维生素，对防癌抗癌有积极作用。杨梅还有去痧、解除烦渴的作用。杨梅所含的果酸既能开胃生津，消食解暑，又有阻止体内的糖向脂肪转化的功能，有助于减肥。雪梨味甘性寒，含苹果酸、柠檬酸、维生素 B_1、维生素 B_2、维生素 C 和胡萝卜素等，具生津润燥、清热化痰之功效，特别适合秋天食用。它药用能治风热、润肺、凉心、消痰、降火、解毒。现代医学研究证明，梨确有润肺清燥、止咳化痰、养血生肌的作用，对急性气管炎和上呼吸道感染的患者出现的咽喉干、痒、痛、喑哑及痰稠、便秘、尿赤均有良效。

梨又有降低血压和养阴清热的效果，所以高血压、肝炎、肝硬化病人常吃梨亦有好处。梨可以生吃，也可以蒸，还可以做成汤和羹。本工艺以杨梅和雪梨为原料加工制成复合果酱，生产的杨梅雪梨低糖复合果酱不仅风味独特，而且含糖量相对市场上果酱产品的含糖量要低，因此本产品的生产可以迎合国际市场上健康食品向低糖、低热量、保健食品发展的趋势和人们追求健康饮食的心态，而且复合产品外观、色泽更优，营养价值更高。

1. 工艺流程

原料挑选→清洗、去核、去皮→打浆→混合调配→加热浓缩→装罐、密封→
杀菌、冷却→保温检查

2. 操作要点

（1）原料挑选　挑选新鲜、成熟适度、无损伤、无腐烂的杨梅和雪梨。

（2）清洗、去核、去皮　杨梅清洗、除去核；雪梨经去皮、去核，然后切成大小均匀的块状备用。

（3）打浆　用打浆机将杨梅和雪梨分别打浆，之后用纱布过滤备用，要求浆体细腻均匀。

（4）混合调配　将杨梅和雪梨按设定好的比例混合（最佳杨梅与雪梨质量配比为 4.73：5.27），然后将事先称量好的白砂糖、柠檬酸和稳定剂按比例混合调配均匀［白砂糖添加量 16.28％，柠檬酸添加量 0.19％，复合稳定剂（选用黄原胶与琼脂按 1：1 比例配合使用）添加量 0.247％］。

（5）加热浓缩　采用不锈钢锅进行浓缩。为防止焦糊，浓缩过程中需不断搅拌，直至酱体透明，可溶性固形物含量达到 60％以上结束浓缩。

（6）灌装、密封　采用热灌装，浓缩后立即趁热灌装，中心温度不低于 85℃的条件下密封。

（7）杀菌、冷却　采用常压沸水浴杀菌 15min，以求果酱达到商业无菌状态。将灭菌结束后的果酱采用分段冷却至 38℃左右。

（8）保温检查　在 37℃室内保存 7 天，观察果酱的变化情况。

经检测，产品色泽红艳，酸甜适中，无异味，甜而不腻，有杨梅的酸味，也有雪梨的清甜。组织状态细腻均匀，无汁液渗出，凝胶良好，不流散，浓稠度和黏度适中。可溶性固形物含量＞25％。细菌总数、大肠杆菌、致病菌和霉菌的检验均符合要求。

实例14——雪梨银耳低糖复合果酱

雪梨属蔷薇科梨属植物，富含糖类及苹果酸，还含有维生素 B_1、维生素 B_2、维生素 C、胡萝卜素等，是梨中营养价值较高的品种之一。祖国医学认为梨性寒味甘，能生津止渴、止咳化痰、清热降火、养血生肌、润肺去燥。银耳又称白木耳，含有蛋白质、脂肪、矿物质及糖类，其蛋白质中含有 17 种氨基酸，能提供人体所必需氨基酸中的 3/4，营养价值很高。银耳性平和，味甘、淡，具有润肺生津、滋阴养胃、益气安神、强心健脑等作用。银耳还含有钙、磷、铁、钾、钠、镁、硫等多种矿物质以及海藻糖、多缩戊糖、甘露醇等糖类，其中钙、铁的含量很高，分别为643mg/100g、30.4mg/100g，是消费者喜爱的药食兼用菌。将银耳和雪梨混合制作复合果酱，既达到了不同营养成分的互补和风味的配合，还兼有一定的保健功效。

1. 工艺流程

银耳→浸泡→清洗→分瓣、除蒂→熬制→打浆 ┐
雪梨→清洗→去皮、去核→切块→软化→打浆 ┘→混合

成品←冷却、杀菌←装罐←加热浓缩←调配

2. 操作要点

(1) 原料的预处理　将雪梨清洗干净、去皮后切成小块，浸入柠檬酸水溶液中。银耳浸泡清洗后分瓣、除蒂和除去较黄的部分。

(2) 软化　将银耳放入不锈钢锅中，加入少量水，煮沸15～20min进行软化。将雪梨及柠檬酸水溶液一起倒入不锈钢锅，补充少量水，煮沸10～15min进行软化。预煮软化要求升温要快，将果肉煮透，便于打浆和防止变色。

(3) 调配浓缩　将雪梨浆液与银耳浆液按一定的比例（雪梨与银耳质量比为50∶50）混合调配，然后倒入不锈钢锅中熬制。先旺火煮沸10min，后改用文火加热，分3次加入白砂糖（白砂糖用量为4.5%），在临近终点时，加入0.05%山梨酸钾防腐。整个过程要不断搅拌，以防结晶、锅底焦化。

(4) 装罐密封　将玻璃瓶及瓶盖用清水彻底清洗干净后，用温度95～100℃的水蒸气消毒5～10min，沥干水分。果酱出锅后，迅速装罐（顶隙2～3mm），然后迅速拧紧瓶盖。每锅果酱分装完毕时间不能超过30min，酱体温度不低于80℃。

(5) 杀菌、冷却　装瓶后放入灭菌锅中85℃水浴杀菌15min，灭菌结束后分段冷却至室温。

3. 产品质量指标

(1) 感官指标

① 色泽　米白色且有光泽。

② 滋味与香气　酸甜适口，滋味柔和纯正，有雪梨和银耳的混合清香，且香气谐调。

③ 组织形态　酱体均匀呈凝胶状，有一定的流动性，不析水、不结晶。

(2) 理化指标　酸度（pH计法）：pH为3.8；维生素C含量（2,6-二氯靛酚法）：1.6mg/100g；粗蛋白质含量（凯氏定氮法）：0.38g/100g。

(3) 微生物指标　细菌总数≤100CFU/100g；大肠菌群≤30CFU/100g；致病菌不得检出。

参考文献

[1] 陈仪男.果蔬罐藏加工技术［M］.北京：中国轻工业出版社，2015.

[2] 汪秋宽.食品罐藏工艺学［M］.北京：科学出版社，2016.

[3] 曾名涌.食品保藏原理与技术［M］.北京：化学工业出版社，2007.

[4] 杨邦英.罐头工业手册［M］.北京：中国轻工业出版社，2002.

[5] 徐文达，等.食品软包装材料与技术［M］.北京：机械工业出版社，2002.

[6] 夏文水.食品工艺学［M］.北京：中国轻工业出版社，2013.

[7] 赵丽芹.果蔬加工工艺学［M］.北京：中国轻工业出版社，2002.

[8] 李松涛，等.食品微生物学检验［M］.北京：中国计量出版社，2005.

[9] 马长伟，曾名勇.食品工艺学导论［M］.北京：中国农业大学出版社，2002.

[10] 徐幸莲，彭增起，邓尚贵.食品原料学［M］.北京：中国计量出版社，2006.

[11] 张有林.食品科学概论［M］.北京：科学出版社，2006.

[12] 胡国华.食品添加剂在果蔬及糖果制品中的应用［M］.北京：化学工业出版社，2005.

[13] 夏延斌，钱和.食品加工中的安全控制［M］.北京：中国轻工业出版社，2005.

[14] 蒋爱民，赵丽芹.食品原料学［M］.南京：东南大学出版社，2007.

[15] 何建新.我国果蔬罐头加工现状、存在问题及发展对策［J］.食品与机械，2008，24（2）：151-155.

[16] 但锡安.二次冷轧镀锡薄钢板食品饮料罐的制造与应用分析［J］.包装学报，2012（4）：42-46.

[17] 王丽莉，李保国，张彩霞.蔬菜软罐头加工工艺及其保鲜试验研究［J］.农产品加工（学刊），2011（1）：7-10.

[18] 傅晓华.覆膜铁产品及其制罐技术的研究［J］.上海包装，2013（4）：40-43.

[19] 孟丽.镀铬薄钢板在制罐包装中的应用［J］.上海包装，2011（4）：35.

[20] 王红育，李颖.我国罐头食品的发展［J］.食品研究与开发，2009（12）：175-177.

[21] 王祝堂.中国罐料生产现状与展望：下［J］.铝加工，2012（1）：9-12.

[22] 魏天飞，何淑萍.金属包装为罐装食品保安全［J］.中国包装工业，2014（9）：56-59.

[23] 吴秀英.食品包装材料的种类及其安全性［J］.质量探索，2014（9）：56-59.

[24] 薛艳丽.食品包装容器发展漫谈［J］.中国包装，2004（6）：77.

[25] 章文灿.食品制罐材料及制罐工艺的现代进展［J］.食品工业科技，2014（7）：40-43.

[26] 赵智勇.国内镀锡板的生产与市场［J］.中国冶金，2013（4）：7-9.

[27] 杜继煌，等.果胶的化学组成与基本特性［J］.农业与技术，2002（5）：72-73.

[28] 陈晓燕.低糖西瓜果酱加工工艺研究［J］.西南农业大学学报，2002（4）：35-39.

[29] 张信仁，上官舟建.HACCP在杏鲍菇软罐头生产中的应用［J］.食用菌，2005（1）：43-45.

[30] 钟华锋，杨春城，黄国宏等.HACCP在荔枝罐头生产中的应用［J］.广西轻工业，2007（9）：10-13.

[31] 张群，单杨，吴跃辉.HACCP在出口橘瓣罐头生产中的应用［J］.现代食品科技，2005，21（1）：104-107.

[32] 唐浩国，徐宝成，向进乐等.HACCP在竹笋罐头生产中的应用［J］.农产品加工，2007

（7）：59-61，64.

[33] 王祯旭，董加宝，张长贵.HACCP 在蘑菇罐头生产中的应用探讨 [J].四川食品与发酵，2005，41（4）：32-34.

[34] 李彪，王永双.HACCP 在双孢菇软罐头生产中的应用 [J].中国食用菌，2005，24（5）：62-64.

[35] 陈梅英，陈锦权，谢志忠.论食品安全与可持续农业产业化战略的协调发展 [J].科技和产业，2006，6（1）：6-10.

[36] 赵丽芹，白洁，乔彩霞，等.蔬菜罐头的护绿研究 [J].内蒙古农业大学学报，2007（7）：59-619.

[37] 韩锦平，韩锦国，韩锦泰，等.食品罐藏发展史略——纪念罐头发明 200 周年 [J].包装学报，2010，2（4）：1-4.

[38] 李怡彬，陈虹，郑明初，等.罐藏新鲜银耳生产工艺参数的研究 [J].福建轻纺，2006（11）：86-90.

[39] GB/T 4789.28—2013 食品微生物学检验 培养基和试剂 [S].

[40] GB/T 4789.1—2016 食品微生物学检验 总则 [S].

[41] GB/T 4789.2—2016 食品微生物学检验 菌落总数测定 [S].

[42] GB/T 4789.3—2016 食品微生物学检验 大肠菌群计数 [S].

[43] GB/T 4789.26—2013 食品微生物学检验 商业无菌检验 [S].

[44] GB/T 4789.10—2016 食品微生物学检验 金黄色葡萄球菌检验 [S].

[45] GB/T 5750.2—2006 生活饮用水标准检验方法 水样的采集与保存 [S].